2.单击"阅读互动电子书"按钮进入互动电子书界面。

单击可使页面自动播放

单击可使页面放大显示

单击可控制音乐开关

单击可显示章目录

单击可返回光盘主界面

跳转到下一页

跳转到指定页

跳转到前一页

跳转到第一页

跳转到最后一页

调节背景音乐音量大小。

调节解说音量大小。

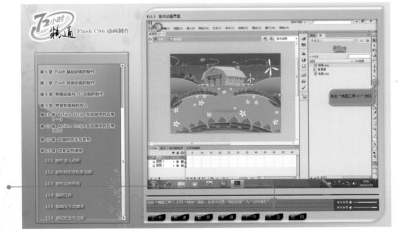

单击"交互"按钮后,进入模拟操作,读者须按光标指示亲自操作,才能继续向下进行。

U0260046

万圣节贺卡

星星闪烁

穿越玩具城

数字变化

本书大型交互式、专业级、同步教学演示多媒体DVD说明

　　1.将光盘放入电脑的DVD光驱中，双击光驱盘符，双击Autorun.exe文件，即进入主播放界面。（注意：CD光驱或者家用DVD机不能播放此光盘）

主界面

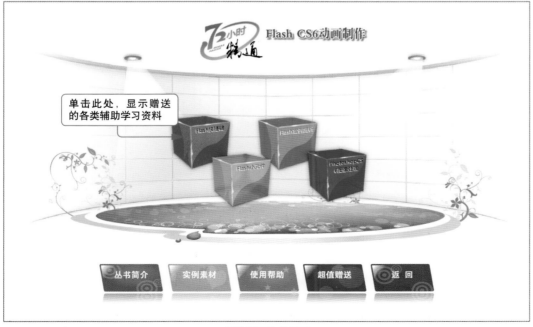

辅助学习资料界面

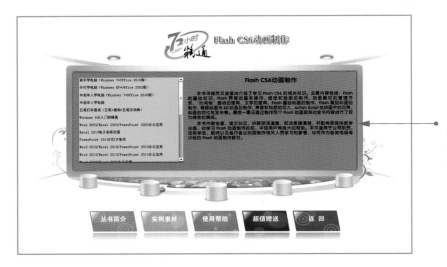

"丛书简介"显示了本丛书各个品种的相关介绍，左侧是丛书每个种类的名称，共计26种；右侧则是对应的内容简介。

"使用帮助"是本多媒体光盘的帮助文档，详细介绍了光盘的内容和各个按钮的用途。

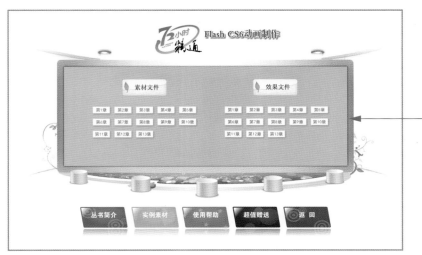

"实例素材"界面图中是各章节实例的素材、源文件或者效果图。读者在阅读过程中可按相应的操作打开，并根据书中的实例步骤进行操作。

等待界面

拉伸效果

情人节贺卡

下雪

蜗牛滚动

小鸟飞行

播放控制

动画场景

绵羊

风景

跳舞

毛球落下

长颈鹿

播放视频

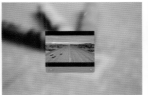 

打地鼠游戏

电子公司网站首页

云朵飘动

飞机移动

播放控制

花瓣飘落

下雨

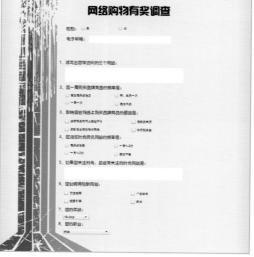

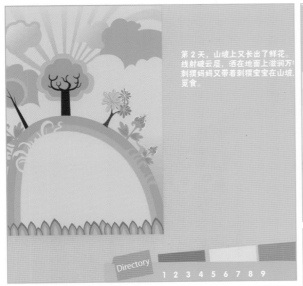

第2天，山坡上又长出了鲜花，线射破云层，洒在地面上滋润万物。刺猬妈妈又带着刺猬宝宝在山坡上觅食。

Directory

1 2 3 4 5 6 7 8 9

如果粗制滥造的商业音乐已经让你厌烦，那么Montreal没有让你有拒绝它的理由。它起源于实验音乐传播，而现在因为它聚集了一大批音乐人加盟。为期7天之久，三百多场室内外演出，将电子、摇滚、金属、布鲁斯、爵士和世界元素集结一堂。

在Montreal，真正的高潮出现在晚上："Montreal DAYTIME"呈现在科技和影像的展示，"Montreal NIGHT"才是大牌们出没的时刻，你能想象四万人齐聚舞池。

那还等什么！！！

或加上巧克力水果等配料。戚风蛋糕通常需要淋上香味浓郁的汁，但是由于缺少较少的油脂，戚风蛋糕的浓郁香味，变硬。因此戚风蛋糕也容易不像"蛋"传统牛油蛋糕那样容易戚风蛋糕也含量足的非常的湿润和鸡戚风蛋糕含糖、面粉、发粉为基本材料和鸡蛋质地非常轻，用菜油、鸡蛋戚风蛋糕属海绵蛋糕类型戚风蛋糕

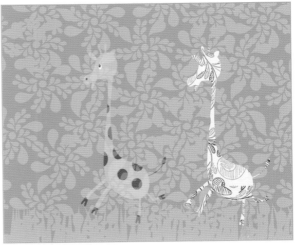

Merry Christmas!

Post Card.

72 小时精通

小时精通

Flash CS6 动画制作

九州书源 / 编著

清华大学出版社

北 京

内容简介

　　《Flash CS6动画制作》一书详细而又全面地介绍了学习Flash CS6的相关知识，主要内容包括：Flash的基础知识、Flash界面的基本操作、插图的制作、动画素材的管理、"时间轴"面板的使用、文字的使用、Flash基础和高级动画的制作、骨骼动画与3D动画的制作、声音和视频的加入、ActionScript在动画中的应用、动画的优化与发布等。最后一章还通过制作两个Flash动画实例对全书内容进行了综合演练。

　　本书内容全面，图文对应，讲解深浅适宜，叙述条理清楚，并配有多媒体教学光盘，对学习Flash动画制作的初、中级用户会有很大的帮助。本书适用于公司职员、在校学生、教师以及各行各业动画制作相关人员进行学习和参考，也可作为各类电脑培训班的Flash动画制作教材。

　　本书和光盘有以下显著特点：

　　97节交互式视频讲解，可模拟操作和上机练习，边学边练更快捷！

　　实例素材及效果文件，实例及练习操作，直接调用更方便！

　　全彩印刷，炫彩效果，像电视一样，摒弃"黑白"，进入"全彩"新时代！

　　372页数字图书，在电脑上轻松翻页阅读，不一样的感受！

本书封面贴有清华大学出版社防伪标签，无标签者不得销售。

版权所有，侵权必究。侵权举报电话：010-62782989　13701121933

图书在版编目（CIP）数据

Flash CS6动画制作/九州书源编著 . —北京：清华大学出版社，2015（2020.8 重印）

　（72小时精通）

　ISBN 978-7-302-37994-2

　Ⅰ. ①F⋯　Ⅱ. ①九⋯　Ⅲ. ①动画制作软件　Ⅳ. ①TP391.41

　中国版本图书馆CIP数据核字（2014）第216048号

责任编辑：赵洛育
封面设计：李志伟
版式设计：文森时代
责任校对：赵亮宇
责任印制：宋　林

出版发行：清华大学出版社
　　　　网　　址：http://www.tup.com.cn，http://www.wqbook.com
　　　　地　　址：北京清华大学学研大厦A座　　　　邮　　编：100084
　　　　社 总 机：010-62770175　　　　　　　　　邮　　购：010-62786544
　　　　投稿与读者服务：010-62776969，c-service@tup.tsinghua.edu.cn
　　　　质 量 反 馈：010-62772015，zhiliang@tup.tsinghua.edu.cn

印 装 者：北京天颖印刷有限公司

经　　销：全国新华书店
开　　本：185mm×260mm　印 张：24　插 页：6　字　数：614千字
　　　　（附DVD光盘1张）
版　　次：2015年10月第1版　　　　　　　　印　　次：2020年8月第8次印刷
定　　价：69.80元

产品编号：052337 -01

PREFACE 前言

Flash 是 Adobe 公司推出的二维矢量动画软件，使用 Flash 可以创作出既漂亮又可随意改变尺寸的导航界面以及其他奇特的效果，被广泛使用在网页制作、广告宣传等相关的创意产业。尽管如此，很多初级用户认为 Flash 只能制作出简单的动画效果。其实不然，只要将基础动画合理组合、搭配也能制作出一个完整、系统的动画效果。而对于 Flash 的高级用户来说，在 Flash 中添加 ActionScript 语句，更是让 Flash 动画的效果出现了无限可能。本书将针对用户的疑问和升级的知识点，以使用最广泛的 Flash CS6 版本为例，为广大 Flash 初学者、Flash 爱好者讲解图形的绘制、各种 Flash 动画制作、ActionScript 在 Flash 中的应用、动画的优化与发布，以及 Flash 实例的制作，从全面性和实用性出发，以让用户在最短的时间内达到从 Flash 初学者变为 Flash 使用高手的目的。

■ 本书的特点

本书以 Flash CS6 为例进行动画制作的讲解。当您在茫茫书海中看到本书时，不妨翻开它看看，关注一下它的特点，相信它一定会带给您惊喜。

26 小时学知识，46 小时上机： 本书以实用功能讲解为核心，每章分为学习和上机两个部分，学习部分以操作为主，讲解每个知识点的操作和用法，操作步骤详细、目标明确；上机部分相当于一个学习任务或案例制作，同时在每章最后提供有视频上机任务，书中给出操作要求和关键步骤，具体操作过程放在光盘演示中。

知识丰富，简单易学： 书中讲解由浅入深，操作步骤目标明确，并分小步讲解，与图中的操作提示相对应，同时穿插了"提个醒"、"问题小贴士"和"经验一箩筐"等小栏目。其中"提个醒"主要是对操作步骤中的一些方法进行补充或说明；"问题小贴士"是对用户在学习知识过程中产生疑惑的解答；而"经验一箩筐"则是对知识的总结和技巧介绍，以提高读者对软件的掌握程度。

技巧总结与提高： 本书以"秘技连连看"列出了学习 Flash 的技巧，并以索引目录的形式指出其具体的位置，使读者能更方便地对知识进行查找。最后还在"72 小时后该如何提升"中列出了学习本书过程中应该注意的地方，以提高用户的学习效果。

书与光盘演示相结合： 本书的操作部分均在光盘中提供了视频演示，并在书中指出了相对应的路径和视频文件名称，可以打开视频文件对某一个知识点进行学习。

※ 如果您还在为制作一个自己的动态相册而烦恼；

※ 如果您还在为制作一份电子生日贺卡而苦恼；

※ 如果您还在为制作 Flash 网站而手忙脚乱；

※ 如果您还在为制作自己的动画短片而一筹莫展；

※ 请翻开《Flash CS6 动画制作》，

※ 这些问题都能在其中找到并得到解决的办法，

※ 它将带您在 Flash 的知识海洋中畅游，

※ 成为您学习 Flash 的导航灯塔。

排版美观，全彩印刷：本书采用双栏图解排版，一步一图，图文对应，并在图中添加了操作提示标注，以便于读者快速学习。

配超值多媒体教学光盘：本书配有一张多媒体教学光盘，提供有书中操作所需素材、效果和视频演示文件，同时光盘中还赠送了大量相关的教学教程。

赠电子版阅读图书：本书制作有实用、精美的电子版放置在光盘中，在光盘主界面中单击"电子书"按钮可阅读电子图书，单击"返回"按钮可返回光盘主界面，单击"观看多媒体演示"按钮可打开光盘中对应的视频演示，也可一边阅读一边进行其他上机操作。

■ 本书的内容

本书共分为 6 部分，用户在学习的过程中可循序渐进，也可根据自身的需求，选择需要的部分进行学习。各部分的主要内容介绍如下。

Flash 基础操作（第 1~5 章）：主要介绍 Flash 的基础知识以及 Flash 中各元素的编辑与制作等知识，包括了解 Flash 的基础知识、Flash 的基本操作、Flash 中插画的制作、动画素材的管理和编辑、"时间轴"面板的编辑和使用、文本的编辑和使用等内容。

Flash 动画的制作（第 6~8 章）：主要介绍在 Flash 中制作各种动画的知识和方法，包括逐帧动画的制作、动画预设的使用、补间动画的制作、遮罩动画的制作、引导动画的制作、使用"动画编辑器"面板编辑动画、骨骼动画的制作、3D 动画的制作等内容。

为 Flash 添加多媒体对象（第 9 章）：主要介绍向 Flash 动画添加声音、视频等知识，包括声音的导入、使用、编辑以及视频导入等内容。

为 Flash 添加语句（第 10~11 章）：主要介绍 ActionScript 语句的基础知识和向 Flash 动画添加 ActionScript 语句的应用等知识，包括 ActionScript 的基础知识、ActionScript 的应用、面向对象编辑行为、组件应用等内容。

Flash 的发布（第 12 章）：主要介绍 Flash 在制作完成后的优化与发布等知识，包括动画的优化、动画的测试、动画的发布等内容。

Flash 综合实例（第 13 章）：综合运用本书的图形绘制、元件编辑、动画制作、多媒体插入等知识，练习制作"网站进入动画"、"打地鼠游戏"等动画。

■ 联系我们

本书由九州书源组织编写，参加本书编写、排版和校对的工作人员有陈晓颖、曾福全、向萍、廖宵、李星、贺丽娟、彭小霞、何晓琴、蔡雪梅、刘霞、包金凤、杨怡、李冰、张丽丽、张鑫、张良军、简超、朱非、付琦、何周、董莉莉、张娟。

如果您在学习的过程中遇到什么困难或疑惑，可以联系我们，我们会尽快为您解答，联系方式为：

QQ 群：122144955、120241301（注：只选择一个 QQ 群加入，不必重复加入多个群）。

网址：http://www.jzbooks.com。

由于作者水平有限，书中疏漏和不足之处在所难免，欢迎读者不吝赐教。

九州书源

CONTENTS录

动画
72 HOURS

Flash CS6 初体验

第 **1** 章

学习 **2** 小时

- 认识 Flash CS6
- 认识并操作 Flash CS6 工作界面

随着技术的不断发展，动画已经成为传播信息的主要媒介载体之一。而 Flash 更是动画制作方面的翘楚，这也就是从事信息传播方面的人员，或多或少会接触到 Flash 的原因。在学习 Flash CS6 后，用户会发现它更多有趣的功能。为了使用户更快地掌握 Flash CS6 的操作，本章将对其基础操作进行讲解。

上机 **4** 小时

1.1 认识 Flash CS6

Flash 动画是目前最流行的动画方式之一，具有便捷的特点，被广泛应用于互联网、电视乃至游戏领域。Flash 是一种创作工具，是目前功能最强大的矢量动画软件之一。从 Macromedia 公司开发的版本，到目前使用最广泛的 CS6 版本，经过了多个版本的变更，功能不断完善，使其备受各行各业用户的青睐。本章将对传统动画和 Flash 动画的区别、应用领域和相关格式、术语等进行介绍。

学习 1 小时

🔍 快速了解传统动画和 Flash 动画的区别。　　🔍 熟悉 Flash 的相关格式和术语。

🔍 了解 Flash 的开发和制作步骤。　　🔍 熟练掌握 Flash CS6 的文档操作。

1.1.1 传统动画和 Flash 动画的区别

动画就是利用人类眼睛的"视觉暂留"现象制作出来的视觉效果。当人们在观看电影、电视时，会觉得画面都是连续动作的。而事实上，它们都是由多个连续画面组成的，就像以前的电影胶卷一样，通过快速播放一张一张连续动作的画面，再利用眼睛自动将图像消失后，在视网膜上停留 0.1 秒的视觉暂留现象，产生画面是运动的效果。

1. 传统动画

传统的动画都是动画师手工将动画人物、背景绘制在纸上，再通过上色以及一张张的拍摄制作出动画画面，然后再通过配音演员配上声音，完成一部有声动画的制作。传统动画已有一百多年的历史，随着动画行业的发展，传统动画的制作工序、工具都发生了变化。

虽然很多人觉得动画都是给孩子看的，但一个成功的动画，会整整影响一代人甚至是几代人。如下图所示的《大闹天宫》，其经典程度仍然是现在国产动画无法超越的里程碑。

传统动画的优势在于，它能展示雄伟、奇幻的宏大场面。通过传统动画还能完成复杂而高难度的动画效果，让创作人员可以抛开现实中因为资金、演员、环境等不利因素的困扰，全心投入到艺术创作中。

在这些优势下，传统动画也有很多不足。它的分工复杂，无论动画的长短如何都需要十几道工序，其要求的人力、物力、专业度都相当高。传统动画画面越是绚丽，其绘制难度越高且绘制的画稿数量也就越多。如之前提到的《大闹天宫》，短短两个小时不到的电影，耗费了4年的时间来制作。

2. Flash 动画

Flash 是美国 Adobe 公司在收购了 Macromedia 公司后，将旗下的 Flash 软件重新开发得来的，是一款专业矢量图形编辑和动画创作软件。利用 Flash 自带的矢量图绘制功能，结合图片、声音以及视频等素材，可以制作出精美、流畅的二维动画。由于很多 Flash 动画都是由矢量图构成的，矢量图的缩放对画面质量不会有任何影响，因此大大降低了文件的大小，更便于网络传输，这也是 Flash 动画在全球获得成功的原因之一。如下图所示为彼岸天文化有限公司制作的 BOBO&TOTO 形象，是比较成功的 Flash 系列动画案例。

和传统动画相比，Flash 动画拥有更多的优点，如操作简单，对设备硬件要求低；功能强大，一人能完成多人的工作；素材可反复使用；方便修改，提高制作效率；随时浏览动画效果等。

虽然 Flash 动画优势很突出，但其过渡色生硬、单一；制作复杂动画很耗时。这也是 Flash 动画无法真正在质量上超越传统动画的原因。

1.1.2 Flash 的应用领域

Flash 制作的动画作品风格各异、种类繁多，若将其以作品目的和应用领域来划分，可归纳为以下几个方面。

🔑 **动画短片**：利用 Flash 制作的动画短片主要有搞笑短片、MTV 和音乐贺卡等形式，且非常适合网络传输。

🔑 **动态网页**：利用 Flash 制作的动态网页相对于普通网页，其具备的交互功能、画面表现力以及对多媒体的支持都更胜一筹。其作品主要用于网页广告和 Flash 网站等。

003

72⊠
Hours

62
Hours

52
Hours

42
Hours

32
Hours

22
Hours

12
Hours

🔑 **多媒体课件**：利用 Flash 制作的多媒体教学课件，凭借其强大的多媒体支持功能、丰富的表现手法以及良好的教学效果，得到了众多教师和学生的认同，已越来越多地在教学中被采用。

🔑 **交互动画**：Flash 强大的矢量图绘制功能被应用在游戏领域，ActionScript 脚本为动画提供了强大的交互性，使其可以轻松地制作出精美耐玩的交互游戏作品。目前，Flash 游戏已经大量地在网页上传播。

1.1.3 安装 Flash CS6

由于 Flash CS6 并非操作系统自带的软件，所以在使用 Flash CS6 之前，应在计算机上安装该软件。

下面将讲解如何在 Windows 7 操作系统中试用安装 Flash CS6。其具体操作如下：

光盘文件 实例演示 \ 第 1 章 \ 安装 Flash CS6

STEP 01： 选择安装方式

打开 Flash CS6 安装光盘，在光盘中双击 Set-up.exe 安装文件，进入初始化界面。初始化完成后，进入"欢迎"界面，在其中选择"试用"选项。

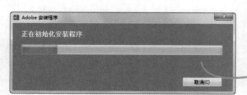

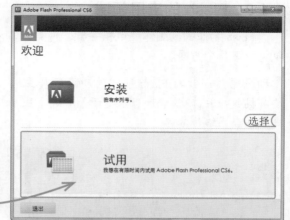

提个醒 若用户有序列号，且不想试用，想直接安装软件，可在"欢迎"界面中选择"安装"选项。无论选择"安装"还是"试用"选项，其安装的操作方法基本相同。

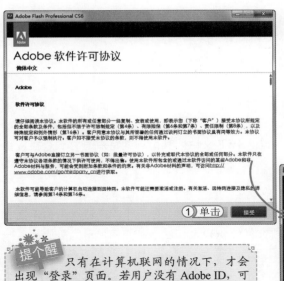

STEP 02: 接受协议

1. 进入"Adobe 软件许可协议"界面，单击 接受 按钮。
2. 进入"登录"页面，在"Adobe ID"和"密码"文本框中输入对应的内容。
3. 单击 登录 按钮。

提个醒 只有在计算机联网的情况下，才会出现"登录"页面。若用户没有 Adobe ID，可单击 创建 Adobe ID 按钮创建 Adobe ID。

STEP 03: 选择安装软件

1. 进入"选项"界面，在其下方的列表框中可以选中安装的软件复选框，一般情况下保持默认状态，单击 安装 按钮。
2. 进入"安装"界面，其中将显示安装进度。

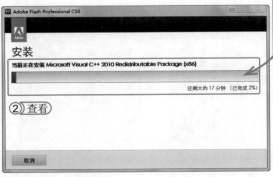

提个醒 在"选项"界面中的"语言"下拉列表框中，用户可选择安装后软件界面中显示的语言类型；在"位置"文本框中可输入软件的安装位置，单击其后的 ■ 按钮，可在打开的对话框中选择安装位置。

STEP 04: 完成安装

安装完成后，将进入"安装完成"界面，说明用户已将 Flash CS6 安装到了计算机中。单击 关闭 按钮退出安装程序，完成安装。

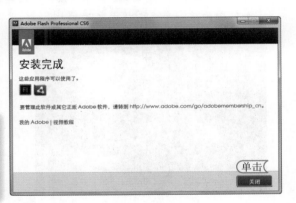

读书笔记

1.1.4 Flash 的相关文件格式

为了制作 Flash 动画，在使用 Flash 前还需认识 Flash 的相关文件格式。不同的格式在制作 Flash 动画时作用有所不同。下面分别进行介绍。

1. FLA 和 SWF 格式

FLA 格式是 Flash 编辑后的文件格式，包含了 Flash 文档中的素材、时间轴、场景和脚本等信息。

SWF 格式是 FLA 的压缩格式，通过发布生成。SWF 文件因其小巧的特点有时被直接应用在网页中播放。

2. XFL 格式

XFL 是一种基于 XML 的新开放式文件夹格式，这种文件格式更便于程序设计员与平面、美工设计人员之间合作，提高工作效率。但由于文件体积较大和涵盖制作信息量大等原因，一般都是在制作成员间流动。

1.1.5 矢量图和位图

在制作动画的过程，为了方便用户制作动画，常会使用到素材或是自行绘制画面。在 Flash 中自行绘制的画面都是矢量图，而使用的外部素材则可能是矢量图或位图。区分位图和矢量图的方法很简单，只要了解了它们的特点，用户就能很轻松地进行区分。其特点分别介绍如下。

🔑 **矢量图**：矢量图是用一系列计算机指令来描述和记录的图像，由点、线、面等元素组成，所记录的是对象的几何形状、线条粗细和色彩等。其清晰度和光滑度不受图像缩放的影响，如下图为将一个矢量图放大后的效果。

🔑 **位图**：位图又称像素图或点阵图，位图的大小和质量由图像中像素的多少决定。位图表现力强、层次丰富、精致细腻，可以模拟出逼真的图像效果。但缩放位图时图像像素会变模糊，如下图为将一个位图放大之后的效果。

1.1.6 Flash 的相关术语

随着网络科技的发展，信息的传输渠道和方式也发生着变化。全新的 Flash 不仅可直接在电脑端播放，还可在其他平台播放。下面就对 Flash 使用的相关平台术语进行介绍。

🔑 Adobe AIR：Adobe AIR 是一种用于跨平台的技术，通过它能使用户无需通过浏览器就能对网络上的云端程序进行控制。由于 AIR 直接支持 Flash、Flex、Html、JavaScript 等语句，所以使用 AIR 可以省去用户学习 C、Java 等底层语言的过程。通过 AIR 可以降低开发难度，用户在使用软件的基础上，稍加培训就能制作出各种适合的客户端，提高消费者的体验感。

🔑 Flash Lite：Flash Lite 主要用于在手机上播放 Flash 动画，其播放效果很接近计算机中的效果，能让用户感受到智能手机的便捷。但需要注意的是，不同智能手机支持 Flash Lite 的版本会有所不同。

🔑 Android：Android 即为目前手机市场上常用的安卓系统。用户想将制作的 Flash 动画移植到 Android 中，可将制作好的 Flash 动画文档通过 AIR for Android 命令，将动画转换为可以在 Android 中运行的文件。此外，用户也可以在 Flash 中新建 Adobe AIR for Android 文档完成 Flash 的制作，最后进行相应的发布设置。

🔑 iOS：iOS 是苹果公司为手持设备制作的操作系统，用户通过 AIR for iOS 应用程序发布的动画，可以在 Apple iPhone 和 iPad 上运行。

🔑 ActionScript：ActionScript 是 Flash 使用的一种编程开发语言，通过它能完成用户与 Flash 动画的交互。很多 Flash 效果都离不开 ActionScript。

1.1.7 Flash 的开发和制作步骤

想要制作一个优秀的 Flash 动画，少不了前期的准备过程，在制作前就应该对该动画的每一个过程进行策划，以便用户在制作过程中发生特殊情况时能及时按照预案进行操作，避免更多的损失。下面讲解 Flash 的开发和制作步骤。

1. 动画的策划

一个优秀的动画往往有一份可行、科学的策划，在制作动画之前，应首先明确制作动画的目的，所要针对的观众和动画的风格、作用等。明确了这些以后，根据实际需求制作一整套设计方案，再对动画中可能使用到的人物、音乐和场景等要素进行规划，方便素材的收集。

2. 收集动画素材

收集素材是制作 Flash 动画非常重要的一个阶段，如果收集到比较完整的素材，就能大大提高 Flash 动画的制作进度、降低工作强度，还能提高 Flash 动画的质量。常见的动画素材收集方法有：通过网络收集、通过手动绘制和在日常生活中获取等。

3. 动画的制作

在完成素材的收集后，就可以开始前期策划的动画思路、分镜制作动画。动画制作的步骤一般是创建动画文档，将动画素材导入，并创建动画中需要多次使用的元件，再制作相应的动画效果。动画的制作是创建 Flash 作品中最重要的一步，动画的制作效果将直接决定 Flash 作品的成功与否。在制作动画的过程中要经常预览动画的制作效果，以及时加以修正。

007

72
Hours

62
Hours

52
Hours

42
Hours

32
Hours

22
Hours

12
Hours

4．动画的测试

为了使制作出的Flash动画在完成后，其他人也能观看到与预期同样的效果，在完成制作后，就要对动画的播放及下载等进行测试。再通过测试的效果调试动画，主要是针对动画对象的细节、分镜头和动画片段的衔接、声音与动画播放是否同步等进行调整，确保动画作品的最终效果与质量。

5．动画的发布

制作并测试完成后，就可以开始发布动画。发布动画时应根据动画的用途、使用环境等方面对动画进行设置。如用于网络，则可以将其质量设置得低一点，减少动画文件的大小，使其不影响传输速度。

1.1.8　Flash CS6 的基本操作

在了解了 Flash 的相关知识后，用户就可以开始学习一些 Flash 相关的基本操作，方便后面的学习。Flash 的基本操作有新建文档、保存文档和打开文档等，下面分别进行讲解。

1．新建文档

在桌面上双击 **FI** 图标，可启动 Flash CS6。此外，单击 按钮，在弹出的菜单中选择【所有程序】/【Adobe】/【Adobe Flash Professional CS6】命令，也可启动 Flash CS6。启动 Flash CS6 后需新建一个文档才能开始动画制作。在 Flash 中有多种新建文档的方法，但最常使用的有以下两种方法。

🔑 **使用向导新建文档**：启动 Flash CS6 后，将打开欢迎向导界面，单击 ActionScript 3.0 按钮新建 Flash 文档。

🔑 **使用菜单命令新建文档**：在 Flash CS6 菜单栏中选择【文件】/【新建】命令，在打开的"新建文档"对话框的"常规"选项卡中选择一种要创建的文档类型，然后单击 确定 按钮新建 Flash 文档。

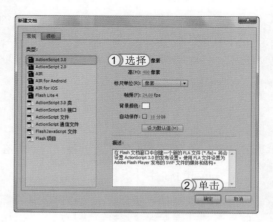

读书笔记

经验一箩筐——设置文档属性

用户在"新建文档"对话框中，除了可选择文件类型外，还可在对话框右边设置文档宽、高、标尺单位、帧频和背景颜色等属性。这些属性一般都需要在新建动画文档时设置，以免后期再次进行设置。

2. 保存 Flash 文档

动画文档编辑完成后，需要保存，Flash CS6中保存动画文档有"保存"和"另存为"两种方式。

🔑 保存文档：在菜单栏中选择【文件】/【保存】命令，打开"另存为"对话框，在"保存在"下拉列表框中选择文件保存位置，在"文件名"文本框中输入名称，单击 保存(S) 按钮。

🔑 另存文档：在菜单栏中选择【文件】/【另存为】命令，打开"另存为"对话框。按照直接保存的方法设置保存路径和文件名，单击 保存(S) 按钮保存文档。

3. 打开 Flash 文档

在制作动画时，通常需要对已存在的动画文档进行编辑，但要编辑该文档，就需要先将其打开。

下面将启动 Flash CS6，再通过"打开"命令打开一个已经编辑好的 Flash 动画文档。其具体操作如下：

光盘文件
素材 \ 第1章 \ 儿童网站进入界面 .fla
实例演示 \ 第1章 \ 打开Flash文档

STEP 01： 选择要打开的动画文档

1. 启动 Flash CS6，在菜单栏中选择【文件】/【打开】命令，打开"打开"对话框，在地址栏中的下拉列表框中选择文档所在的位置。
2. 选择"儿童网站进入界面 .fla"动画文档。
3. 单击 打开(O) 按钮。

STEP 02： 打开文档

此时，在 Flash CS6 的工作界面舞台中即可选择打开的动画文档。

提个醒 用户还可以直接打开保存 Flash 文档的文件夹，选择需要打开的 Flash 文档，然后双击即可启动 Flash CS6 并打开该文档。

62
Hours
▲

52
Hours
▲

42
Hours
▲

32
Hours
▲

22
Hours
▲

12
Hours
▲

▌经验一箩筐——关闭 Flash CS6 的方法

对 Flash 动画文档进行编辑后，用户就可以关闭 Flash CS6。和其他软件相同，Flash CS6 也有多种关闭方法，常用的方法如下。

🔑 单击 Flash CS6 窗口右上角的 █⊠ 按钮。

🔑 选择【文件】/【退出】命令或按 Ctrl+Q 组合键。

🔑 单击 Flash CS6 窗口左上角的 **Fl** 按钮，在弹出的菜单中选择"关闭"命令。

🔑 按 Ctrl+F4 组合键，关闭 Flash CS6。

上机 1 小时 ▶ 新建"反弹"动画文档

🔍 掌握 Flash CS6 的启动方法。

🔍 进一步掌握新建和保存 Flash 文档的方法。

　　本例将新建一个 Flash 文档，并保存文档为"新建'反弹'动画文档"，为制作第一个 Flash 动画做准备工作，最终效果如下图所示。

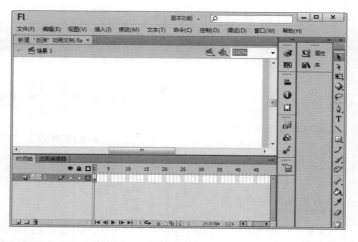

效果 \ 第 1 章 \ 新建"反弹"动画文档.fla

实例演示 \ 第 1 章 \ 新建"反弹"动画文档

STEP 01： 启动 Flash CS6

1. 在桌面上单击 🔵 按钮。
2. 在弹出的菜单中选择【所有程序】/【Adobe 】/【Adobe Flash Professional CS6】命令，启动 Flash CS6。

读书笔记

STEP 02： 新建 Flash 文档

在欢迎向导界面中单击  ActionScript 3.0 按钮，新建动画文档。

提个醒

在欢迎向导界面下方选中 ☑ 不再显示复选框，在打开的提示对话框中单击 确定 按钮，下次启动 Flash 时，将不会出现欢迎向导界面。

STEP 03： 选择"另存为"命令

新建一个 Flash 文件（ActionScript 3.0）。选择【文件】/【另存为】命令。

读书笔记

STEP 04： 保存 Flash 文档

1. 打开"另存为"对话框，在地址栏中的下拉列表框中选择文档要保存的路径。
2. 在"文件名"文本框中输入名称"新建'反弹'动画文档 .fla"。
3. 单击 保存(S) 按钮，保存文档。

1.2 认识并操作 Flash CS6 工作界面

　　为了方便后期对 Flash 的操作，还需要对 Flash CS6 的工作界面有所了解，以方便找到工具、命令等。下面讲解 Flash CS6 工作界面的各种组成部分。

学习 1 小时

🔍 快速熟悉 Flash CS6 的工作界面。　　🔍 掌握常用面板的操作。

🔍 熟练掌握 Flash CS6 工作区的基本操作。　　🔍 认识场景和舞台。

O11

72☒
Hours

62
Hours

52
Hours

42
Hours

32
Hours

22
Hours

12
Hours

1.2.1 认识 Flash CS6 工作界面

启动 Flash CS6 时所打开的窗口就是其工作界面，主要由标题栏、菜单栏、常用面板（包括"时间轴"面板、"动画编辑器"面板、"工具"面板、"属性"面板、"颜色"面板以及"库"面板等）和场景组成，如下图所示。

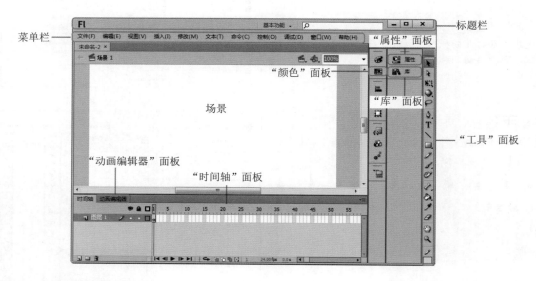

1.2.2 认识菜单

与其他软件一样，Flash CS6 的菜单栏主要包括文件、编辑、视图、插入、修改、文本、命令、控制、调试、窗口和帮助等选项，在制作 Flash 动画时，通过执行相应菜单中的命令，即可实现特定的操作。各菜单项的作用分别介绍如下。

🔑 文件：主要是对文件的各种操作命令（如新建、打开、保存、导入、导出、发布等）。如选择"新建"命令打开"新建文档"对话框，再进行位置和名称设置即可新建一个文档。

🔑 编辑：包含了复制、粘贴、清除和查找等命令。如选择文档中的实例对象，选择【编辑】/【复制】命令，再选择【编辑】/【粘贴】命令即可复制对象。

🔑 视图：包含查看场景相关内容的命令。如选择【视图】/【辅助线】/【显示辅助线】命令，可以在场景中显示辅助线。

🔑 插入：用于在文档中插入元件、帧、场景等操作。如选择【插入】/【新建元件】命令即可新建元件。

🔑 修改：可以修改文档、实例对象等 Flash 中元素的属性。如选择图形对象，可以选择【修改】/【形状】命令修改图形属性。

🔑 文本：主要用于设置文本的格式，如字体、样式和段落等。还可以对文本进行拼写检查和拼写设置。

🔑 命令：提供各种命令。如管理保存的命令、导入动画 XML 将元件转换为 Flash 窗口和将元件复制为 XML 等。

🔑 控制：主要用于控制动画的播放、测试动画、删除 ASO 文件、启动简单按钮和静音等。

🔑 调试：用于调试 Flash 影片、删除所有断点和开始远程调试对话等。

🔑 窗口：提供了 Flash CS6 中所有面板、工作区的访问。选择需要的菜单命令，即可显示相应的面板。

🔑 帮助：提供对 Flash 软件学习的帮助文档、Adobe 产品改进计划、管理扩展功能和 Adobe 在线论坛等。

1.2.3 常用面板

Flash CS6 提供了人性化的操作面板，常用的面板包括"时间轴"、"工具"、"属性"、"颜色"和"库"等面板。

1. "时间轴"面板

"时间轴"面板用于创建动画和控制动画的播放进程。"时间轴"面板左侧为图层区，该区域用于控制和管理动画中的图层；右侧为时间轴区，由播放指针、帧、时间轴标尺以及时间轴视图等部分组成。如右图所示。

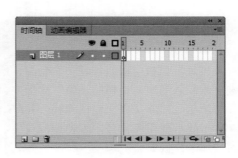

2. "工具"面板

"工具"面板是绘制矢量图形最重要的元素，可用于绘制、选择、填充和编辑图形等。Flash 动画之所以风靡于网络，最重要的就是拥有强大的矢量图形绘制工具。各种工具不但具有其基本的绘图功能，还有自身的选项和属性，并且不同的工具选项其属性也不同，如右图所示为折叠状态下的"工具"面板。

3. "属性"面板

"属性"面板是实用而又特殊的面板，用来设置工作中所用元素的属性。"属性"面板有特定的参数选项，会随着选择对象的不同而出现不同的参数。如下图所示为选择"颜料桶"工具和选择文档后，"属性"面板出现的不同参数。

4. "颜色"面板

"颜色"面板是绘制图形的重要部分，主要用于填充笔触颜色和填充颜色，"颜色"面板包括"样本"和"颜色"两个面板。如下图所示分别为"样本"面板和"颜色"面板。

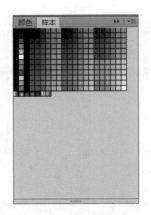

5. "库"面板

"库"面板可以看作是一个仓库,所有元件都会被自动载入到当前文档的"库"面板中,方便制作动画时调用。"库"面板包括库和公共库。在编辑动画时,一般都使用库,公用库使用的较少。如右图所示为"库"面板。

1.2.4　场景和舞台

Flash 场景像是话剧的一幕戏,包括舞台、角色、灯光和后台等。舞台是对象的绘制和编辑区域。下面分别对场景和舞台进行介绍。

🔑 场景:场景包括舞台、标签等,图形的制作编辑和动画的创作都必须在场景中进行,一个动画可以包括多个场景。

🔑 舞台:舞台是场景中最主要的部分,位于场景中间。动画的展示只能在舞台上进行。可以设置舞台的大小和背景颜色。

读书笔记

1.2.5　操作工作区

工作区是进行 Flash 影片创作的场所，包括菜单、场景和面板。用户可以根据需要显示工作面板和辅助功能，以帮助创建工作区。其设置方式如下。

🔑 设置动画环境：在空白场景中单击鼠标右键，在弹出的快捷菜单中选择"文档属性"命令，打开"文档设置"对话框。或在"属性"面板的"属性"栏中，设置舞台的尺寸和背景颜色以及动画的帧频等。

🔑 标尺：选择【视图】/【标尺】命令，可显示或隐藏标尺。标尺有助于将对象准确定位，当移动对象时，标尺会显示出对象的 4 个顶点位置。在"文档属性"对话框中可以修改标尺的单位。

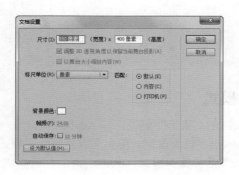

🔑 网格：使用网格线可以在舞台上准确定位对象，选择【视图】/【网格】/【显示网格】命令，可以显示或隐藏网格。选择【视图】/【网格】/【编辑网格】命令，在打开的"网格"对话框中可以编辑网格线的颜色和宽度等属性。

🔑 辅助线：辅助线有助于对齐对象，与网格线不同的是，辅助线可以拖动到场景中的任何位置。选择【视图】/【辅助线】/【显示辅助线】命令，在场景中标尺处按住鼠标左键拖动即可显示辅助线。

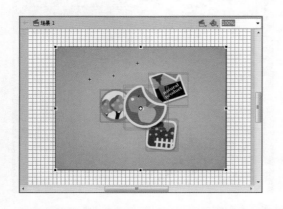

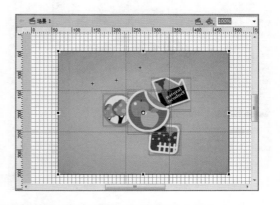

> **经验一箩筐——修改辅助线的颜色**
>
> 默认情况下辅助线的颜色是亮蓝色，但如果辅助线颜色和背景色或物体颜色撞色，用户可为其更改颜色。其方法是：选择【视图】/【辅助线】/【编辑辅助线】命令，打开"辅助线"对话框。在其中设置需要的颜色后，单击 确定 按钮。

62
Hours

52
Hours

42
Hours

32
Hours

22
Hours

12
Hours

📌 **书签区**：书签区包括场景名称、正在编辑的对象名称、编辑场景按钮、编辑元件按钮和"缩放"控件。通过单击书签区中的按钮可以快速切换编辑的对象。

📌 **自定义面板**：通过选择"窗口"菜单下的相应命令可以显示需要的面板，在面板上单击▶按钮可展开面板，单击◀按钮可收缩面板。如下图所示为面板呈展开状态的效果。

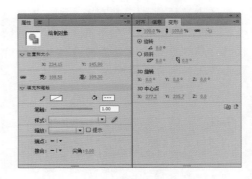

1.2.6 认识 Flash CS6 的不同工作界面模式

与之前的 Flash 版本相比，CS6 版本界面更加人性化，实用性更强，与 Adobe 的其他软件界面更加统一。在新版本的工作界面上，主工作区也做出了较大改动，用户可以选择固有模式，也可以根据自己的需要定制不同的工作界面模式。如需选择固有模式，其方法为：在菜单栏上单击▼按钮，在弹出的下拉列表中选择相应工作界面模式。下面对各工作界面模式的特点进行介绍。

📌 **基础功能**：基础功能模式主要用于绘图以及基本动画的制作。

📌 **动画**：动画模式主要用于动画的制作及对实例对象的操作。

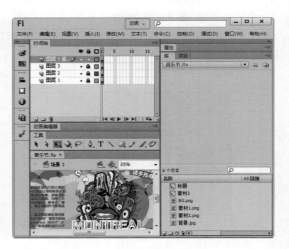

▌**经验一箩筐——重置工作界面**

为了制作方便，用户有时会移动面板绘制，将面板改变为按钮方式或悬浮方式。这样可能会使用户觉得界面很混乱，不便于后期操作。此时，可通过重置命令将工作界面重置为初始的工作界面模式。其方法是：选择【窗口】/【工作区】命令，在弹出的子菜单中选择相关的"重置"命令。

🔑 **传统**：传统模式与 Flash CS3 的操作界面基本相同。

🔑 **调试**：调试模式主要用于对动画进行后期的调试和优化，特别是脚本。

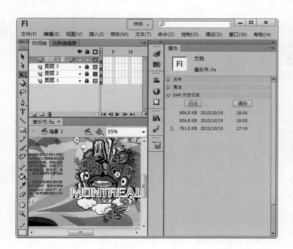

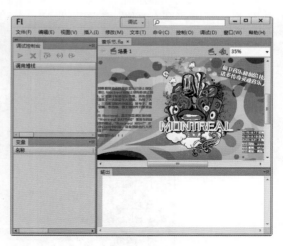

🔑 **设计人员**：设计人员模式主要用于对动画、实例对象的设计和创作。

🔑 **开发人员**：开发人员模式主要用于开发 Flash 动画项目，包括制作动画和脚本开发。

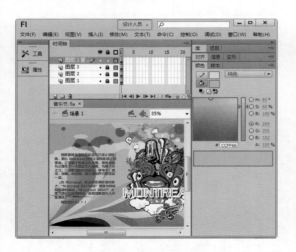

▌ **经验一箩筐——"小屏幕"工作界面的使用**

除上述工作界面模式外，用户还可以通过小屏幕工作界面来制作动画。其作用是可在较小的操作界面中将常使用的面板都显示出来。"小屏幕"工作界面的选择方法和其他工作界面的选择方法相同。

▌ **上机1小时** ▶ **自定义工作环境**

🔍 巩固 Flash 文档管理的方法。

🔍 进一步掌握工作面板的操作。

62
Hours

52
Hours

42
Hours

32
Hours

22
Hours

12
Hours

在制作 Flash 动画之前，首先要根据自己创作动画的内容和操作习惯，制定好工作环境。本例将为交互式动画短片制定工作环境，主要体现绘制图形、编辑声音和书写 ActionScript 脚本等操作环境，最终效果如下图所示。

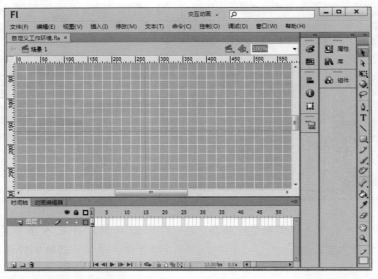

光盘
文件

效果\第1章\自定义工作环境.fla

实例演示\第1章\自定义工作环境

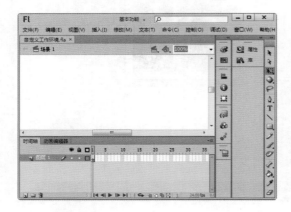

STEP 01： 新建文档

启动 Flash CS6，在欢迎向导界面中单击 🎬 ActionScript 3.0 按钮，新建动画文档。选择【文件】/【保存】命令，在打开的对话框中，将文档命名为"自定义工作环境 .fla"。

提个醒　　按 Ctrl+Shift+S 组合键，也可打开"另存为"对话框。此外，在进行动画制作时，最好养成随时保存的习惯。

STEP 02： 设置舞台环境

1. 在舞台中单击鼠标右键，在弹出的快捷菜单中选择"文档属性"命令，打开"文档设置"对话框，在"尺寸"文本框中输入"600 像素"和"400 像素"。
2. 单击"背景颜色"色块，在弹出的选项框中选择"橙色（#FF9900）"选项，设置"帧频"为"12.00"。
3. 单击 确定 按钮关闭对话框。

STEP 03： 显示面板

1. 在标题栏的"基本功能"下拉列表框中选择"新建工作区"选项，打开"新建工作区"对话框，输入"交互动画"，单击 **确定** 按钮保存。
2. 在"窗口"菜单中打开动作、组件、代码片断等面板。

提个醒　　Flash CS6 支持对面板的统一隐藏和显示，如要隐藏或显示所有面板，可按F4键快速切换。

STEP 04： 移动面板

将光标移动到"组件"面板的黑色部分，按住鼠标左键不放向右拖动到"库"面板下方，当出现蓝色线条后，释放鼠标左键，将"组件"面板缩放到此处，以按钮方式显示。

提个醒　　在制作动画时，为了不影响操作，最好及时整理面板，将不需要的面板折叠起来。

STEP 05： 显示标尺和网格

选择【视图】/【标尺】命令，显示标尺。再选择【视图】/【网格】/【显示网格】命令，显示网格线。

提个醒　　按 Ctrl+Alt+Shift+R 组合键，也可显示或隐藏标尺。

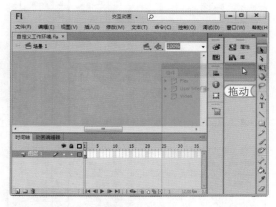

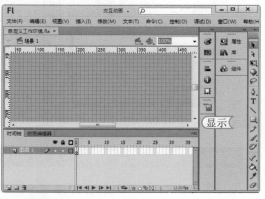

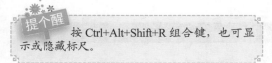

读书笔记

62 Hours
52 Hours
42 Hours
32 Hours
22 Hours
12 Hours

STEP 06： 编辑网格

1. 选择【视图】/【网格】/【编辑网格】命令，
   打开"网格"对话框，单击"颜色"色块，
   在弹出的选项框中选择"白色（#FFFFFF）"
   选项。
2. 设置"宽、高"都为"20像素"，设置"贴
   紧精确度"为"必须接近"。
3. 单击 确定 按钮关闭对话框。

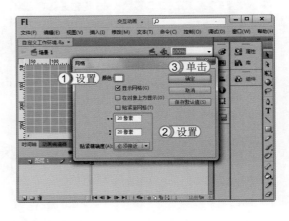

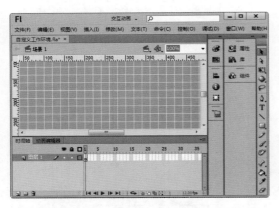

STEP 07： 显示辅助线

选择【视图】/【辅助线】/【显示辅助线】命令，
显示辅助线。在场景中标尺处按住鼠标左键拖动，
绘制一条垂直辅助线和一条水平辅助线。

提个醒 　只有在动画文档中显示标尺后，用
户才能绘制辅助线。

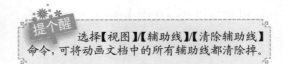

STEP 08： 设置辅助线

1. 选择【视图】/【辅助线】/【编辑辅助线】命令，
   打开"辅助线"对话框，设置"颜色、贴紧
   精确度"为"红色（#FF0000）、必须接近"。
2. 单击 确定 按钮关闭对话框。

提个醒 　选择【视图】/【辅助线】/【清除辅助线】
命令，可将动画文档中的所有辅助线都清除掉。

经验一箩筐——缩放舞台大小

当绘制一些复杂的图形时，为了能更好地编辑，可能需要放大查看效果。
而且当舞台中元素过多时，为了方便调整元素的位置，往往又需要进行缩
小操作。其实通过书签区右侧的"缩放"控件，就能方便地对舞台进行缩
放操作。其方法是：单击"缩放"控件右边的 按钮，在弹出的下拉列表
中选择需要的缩放比例或在"缩放"控件文本框中直接输入缩放比例。缩
放比例取决于显示器的分辨率和文档大小。舞台上的最小缩小比例为 8%，
最大放大比例为 2000%。

问题小贴士

问：在"网格"和"辅助线"对话框中都有一个"贴紧精确度"选项，该选项具体有什么作用呢？

答：通过贴紧精确度，用户可以将场景中的元素与网格、辅助线自动对齐，加快制作动画的速度。除在"网格"和"辅助线"对话框中用户可以设置贴紧方式外，还可通过选择【视图】/【贴紧】命令，再在弹出的子菜单中选择需要的贴紧命令，如右图所示。需要注意的是，用户在选择"贴紧至网格"和"贴紧至辅助线"命令前，还需要先显示网格和辅助线。

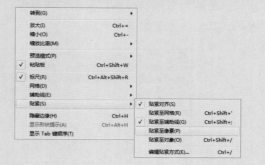

1.3 练习2小时

本章主要介绍了 Flash 的相关基础知识、工作界面及其基本操作方法，用户要想在日常工作中熟练使用，还需再进行巩固练习。下面以新建"网站片头"动画和制定"As 开发"操作面板为例，进一步巩固这些知识的使用方法。

1. 练习1小时：新建"网站片头"动画

本例将根据前面所学习的文档管理方法来创建"网站片头"动画文档，根据网站片头动画的特点，需要设置动画文档的大小和背景。通过创建此文档，主要练习文档的创建和保存，以及运用"属性"面板设置舞台，其最终效果如下图所示。

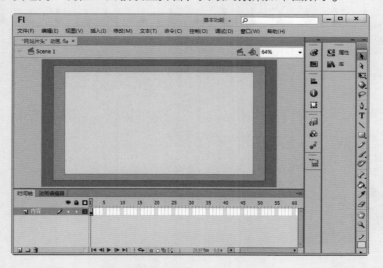

光盘
文件

效果\第1章\"网站片头"动画.fla

实例演示\第1章\新建"网站片头"动画

62
Hours

52
Hours

42
Hours

32
Hours

22
Hours

12
Hours

② 练习1小时：制定"As 开发"操作面板

本例将根据前面所学习的工作区操作方法来制定"As 开发"操作面板，As 开发主要是对 ActionScript 脚本操作，在制定工作区面板时需要打开常用的"行为"和"代码片断"面板。本例主要练习使用舞台和工具面板，包括网格、辅助线以及面板的显示、缩放等操作，其最终效果如下图所示。

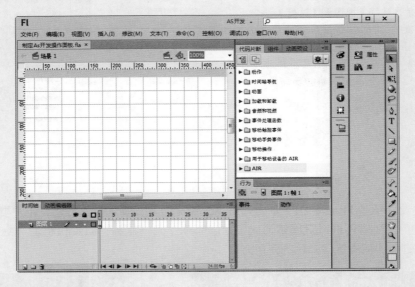

光盘
文件

效果 \ 第 1 章 \ 制定"As 开发"操作面板 .fla

实例演示 \ 第 1 章 \ 制定"As 开发"操作面板

读书笔记

动画

72 HOURS

插画的制作

第 2 章

学习 3 小时

- 绘图工具的使用
- 填充的应用
- 编辑图形工具

Flash 动画能在网络和广告等领域中被广泛应用，其中重要的原因是 Flash 自身的绘图功能。在学习制作 Flash 动画的过程中，第一步就是使用绘图工具绘制矢量图形，这也是制作动画的基础。本章主要对绘图工具、填充图形和编辑图形的方法进行介绍。

上机 5 小时

2.1 绘图工具的使用

为了制作动画，时常需要从外部调用一些图像。调用外部图像是制作动画的捷径，但很多用户并不一定能找到合适的图像，此时就需要用户自行绘制图像。下面讲解图像绘制的基础知识和各种绘图工具的使用方法。

学习 1 小时

🔍 了解图像绘制的基础。

🔍 灵活运用绘图工具绘制矢量图形。

🔍 掌握 Flash 绘图工具的基本操作。

2.1.1 图像绘制的基础

在学习使用绘图工具绘制图形前，用户还需要了解一些图形绘制的基础知识。下面对这些基础知识进行简单讲解。

1. 路径

在 Flash 中绘制图形或形状，都将出现一条线条，该线条又被称为路径。在 Flash 中路径都是由多条直线段或曲线段组成，路径可以是闭合的，也可以是开放的。虽然路径的随意性很大，但它们都有明显的起点和终点。

路径上改变线条形状的位置都有锚点，锚点有两种：角点和平滑点。角点出现在线条变化很急的位置，平滑点出现在线条有平缓变化的位置，如右图所示就是 Flash 中常见的两种路径。

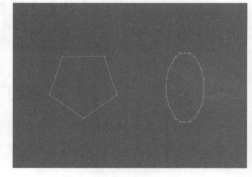

路径的轮廓被称为笔触，不同的笔触可以使路径看起来不同。笔触具有粗细、颜色和虚线图案等图层，用户在绘制完路径和形状后，可以随意对粗细、颜色进行设置。

2. 方向线和方向点

用户在选择路径上的锚点时会发现，锚点上会连接着一条或者两条直线，如右图所示。这些直线被称为方向线，根据曲线段的形状不同，其角度和长短也会有所不同。在方向线的尽头是方向点，用于控制、调整方向线的长短和角度。

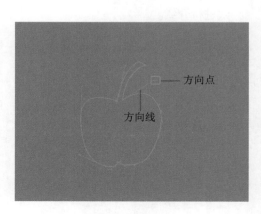

方向点

方向线

在路径中，角度可能只有一条甚至没有方向线，角点方向线通过使用不同角度来保持拐角的锐度，角点的方向线主要取决于是否连接曲线段，若没有连接曲线段就不会出现方向线。平滑线始终拥有两条方向线，可以一起作为单个直线单位移动。

2.1.2　几何绘图工具

在绘制矩形、椭圆和多角星形等图形时，用户可以使用 Flash 提供的几何绘图工具，这些工具放置在一个工具组中，用鼠标按住"矩形工具" ▢ 不放，在弹出的下拉列表中选择其他工具，如右图所示。

1. 矩形工具

"矩形工具" ▢ 和"基本矩形工具" ▢ 用于绘制矩形图形，矩形工具不但可以设置笔触大小和样式，还可以通过设置边角半径来修改矩形的形状。下面讲解使用矩形工具和基本矩形工具绘制各种不同矩形的方法。

🔑 基本绘制：在"工具"面板中选择"矩形工具" ▢，在舞台上拖动鼠标绘制出矩形，按住 Shift 键拖动鼠标可绘制正方形。

🔑 绘制圆角矩形：选择"矩形工具" ▢ 后，在"属性"面板中设置"矩形边角半径"为正值，可以绘制出圆角矩形。

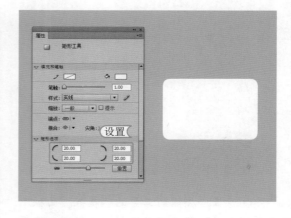

🔑 绘制半径值不同的圆角矩形：选择"矩形工具" ▢ 后，在"属性"面板中单击"将边角半径锁定为一个控件"按钮 ⊜，其他3个"矩形边角半径"文本框被激活，即可设置4个边角半径的值。

🔑 绘制矩形对象：选择"基本矩形工具" ▢ 后，在"属性"面板中可以设置矩形的大小和在舞台上的位置。

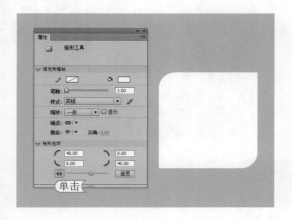

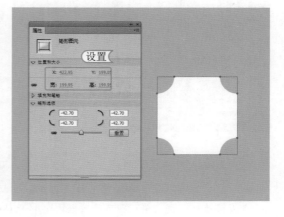

025

72☑
Hours

62
Hours

52
Hours

42
Hours

32
Hours

22
Hours

12
Hours

▎经验一箩筐——矩形图像和矩形对象的区别

在 Flash 中矩形图像可以根据需要随意调整任意边的形状，而矩形对象只能按矩形绘制时设置的规则 4 条边一起统一调整图形效果。

2. 椭圆工具

"椭圆工具" ◯和"基本椭圆工具" ◯用于绘制椭圆图形。它与矩形工具类似，不同之处在于，椭圆工具的选项包括角度和内径。下面讲解使用椭圆工具和基本椭圆工具绘制各种不同椭圆的方法。

🔑 基本绘制：在"工具"面板中选择"椭圆工具" ◯，在舞台上拖动鼠标绘制椭圆，若按住 Shift 键拖动鼠标可以绘制正圆。

🔑 角度选项：在椭圆工具的"属性"面板中可以设置开始角度和结束角度。设置完成后拖动鼠标即可进行绘制。

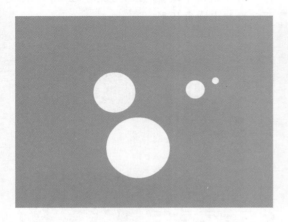

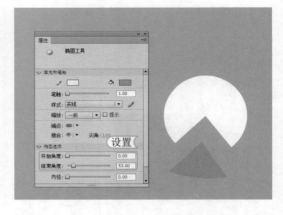

🔑 内径选项：在椭圆工具的"属性"面板中设置"内径"值，可以绘制空心椭圆。设置完成后拖动鼠标即可进行绘制。

🔑 椭圆对象：选择"基本椭圆工具" ◯可以绘制椭圆对象，椭圆对象有内径控制点和外径控制点。

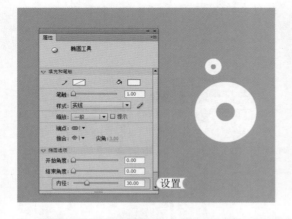

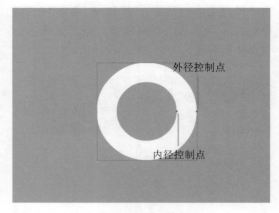

▎经验一箩筐——椭圆角度的设置

设置椭圆开始角度和结束角度时，若开始值大于结束值，则可绘制出内角超过 180° 的扇形；若开始值小于结束值，则可绘制出内角小于 180° 的扇形；当两者相等时可绘制出椭圆。

用鼠标可以调整椭圆的内径大小和开始角度。将鼠标光标定位到内径控制点上拖动，可以调整内径大小；定位到外径控制点上拖动，可以调整椭圆角度。

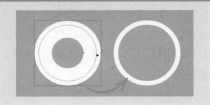

3. 多角星形工具

"多角星形工具" 用于绘制几何多边形和星形图形，并可以设置图形的边数以及星形图形顶点的大小。下面讲解使用多角星形工具绘制各种不同多角星形的方法。

🔑 **绘制五边形**：选择"多角星形工具" ，将鼠标光标移动到舞台中，按住鼠标左键拖动绘制出五边形。

🔑 **绘制多边形**：选择"多角星形工具" ，在"属性"面板中单击 选项... 按钮，打开"工具设置"对话框，在"边数"文本框中输入要绘制多边形或星形的边数。单击 确定 按钮后，按住鼠标左键拖动绘制。

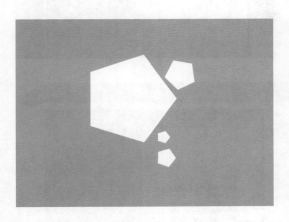

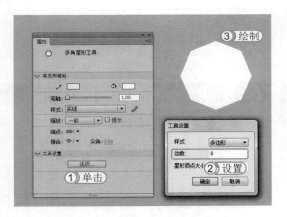

🔑 **绘制五角星**：打开"工具设置"对话框，在"样式"下拉列表框中选择"星形"选项，然后设置边数和星形顶点大小，完成后单击 确定 按钮，再拖动鼠标进行绘制。

绘制星形前，在"工具设置"对话框的"星形顶点大小"文本框中输入的值的大小只能在 0~1 之间。下图为设置不同星形的效果。

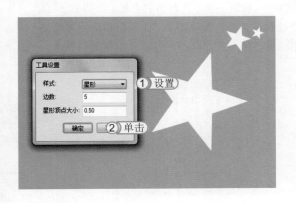

027

72⊙
Hours

62
Hours

52
Hours

42
Hours

32
Hours

22
Hours

12
Hours

2.1.3 自由绘图工具

使用标准绘图工具只能绘制出简单的形状。在实际制作中，用户更多的是需要自行绘制自由的线条，再由这些线条组成特定的形状。Flash 提供了强大的自由绘制工具，包括线条工具、铅笔工具、钢笔工具和刷子工具，使用这些工具可以绘制各种矢量图形。下面讲解这些绘图工具的使用方法。

1. 线条工具

"线条工具" ◣主要用于绘制各种不同样式的直线，还可设置直线的样式。使用线条工具的方法是：在"工具"面板中选择"线条工具" ◣，在"属性"面板中设置"笔触"大小，然后移动到舞台上，按住鼠标左键不放，拖动一段距离，即可绘制出直线。

若需要绘制特殊角度的直线时，选择"线条工具" ◣，按住 Shift 键的同时，向左或向右拖动，可以绘制出水平线段；向上或向下拖动，可以绘制出垂直线段；斜向拖动，可以绘制出 45° 角的斜线，如右图所示。

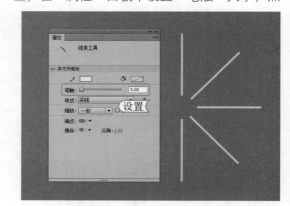

▌经验一箩筐——设置线条样式

若想绘制虚线或带颗粒质感的线条，可在选择"线条工具" ◣后，在"属性"面板的"样式"下拉列表框中根据需要选择所需的线条样式，然后再使用绘制直线的方式绘制线条。

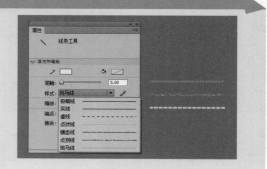

问题小贴士

问：使用线条工具，可以像绘制椭圆、矩形那样绘制直线对象吗？

答：可以，用户只需选择"线条工具" ◣后，在"工具"面板下方的选项区域单击"对象绘制"按钮 ▢，然后拖动鼠标，即可绘制出线条对象，如下图所示。

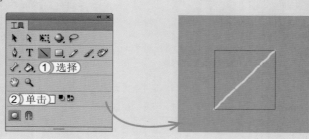

2. 铅笔工具

"铅笔工具"  用于绘制线条和形状，绘画的方式与使用真实铅笔大致相同。它与线条工具一样，在"属性"面板中可以改变线条样式和粗细。按住鼠标左键拖动，可以绘制线条图形。按住 Shift 键的同时拖动鼠标可以绘制出直线线段。不同的是选择铅笔工具后，在"工具"面板下方的选项区域中会出现 3 种铅笔绘制模式，如右图所示。选择不同的绘制模式，会出现不同的效果。这 3 种模式的绘制效果如下。

🔑 **绘制伸直模式**：在选项区域选择"伸直"模式，绘制完曲线后，Flash 会自动计算，将曲线线条自动调整为直角线条。

🔑 **绘制平滑模式**：在选项区域选择"平滑"模式，绘制线条时，即使线条不平滑 Flash 也会自动调整为平滑的曲线。

🔑 **绘制墨水模式**：在选项区域选择"墨水"模式，绘制的线条完全保持绘制的形状不变，Flash 不会作任何调整。

3. 钢笔工具

"钢笔工具" 🖋是以贝塞尔曲线的方式绘制和编辑图形轮廓，主要用于绘制精确的路径，如直线或平滑流畅的曲线。在使用钢笔工具绘制线条时，钢笔工具会出现不同的绘制状态。钢笔工具的主要绘制状态如下。

🔑 **初始锚点指针**🖋ₓ：选择钢笔工具后看到的第一个指针。指示下一次单击鼠标时将创建初始锚点，是新路径的开始（所有新路径都以初始锚点开始）。

🔑 **连续锚点指针**🖋：指示下一次单击鼠标时将创建一个锚点，并用一条直线与前一个锚点相连接。

🔑 **添加锚点指针**🖋₊：指示下一次单击鼠标时将向现有路径添加一个锚点。若要添加锚点，必须选择路径，并且钢笔工具不能位于现有锚点的上方。

🔑 **删除锚点指针**🖋₋：指示下一次在现有路径上单击鼠标时将删除一个锚点。若要删除锚点，必须用选择工具选择路径，并且指针必须位于现有锚点的上方。

🔑 **连续路径指针**🖋：从现有锚点扩展新路径。若要激活此指针，鼠标必须位于路径上现有锚点的上方。仅在当前未绘制路径时，此指针才可用。

🔑 **闭合路径指针**🖋。：在当前绘制的路径的起始点处闭合路径。用户只能闭合当前正在绘制的路径，并且现有锚点必须是同一个路径的起始锚点。

🔑 **回缩贝塞尔手柄指针**🖋：当鼠标位于显示其贝塞尔手柄的锚点上方时显示。单击鼠标将回缩贝塞尔手柄，并使得穿过锚点的弯曲路径恢复为直线段。

🔑 **转换锚点指针**⌐：将不带方向线的转角点转换为带有独立方向线的转角点。若要启用转换锚点指针，可以按 Shift+C 组合键。

🔑 **连接路径指针**🖋。：除了鼠标不能位于同一个路径的初始锚点上方外，其绘制状态与闭合路径工具基本相同，该指针必须位于唯一路径的任一端点上方。

本例将使用钢笔工具绘制一只卡通猫图形并为其填充颜色。通过绘制，使用户进一步掌握钢笔工具的使用方法。其具体操作如下：

029

72◎
Hours

62
Hours

52
Hours

42
Hours

32
Hours

22
Hours

12
Hours

光盘文件	效果 \ 第 2 章 \ 卡通猫 .fla
	实例演示 \ 第 2 章 \ 钢笔工具

STEP 01： 新建文档

1. 选择【文件】/【新建】命令，打开 "新建文档" 对话框，设置 "宽、高" 为 "800 像素、560 像素"。
2. 单击 "背景颜色" 后的色块，在弹出的选项框中选择 "#FFCC99" 选项。
3. 单击 ▉确定▉ 按钮。

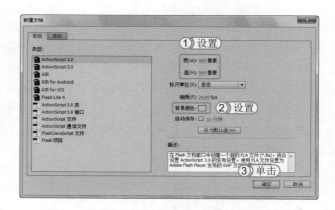

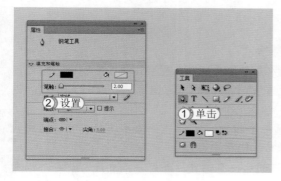

STEP 02： 设置笔触颜色

1. 在 "工具" 面板中选择 "钢笔工具" 。
2. 选择【窗口】/【属性】命令，打开 "属性" 面板，在其中单击 "笔触颜色" 后的色块，在弹出的选项框中选择 "#000000" 选项，设置 "笔触" 为 "2.00"。

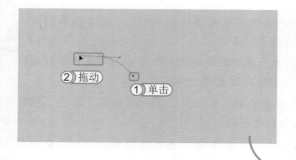

STEP 03： 编辑方向线

1. 使用鼠标在舞台上单击，创建一个锚点。
2. 将鼠标光标移动到舞台左上方的位置，单击并拖动曲线段。
3. 将鼠标光标移动到第二个锚点上，当鼠标光标变为 形状时单击，为锚点消除一个方向线。

提个醒　　在使用钢笔工具编辑锚点时，为了使方向线不影响下一个锚点的曲线段形状，最好去掉多余的方向线。

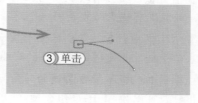

读书笔记

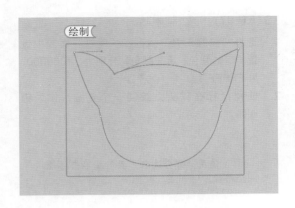

绘制

STEP 04： 继续绘制曲线段

将光标移动到其他位置单击，创建不同的曲线段，以绘制猫头。

提个醒 绘制猫头时一定要保证其路径是闭合状态，这样方便进行填充。

STEP 05： 填充颜色

1. 在"工具"面板中选择"颜料桶工具" 🔾。
2. 在"工具"面板中单击"填充颜色"色块，在弹出的选项框中设置"颜色"为"#AA6E32"。
3. 当鼠标光标变为 🔾 形状时，使用鼠标单击猫头中间，为猫头填充颜色。

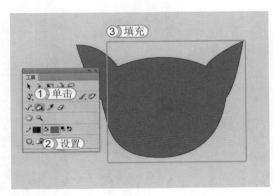

③填充

STEP 06： 绘制耳廓

1. 选择"钢笔工具" 🔾，使用鼠标在猫头左边耳朵的位置绘制耳廓。
2. 使用相同的方法为右耳朵绘制相同的耳廓。选择"颜料桶工具" 🔾，设置"填充颜色"为"#CC9966"。使用颜料桶工具为两个耳廓填色。

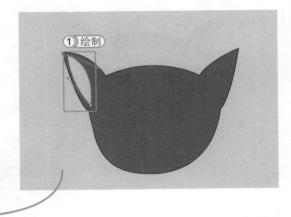

①绘制

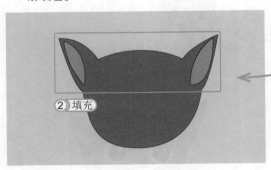

②填充

提个醒 初学者使用钢笔工具绘制图形时，会觉得很不好控制，所以需要多进行绘画练习。

62
Hours
▲

52
Hours
▲

42
Hours
▲

32
Hours
▲

22
Hours
▲

12
Hours
▲

▎经验一箩筐——完成闭合路径和开放路径

若要闭合路径，可将钢笔工具定位在第一个空心锚点上，当位置正确时，鼠标光标变为 🔾 形状，单击或拖动即可闭合路径。

STEP 07: 绘制眼睛

1. 选择"椭圆工具" 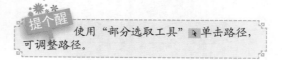，在"属性"面板中设置"笔触颜色、填充颜色"分别为"#000000、#FFFFFF"。
2. 使用鼠标在猫头上绘制一个正圆，作为猫眼睛。

提个醒 使用"部分选取工具" 单击路径，可调整路径。

STEP 08: 绘制左右眼睛

1. 在白色的眼眶中，使用椭圆工具绘制一个黑色的眼珠和白色的光点。
2. 使用相同的方法绘制右眼睛。

提个醒 在眼球上绘制一个白色的光点，可以让眼睛看起来更加有神。

STEP 09: 绘制躯干

1. 使用钢笔工具绘制躯干。
2. 选择"颜料桶工具" ，为刚绘制的躯干填充和耳廓相同的颜色。

STEP 10: 绘制尾巴

使用钢笔工具绘制尾巴，并使用颜料桶工具为尾巴填充颜色"#AA6E32"。

提个醒 用钢笔工具绘制出曲线后，在空白位置单击或者按 Esc 键，即可呈现绘制的线条。

STEP 11： 去掉线条

选择"选择工具" ，选择一条线条。按 Delete
键删除线条。使用相同的方法，将绘制的所有线
条删除。

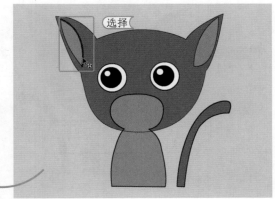

STEP 12： 绘制鼻子

1. 选择"钢笔工具" ，在"属性"面板中设置"笔
   触颜色、笔触"为"#996600、15.00"。
2. 使用鼠标在猫头上绘制一个曲线段，作为
   鼻子。

> **提个醒** 不要使用 Delete、Backspace 和 Clear
> 键，或者【编辑】/【剪切】或【编辑】/【清除】
> 命令来删除锚点，这些键和命令会删除点以及
> 与之相连的线段。

STEP 13： 绘制嘴巴

1. 在"属性"面板中设置"笔触颜色、笔触"
   为"#996600、3.00"，使用鼠标在鼻子下拖
   动绘制一条直线段。
2. 使用椭圆工具在鼻子下绘制一个白色填充褐
   色笔触的椭圆。

> **提个醒** 若对绘制的路径不满意，用户可按
> Ctrl+Z 组合键撤销上一步操作。

经验一箩筐——去掉线条的作用

在绘制卡通形象时，一般都会先绘制轮廓，然后为其填充颜色。填充颜色后，再将线条去掉。
这样做的好处在于可以使图像看起来更加简洁，且能有效地减少文件大小。当然，部分追求质
感的 Flash 可能会保留绘制形象时的轮廓线条。

033

72☒
Hours

62
Hours

52
Hours

42
Hours

32
Hours

22
Hours

12
Hours

STEP 14: 绘制胡子

1. 选择"钢笔工具" 🖊.，在"属性"面板中设置"笔触颜色、笔触"为"#FFFFCC、3.00"。
2. 使用鼠标拖动，在猫头上绘制 6 根胡须。

提个醒　　　每次绘制完一根胡须之后，需要按 Esc 键，退出当前绘制状态，再进行新的绘制。

STEP 15: 绘制底线

选择"矩形工具" 🔲.，设置"笔触颜色、填充颜色"都为"#FFFFCC"。拖动鼠标在舞台底部绘制一个矩形。

提个醒　　　在绘制的图形下方，添加一个矩形框可以使图形下方看起来更加整齐。

经验一箩筐——添加、删除和调整锚点

为了更加方便地控制、调整锚点以及路径形状，用户可通过工具随意地在路径上添加与删除锚点。添加、删除锚点与调整锚点的方法如下。

🔑 添加锚点：添加锚点可以更好地控制路径，也可以扩展开放路径。在工具箱中按住"钢笔工具" 🖊.不放，在弹出的下拉列表中选择"添加锚点工具" 🖊.，将光标移动到绘制的线条上，单击左键添加锚点。

🔑 删除锚点：曲线锚点越少的路径越容易编辑、显示和打印，最好不要添加不必要的锚点，若要降低路径的复杂性，可以使用"删除锚点工具" 🖊.删除不必要的锚点。将鼠标光标定位到锚点上，然后单击即可删除锚点。

🔑 调整路径上的锚点：在使用钢笔工具绘制曲线时，将创建平滑点，在绘制直线段或连接到曲线段的直线时，将创建转角点；默认情况下，选定的平滑点显示为"空心圆圈"，选定的转角点显示为"空心正方形"。将方向点拖动出转角点可以创建平滑点。

读书笔记

4. 刷子工具

"刷子工具" ✏用于绘制矢量色块，使用此工具可以直接绘制想要的图形。刷子工具的操作方法和铅笔工具基本相同，选择刷子工具在舞台上拖动即可绘制图形。但是与铅笔工具不同的是，刷子工具绘制的图形在"属性"面板中只能修改填充颜色，不能修改笔触颜色；刷子工具不但可以设置大小，还可以设置形状。此外，选择刷子工具后，在"工具"面板的选项区域中单击"刷子模式"按钮✏，在弹出的下拉列表中，有5种绘制模式供用户选择，如右图所示。其作用分别介绍如下。

🔑 标准绘画：选择"刷子工具" ✏，在"标准绘画" ⊖模式下，绘制的色块会直接覆盖下面图形的矢量线条和矢量色块。

🔑 后面绘画：选择"刷子工具" ✏，在"后面绘画" ○模式下，绘制的色块不会覆盖图形，而是位于图形的下方。

035

72 ☒
Hours

62
Hours

52
Hours

42
Hours

32
Hours

22
Hours

12
Hours

🔑 颜料填充：选择"刷子工具" ✏，在"颜料填充" ⊖模式下，绘制的色块会覆盖下面图形的矢量色块，而不覆盖矢量线条。

🔑 颜料选择：选择"刷子工具" ✏，在"颜料选择" ◎模式下，只能在选择矢量图形的内部绘制色块，而不能在线条和外部绘制色块。

▍经验一箩筐——"颜料选择"模式的使用注意事项

在"颜料选择" ◎模式下，首先需要用"选择工具" ▶选择需要绘制的颜色块区域，再用"刷子工具" ✏绘制色块，否则不会绘制出色块。

🔑 **内部绘画**：选择"刷子工具" ，在"内部绘画" 🌑 模式下，要求绘制色块在封闭矢量图形的内部，并且要在内部作为起点拖动。

▌ 经验一箩筐——刷子大小和形状设置

选择"刷子工具" ✏️，在该工具的选项区域可以选择刷子的大小 ⬤ 和形状 ◖，通过不同的搭配能得到不同的效果。

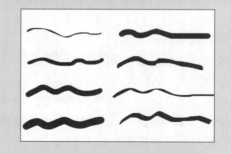

▌ 经验一箩筐——橡皮擦工具和刷子工具的区别

"橡皮擦工具" ✏️ 的使用方法和"刷子工具" ✏️ 基本类似，也有 5 种模式可供选择。下面分别进行介绍。

🔑 **标准擦除**：可擦除同一层上的笔触和填充。

🔑 **擦除填色**：可只擦除填充，不影响笔触。

🔑 **擦除线条**：可只擦除笔触，不影响填充。

🔑 **擦除所选填充**：可只擦除当前选择的填充，不影响笔触。

🔑 **内部擦除**：可只擦除橡皮擦笔触开始处的填充，如果从空白点开始擦除，则不会擦除任何内容，以这种模式使用橡皮擦并不影响笔触。

不同的是橡皮擦工具有一个"水龙头"按钮 🚰，选择"橡皮擦工具" ✏️，然后单击"水龙头"按钮 🚰，再单击可删除笔触段或填充区域。

2.1.4　装饰性绘画工具

使用装饰性绘画工具，可以将创建的图形形状转换成复杂的几何图案。装饰性绘画工具使用算术计算（也称为过程绘图）。常用的装饰性绘图工具有喷涂刷工具和 Deco 工具两种，下面对其进行介绍。

1. 喷涂刷工具

"喷涂刷工具" 🖌️ 可以理解为一个喷枪，用户将特定的图形喷到舞台上，以快速地填充图像。默认情况下，喷涂刷工具是以当前的填充颜色为喷射离子点，但用户也可将一些图形元件作为喷射图案。

本例将打开"星空"动画文档，再使用喷涂刷工具将"星空"图形元件作为喷射图案，制作夜空图像效果。其具体操作如下：

光盘
文件

素材 \ 第 2 章 \ 星空 .fla
效果 \ 第 2 章 \ 星空 .fla
实例演示 \ 第 2 章 \ 喷涂刷工具

STEP 01: 打开文档

1. 选择【文件】/【打开】命令，打开"打开"对话框，在其中选择"星空 .fla"动画文档。
2. 单击 打开(O) 按钮。

提个醒　　用户也可以采用双击素材文件的方法，打开 Flash 动画文档。

STEP 02: 选择工具

在"工具"面板中按住"刷子工具"按钮 。在弹出的下拉列表中选择"喷涂刷工具" 。

读书笔记

STEP 03: 选择喷涂元件

1. 选择【窗口】/【属性】命令，打开"属性"对话框，在其中单击 编辑... 按钮。
2. 打开"选择元件"对话框，在其中选择"星空"选项。
3. 单击 确定 按钮。

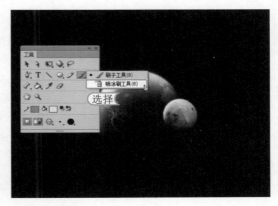

提个醒　　"星空"元件是已经制作好并存放在"星空"动画文档中的元件，所以能调用。

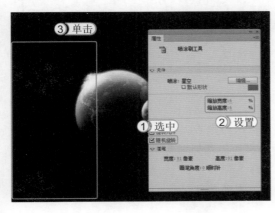

STEP 04: 设置缩放

1. 在"属性"面板中选中 随机旋转 复选框。
2. 设置"缩放宽度、缩放高度"为"6%、6%"。
3. 使用鼠标在舞台上单击，绘制图形。

提个醒　　缩放宽度、缩放高度用于控制喷涂到舞台中的宽度和高度。

037

72☒
Hours

62
Hours

52
Hours

42
Hours

32
Hours

22
Hours

12
Hours

STEP 05： 继续喷涂

在"属性"面板中设置不同的缩放宽度和高度，继续在舞台上喷涂图像元件。

提个醒 　由于星空图像中，会出现很多位置、大小不同的星团。所以在进行喷涂时，需要不断地调整缩放宽度和缩放高度。

2. Deco 工具

使用喷涂刷工具制作动画时，存在一定的局限性。为了弥补这一缺点，用户可以使用 Deco 工具绘制 Flash 预设的一些几何形状或图案。在"工具"面板中选择"Deco 工具" ，打开如右图所示的"属性"面板。该面板中的"绘制效果"栏用于选择 Flash 提供的 13 种绘制效果，并设置其颜色和图案；"高级选项"栏用于根据选择的绘制效果，设置产生效果的详细数值。下面详细地对各绘制效果进行讲解。

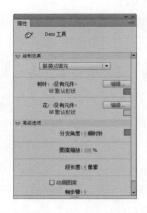

（1）藤蔓式填充

藤蔓式填充可以让藤蔓图案填充舞台、元件或封闭区域，在绘制大面积藤蔓式重复的相关背景时经常会使用到。选择"Deco 工具" ，在"属性"面板的绘制效果中选择"藤蔓式填充"选项，再在舞台上单击进行填充，如下图所示。此时，"属性"面板中各选项的作用如下。

🔑 "树叶"选项：用于设置叶子的样式和颜色。单击 编辑... 按钮，可将同一动画文档中的元件转换为树叶；若选中 ☑默认形状 复选框，将使用默认树叶。

🔑 "花"选项：用于设置花朵的样式和颜色。单击 编辑... 按钮，可将同一动画文档中的元件转换为树叶；若选中 ☑默认形状 复选框，将使用默认树叶。

🔑 "分支角度"选项：用于调整叶子茎干的颜色和角度。

🔑 "图案缩放"选项：用于使填充的图案沿着水平和垂直方向缩放。

🔑 "段长度"选项：用于设置叶子节点和花节点之间的距离。

🔑 ☑动画图案 复选框：选中该复选框，绘制效果的每次变化都会自动保存在一个新的动画帧中，常用于制作逐帧动画。

🔑 "帧步骤"选项：用于设置绘制效果时，每秒使用的帧数。

（2）网格填充

使用网格填充可以创建棋盘图案、平铺背景或用自定义图案填充的区域。在舞台中填充网格后，如果移动填充元件的大小和位置，网格填充也会跟着移动和改变大小。选择"Deco 工具" ，在"属性"面板的绘制效果中选择"网格填充"选项，再在舞台上单击进行填充，如下图所示。"属性"面板中各选项的作用如下。

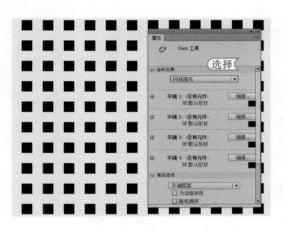

🔑 "平铺"选项：用于设置填充时，参与填充的图像，最多可设置4个。填充时将从左向右填充。

🔑 "网格布局"下拉列表框：用于设置网格填充的布局方式，该下拉列表框中包含平铺、砖形和楼层。

🔑 为边缘涂色 复选框：选中该复选框后，填充的网格将与舞台元件边缘对齐。

🔑 随机顺序 复选框：选中该复选框后，可以使设置的图形在网格中随机分布。但该复选框只对使用多个元件进行填充时有效。

🔑 "水平间距"选项：用于设置网格填充时所填充图像间的水平距离。

🔑 "垂直距离"选项：用于设置网格填充时所填充图像间的垂直距离。

🔑 "图案缩放"选项：用于设置图案沿着水平或垂直缩放的比例。

（3）对称刷子

使用对称刷子可以创建圆形用户界面元素（如模拟钟面或刻度盘仪表）和旋涡图案。在中心对称点周围单击左键，绘制出中心对称的矩形，选择其他工具，中心点消失。选择"Deco 工具" ，在"属性"面板的绘制效果中选择"对称刷子"选项，再在舞台上单击进行填充，如右图所示。此时，"属性"面板中各选项的作用如下。

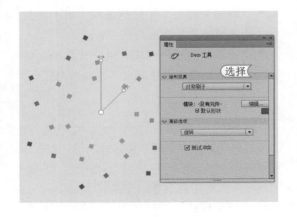

🔑 "模块"选项：用于设置填充时的填充形状。

🔑 "对称方式"下拉列表框：在该下拉列表框中有4种对齐方式。用于设置绘制填充时的对称对齐方式。

🔑 测试碰撞 复选框：选中该复选框，无论如何添加对称填充中的对称物数，都可以防止绘制的图形出现重叠冲突。

（4）3D 刷子

3D 刷子可以在舞台上对某个元件涂色，使其具有 3D 透视效果。在舞台上按住鼠标左键拖动绘制出的图案为无数个图形对象，且有透视感。选择"Deco 工具" ，在"属性"面板的绘制效果中选择"3D 刷子"选项，再在舞台上单击进行填充，如下图所示。此时，"属性"面板中各选项的作用如下。

039

72
Hours

62
Hours

52
Hours

42
Hours

32
Hours

22
Hours

12
Hours

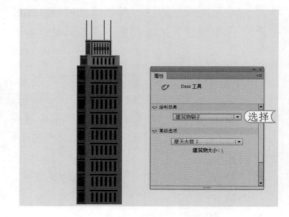

- "对象"选项：用于设置参加填充的图形元件，最多可设置4个参加填充的图形元件。

- "最大对象数"选项：用于设置需要涂色的对象的最大数。

- "喷涂区域"选项：用于设置对对象涂色的最大距离。

- ☑透视复选框：选中该复选框，填充的对象将会以近大远小的透视关系，呈现填充效果。

- "距离缩放"选项：用于设置3D透视效果的情况。减小该值会减小由上到下移动鼠标光标而引起的缩放。

- "随机缩放范围"选项：用于设置允许随机确定每个填充对象的缩放值，增加该值后会增加每个实例的缩放值范围。

- "随机旋转范围"选项：用于设置允许随机确定每个填充对象的旋转值，增加该值后会增加每个实例的旋转值范围。

（5）建筑物刷子

建筑物刷子可以在舞台上绘制建筑物，通过设置参数还可以设置建筑物的外观。将鼠标光标移动到舞台上按住左键不放，由下向上拖动到合适的位置绘制出建筑物体，松开左键创建出建筑物顶部。选择"Deco 工具"，在"属性"面板的绘制效果中选择"建筑物刷子"选项，再在舞台上单击进行填充，如右图所示。此时，"属性"面板中各选项的作用如下。

- "建筑物类型"下拉列表框：用于设置填充的建筑物外观。

- "建筑物大小"选项：用于设置绘制的建筑物宽度，数值越大，建筑物越宽。

（6）装饰性刷子

装饰性刷子可以绘制装饰线，如点线、波浪线及其他线条。选择"Deco 工具"，在"属性"面板的绘制效果中选择"装饰性刷子"选项，再在舞台上拖动进行绘制，如右图所示。此时，"属性"面板中各选项的作用如下。

- "线条样式"下拉列表框：在该下拉列表框中可以设置绘制的装饰性线条。

- "图案颜色"选项：用于设置填充线条的颜色。

- "图案大小"选项：用于设置填充线条的大小。

🔑 "图案宽度"选项：用于设置所填充图案的宽度。

（7）火焰动画

火焰动画可以生成一系列的火焰逐帧动画。选择"Deco工具" 🖌️ ，在"属性"面板的绘制效果中选择"火焰动画"选项，再在舞台上单击进行绘制，如下图所示。此时，"属性"面板中各选项的作用如下。

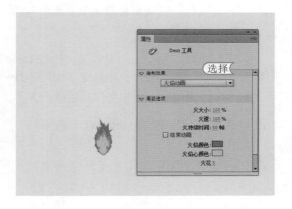

🔑 "火大小"选项：用于设置填充的火焰宽度以及高度，数值越大，火焰越大。

🔑 "火速"选项：用于设置火焰动画的播放速度，值越大，火焰燃烧的效果越快。

🔑 "火持续时间"选项：用于设置火焰在动画中燃烧的时间，即火焰动画在时间轴上建立的动画帧数。

🔑 ☑结束动画 复选框：选中该复选框，再在舞台上单击，将会创建火焰燃烧完毕的效果，而非火焰持续燃烧的效果。

🔑 "火焰颜色"色块：用于设置火苗的颜色。

🔑 "火焰心颜色"色块：用于设置火焰底部的颜色。

🔑 "火花"选项：用于设置火焰底部各个火焰的数量。

（8）火焰刷子

火焰刷子和火焰制作的效果基本相同，只是火焰刷子的作用范围仅仅是在当前帧。选择"Deco工具" 🖌️ ，在"属性"面板的绘制效果中选择"火焰刷子"选项，再在舞台上拖动进行绘制，如右图所示。此时，"属性"面板中各选项的作用如下。

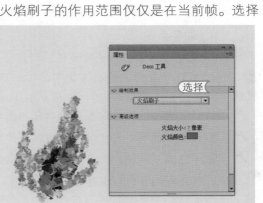

🔑 "火焰大小"选项：用于设置填充的火焰宽度以及高度，数值越大，火焰越大。

🔑 "火焰颜色"选项：用于设置火焰中心的颜色。在绘制时，会从选择的颜色变为黑色。

（9）花刷子

花刷子可以绘制程式化的花。在舞台中拖动可以绘制花图案，拖动越慢，绘制的图案越密集。选择"Deco工具" 🖌️ ，在"属性"面板的绘制效果中选择"花刷子"选项，再在舞台上拖动进行绘制，如右图所示。此时，"属性"面板中各选项的作用如下。

🔑 "花样式"下拉列表框：在该下拉列表框中，可设置要填充的花朵样式。

🔑 "花色"色块：用于设置花朵的颜色。

041

72 ⊠
Hours

62
Hours

52
Hours

42
Hours

32
Hours

22
Hours

12
Hours

🔑 "花大小"选项：用于设置花朵的宽度和高度，数值越大，花越大。

🔑 "树叶颜色"色块：用于设置叶子的颜色。

🔑 "树叶大小"选项：用于设置叶子的宽度和高度，数值越大，叶子越大。

🔑 "果实颜色"色块：用于设置果实的颜色。

🔑 ☑分支 复选框：选中该复选框，在填充图像时，可以绘制花和叶子之外的分支。

🔑 "分支颜色"色块：用于设置分支的颜色。

（10）闪电刷子

闪电刷子可以绘制出闪电效果。选择"Deco 工具" 🖊️，在"属性"面板的绘制效果中选择"闪电刷子"选项，再在舞台上按住鼠标左键不放，当出现需要的闪电光束后释放鼠标，如下图所示。此时，"属性"面板中各选项的作用如下。

🔑 "闪电颜色"色块：用于设置闪电的颜色。

🔑 "闪电大小"选项：用于设置闪电的长度。

🔑 ☑动画 复选框：选中该复选框，将会创建闪电的逐帧动画。

🔑 "光束宽度"选项：用于设置闪电根部的宽度。

🔑 "复杂性"选项：用于设置每个闪电的分支数。数值越大，分支数越多。

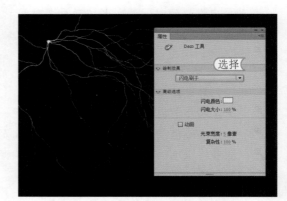

（11）粒子系统

粒子系统可制作由粒子组成的图像的逐帧动画，如气泡、烟和水等。选择"Deco 工具" 🖊️，在"属性"面板的绘制效果中选择"粒子系统"选项，再在舞台上单击，将以单击点为起始点出现粒子逐帧动画，如下图所示。此时，"属性"面板中各选项的作用如下。

🔑 "粒子"选项：用于设置参加填充的图形元件，最多可设置两个参加填充的图形元件。

🔑 "总长度"选项：用于设置从当前帧开始，动画要持续的帧数。

🔑 "粒子生成"选项：用于设置从第几帧开始生成粒子的帧数。若是帧数小于"总长度"的值，则会在剩余的帧中停止生成新粒子，已生成的粒子会继续添加到动画中。

🔑 "每帧的速率"选项：用于设置每帧中出现的粒子数。

🔑 "寿命"选项：用于设置粒子从出现到消失在舞台上显示的帧数。

🔑 "初始速度"选项：用于设置每个粒子在其寿命开始时移动的速度。

🔑 "初始大小"选项：用于设置每个粒子在其寿命开始时移动的缩放。

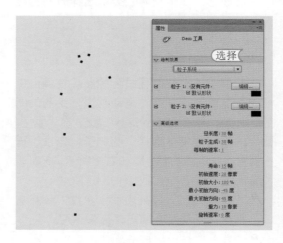

🔑 "最小初始方向"选项：用于设置粒子在其寿命开始时可移动的最小范围。其中 0 为向上，90 为向右，180 为向下，270 为向左。

🔑 "最大初始方向"选项：用于设置粒子在其寿命开始时可移动的最大范围。其中 0 为向上，90 为向右，180 为向下，270 为向左。

🔑 "重力"选项：用于设置粒子的物理运动方向。当数值为正时，粒子将向下运动并加快运动速度；当数值为负时，粒子将向上运动并加快运动速度。

🔑 "旋转速率"选项：用于设置粒子在运动时在每帧中的旋转角度。

（12）烟动画

烟动画可以制作烟飘动的逐帧动画。选择"Deco 工具" 🖌，在"属性"面板的绘制效果中选择"烟动画"选项，再在舞台上单击并拖动绘制动画，如下图所示。此时，"属性"面板中各选项的作用如下。

🔑 "烟大小"选项：用于设置烟的宽度和高度，数值越大，烟雾也就越大。

🔑 "烟速"选项：用于设置烟在动画中的飘动速度。

🔑 "烟持续时间"选项：用于设置动画需要的帧数。

🔑 ☑结束动画 复选框：选中该复选框，将制作烟雾飘散的效果，而非继续冒烟的效果。

🔑 "烟色"色块：用于设置烟的颜色。

🔑 "背景颜色"色块：用于设置烟的背景色，烟在飘散后将变为背景颜色。

（13）树刷子

树刷子创建树状插图。在舞台上按住鼠标左键由下向上快速拖动绘制出树干，然后减慢移动的速度，绘制出树枝和树叶，直到松开鼠标左键。在绘制树叶和树枝的过程中，鼠标移动得越慢，树叶越茂盛。选择"Deco 工具" 🖌，在"属性"面板的绘制效果中选择"树刷子"选项，再在舞台上绘制图形，如下图所示。此时，"属性"面板中各选项的作用如下。

🔑 "树样式"下拉列表框：用于设置绘制的树木品种。

🔑 "树比例"选项：用于设置树木的大小，数值越大，树木越高。

🔑 "分支颜色"色块：用于设置树干的颜色。

🔑 "花/果实颜色"色块：用于设置花/果实的颜色。

读书笔记

043

72🕐
Hours

62
Hours

52
Hours

42
Hours

32
Hours

22
Hours

12
Hours

上机 1 小时 ▶ 绘制墙壁

🔍 进一步掌握使用 Deco 工具绘制图形的方法。

🔍 熟练掌握使用标准绘图工具绘制图形的方法。

　　本例将打开"墙壁.fla"动画文档，在其中使用 Deco 工具绘制墙面，再在其中绘制窗户和门，最后使用线条工具修饰图像，最终效果如右图所示。

```
光盘    素材\第2章\墙壁.fla
文件    效果\第2章\墙壁.fla
        实例演示\第2章\绘制墙壁
```

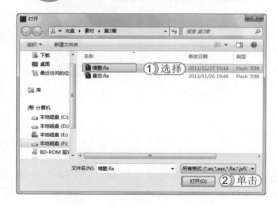

STEP 01： 打开文档

1. 选择【文件】/【打开】命令，打开"打开"对话框，在其中选择"墙壁.fla"动画文档。

2. 单击 打开(O) 按钮。

> 提个醒　　按Ctrl+O组合键，也可打开"打开"对话框。

STEP 02： 添加填充元件

1. 在"工具"面板中选择"Deco 工具" ✎。打开"属性"面板，在"绘制效果"栏中的下拉列表框中选择"网格填充"选项。

2. 单击"平铺 1"选项后的 编辑... 按钮。

3. 打开"选择元件"对话框，在其中选择"砖块"元件，单击 确定 按钮。使用相同的方法，为"平铺2"~"平铺4"选项设置填充图案为"砖块"元件。

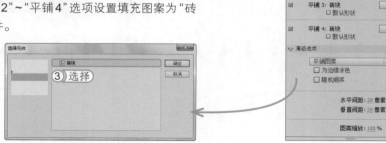

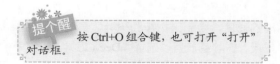

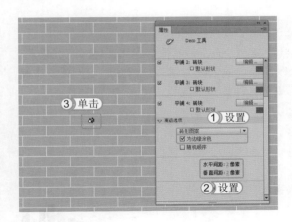

045

72⊠
Hours

62
Hours

52
Hours

42
Hours

32
Hours

22
Hours

12
Hours

STEP 03： 设置填充属性

1. 在"属性"面板的"高级选项"栏中设置"网格布局"为"砖形图案"，并选中 ☑为边缘涂色 复选框。
2. 设置"水平间距"、"垂直间距"为"2 像素"、"2 像素"。
3. 使用鼠标单击舞台填充图形。

提个醒 为使填充完的图像完全布满整个舞台，必须选中 ☑为边缘涂色 复选框。

STEP 04： 绘制窗户和门轮廓

1. 选择"矩形工具" □，在"属性"面板中设置"笔触颜色、填充颜色"为"#FFCC00、#FF0000"。设置"笔触"为"5.00"。
2. 设置"矩形边角半径"都为"10.00"。
3. 使用鼠标在舞台上拖动绘制窗户和门轮廓。

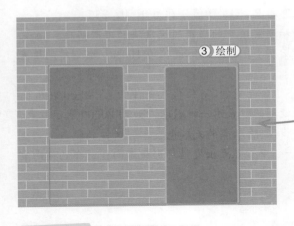

提个醒 在绘制窗户时，应在按住 Shift 键的同时拖动鼠标，绘制一个正圆。

STEP 05： 绘制玻璃和门把手

1. 在"属性"面板中将"填充颜色"设置为"#FFFFFF"。在窗户上绘制 4 个一样大小的正方形，作为玻璃。
2. 选择"椭圆工具" ○，在门上绘制一个门把手。

提个醒 在绘图工具的"属性"面板中设置了笔触、笔触颜色、填充颜色等选项，选择其他绘图工具时，之前的设置会被沿用。所以在使用椭圆工具绘制门把手时，并不需要另外进行设置。

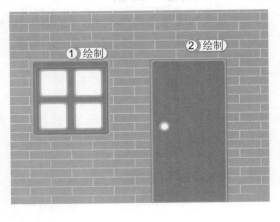

2.2 填充的应用

在 Flash 动画中，和谐绚丽的色彩搭配是非常重要的，无论是制作多媒体课件、网页元素，还是 Flash 宣传短片等，都需要了解颜色的概念以及颜色的搭配方法。绘制图形后为其填充颜色也是动画制作者必须掌握的。下面讲解为图形填充各种类型颜色的方法。

学习 1 小时

🔍 认识颜色以及颜色的类型。

🔍 掌握使用"颜色"面板和"样本"面板设置颜色的方法。

🔍 熟悉渐变填充和填充工具的操作方法。

2.2.1 认识颜色

计算机的颜色采用 RGB 颜色系统，也就是每种颜色采用红、绿、蓝 3 种分量。每个颜色分量的取值为 0~255，一共有 256 种分量可供选择。电脑中所能表示的颜色为 256×256×256=16777216 种，这也是 16M 色的由来。在 Flash 中，与颜色相关的元素有 RGB、Alpha、十六进制和颜色类型等。各种颜色的特点如下。

🔑 **RGB**：RGB 颜色模式由红、绿、蓝三原色组成。红色的 R、G、B 值分别为 255、0、0；绿色的 R、G、B 值分别为 0、255、0；蓝色的 R、G、B 值分别为 0、0、255。

🔑 **Alpha**：Alpha 可设置实心填充的不透明度和渐变填充的当前所选滑块的不透明度。如果 Alpha 值为 0%，则创建的填充不可见（即透明）；如果 Alpha 值为 100%，则创建的填充不透明。

🔑 **十六进制**：十六进制颜色值是由字母和数字组合而成的，6 位代表一种颜色。用 00 表示 0，用 FF 表示 255，这样，就可以用 6 位十六进制的数表示一种颜色。如 #FF0000 表示红色。

🔑 **颜色类型**：在 Flash 中有 5 种颜色类型，包括删除颜色的无颜色、单一填充的纯色、产生一种沿线性轨道混合的线性渐变、产生从一个中心焦点出发沿环形轨道向外混合的径向渐变和位图填充。

2.2.2 "颜色"面板

"颜色"面板允许修改 Flash 的调色板并更改笔触和填充的颜色。在"颜色"面板中的控件有笔触颜色、填充颜色、"颜色类型"下拉列表框、RGB、Alpha、当前颜色样本、系统颜色选择器和十六进制值等。在"颜色"面板中可以通过多种方式更改颜色。选择【窗口】/【颜色】命令，打开如右图所示的"颜色"面板。该面板中各选项的作用如下。

🔑 "笔触颜色"按钮：用于改变图形的边框颜色和笔触颜色。

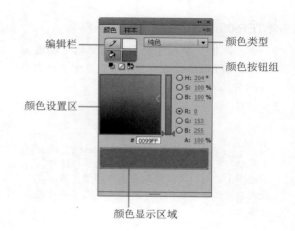

编辑栏
颜色类型
颜色按钮组
颜色设置区
颜色显示区域

🔑 "填充颜色"按钮 🎨：用于改变图形的形状区域颜色。

🔑 "黑白"按钮 ▣：单击该按钮，即可将笔触颜色和背景颜色设置为默认值（笔触颜色为黑色，背景颜色为白色）。

🔑 "无色"按钮 ☑：单击该按钮，可让选择的填充或笔触不使用任何颜色。

🔑 "交换颜色"按钮 ⬚：单击该按钮，将交换笔触颜色和填充颜色。

🔑 "颜色类型"下拉列表框：在该下拉列表框中用户可以设置修改笔触颜色和填充颜色的颜色填充方式。

🔑 颜色设置区：在其中单击可设置笔触颜色和填充颜色。

🔑 "HSB"栏：在该栏中选中某个单选按钮，再修改其后方的数字，可以修改颜色的色相、饱和度和亮度。

🔑 "RGB"栏：在该栏中选中某个单选按钮，再修改其后方的数字，可以修改颜色的红色、蓝色和绿色的颜色密度值。

🔑 "A"选项：用于设置填充颜色的不透明度（Alpha）。修改"A"选项后方的数字，可修改填充色的不透明度。

🔑 "#"文本框：该文本框用于设置颜色的十六进制值，在该文本框中输入颜色的十六进制值即可为当前笔触或填充设置对应的颜色。

🔑 颜色显示区域：为笔触或填充设置好颜色后，该区域将呈现预览颜色效果。

在"颜色"面板中可以通过多种方式设置颜色，下面讲解两种常见的设置颜色的方法。

🔑 使用"样本"选项栏：在"颜色"面板中可以单击"笔触颜色"按钮 🖉 或"填充颜色"按钮 🎨，打开"样本"选择框，在其中单击一种颜色，即可选择颜色。

🔑 使用颜色设置区：在"颜色"面板的"颜色设置区"中可以单击选择颜色，也可以拖动颜色设置区旁边的滑条设置颜色。

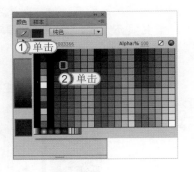

2.2.3 "样本"面板

在 Flash 中除可以使用"颜色"面板为笔触和填充设置颜色外，还可以使用"样本"面板设置颜色。选择需要设置颜色的笔触或填充区域，再选择【窗口】/【样本】命令，打开"样本"面板，如右图所示。在其中单击需要的颜色即可应用当前选择的颜色。

在默认情况下，"样本"面板中存储的是常用的一些颜色。若有特殊需要还可以对"样本"面板进行添加、删除、编辑、复制等操作。对"样本"面板进行编辑，可单击"样本"面板右上角的 ▾ 按钮，在弹出的下拉列表中进行设置。该下拉列表中各选项的作用如下。

047

72☑
Hours

62
Hours

52
Hours

42
Hours

32
Hours

22
Hours

12
Hours

🔑 **直接复制样本**：选择该选项，Flash 会自动复制当前选择的颜色样本。

🔑 **删除样式**：选择该选项，Flash 会自动删除当前选择的颜色样本。

🔑 **添加颜色**：选择该选项，打开"导入色样"对话框，在其中选择需要导入的颜色样式，可将选择的颜色导入到"样本"面板中。

🔑 **替换颜色**：选择该选项，打开"导入色样"对话框，在其中选择颜色会替换"样本"面板中除默认颜色以外的所有颜色。

🔑 **加载默认颜色**：选择该选项，将会使自定义后的面板恢复为默认的状态。

🔑 **保存颜色**：选择该命令，打开"导出色样"对话框，设置保存地址并将调色板保存。

🔑 **保存为默认值**：选择该选项，当前"样本"面板的调色板将被指定为默认的调色板样式。

🔑 **清除颜色**：选择该选项，"样本"面板中除黑色、白色和线性渐变以外的所有颜色将被删除。

🔑 **Web 216 色**：选择该选项，当前面板将被切换为 Web 安全调色板。该调色板中的颜色在任何地方进行播放时，都能正常显示。

🔑 **按颜色排序**：选择该选项，"样本"面板中的所有颜色会按色调重新进行排序。

▌ **经验一箩筐——使用滴管工具设置颜色**

在 Flash 中，用户除可以使用"颜色"、"样本"面板设置填充效果外，还可以使用"滴管工具" 🖊 设置颜色。但滴管工具只能通过吸取的方式，将一个已经设置了颜色的图形的填充颜色设置为当前填充色。使用滴管工具设置颜色的方法是：在"工具"面板中选择"滴管工具" 🖊 ，使用鼠标单击需要设置颜色的图形或图像即可。

2.2.4　编辑渐变填充

使用普通的纯色填充图像，虽然能让图像的颜色丰富起来，但并不能使其更加有立体感，想使图像看起来立体，可以使用渐变填充。渐变填充是一个多色的填充方式，使用渐变填充可以让一种颜色平稳地过渡到另一种颜色。在 Flash 中有两种渐变填充方式，其特点和编辑方法如下。

1. 线性渐变

线性渐变是沿着一根轴线改变颜色的渐变方式，可以制作光线斜射到物体上的效果。在"颜色"面板的"颜色类型"下拉列表框中选择"线性渐变"选项，如右图所示。此时，"颜色"面板中将显示用于设置线性渐变的选项。线性渐变状态下，"颜色"面板特有选项的作用如下。

渐变显示区域

🔑 **"流"选项**：其中包含 3 个按钮，分别用于设置超出线性或渐变限制范围所使用的颜色覆盖方式。

🔑 **☑线性 RGB 复选框**：选中该复选框，用户将可创建可伸缩的矢量渐变图形。

🔑 **渐变显示区域**：在该区域中添加、减少、移动渐变滑块，可以编辑渐变的颜色。

本例将打开"驯鹿.fla"动画文档，在"颜色"面板中编辑、设置渐变色，并将渐变色应用到背景图像中。其具体操作如下：

光盘
文件
素材＼第 2 章＼驯鹿.fla
效果＼第 2 章＼驯鹿.fla
实例演示＼第 2 章＼线性渐变

STEP 01： 打开文档

选择【文件】/【打开】命令，打开"驯鹿 .fla"
动画文档。选择【窗口】/【颜色】命令，打开"颜
色"面板。

提个醒 按 Alt+Shift+F9 组合键，也可打开"颜
色"面板。

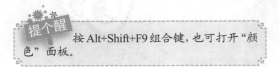

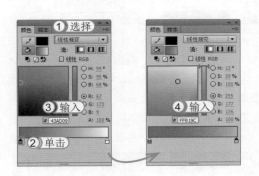

STEP 02： 为渐变设置颜色

1. 使用鼠标单击舞台，选择黑色的背景。在"颜
   色"面板的"颜色类型"下拉列表框中选择"线
   性渐变"选项。
2. 使用鼠标单击渐变编辑区左下方的滑块，选
   择要设置颜色的滑块。
3. 在"#"文本框中输入"43AD09"。
4. 使用鼠标单击渐变编辑区右下方的滑块，在
   "#"文本框中输入"FFB19C"。

STEP 03： 为渐变添加渐变滑块

1. 将光标移动到渐变编辑区中间的下方，当鼠
   标光标变为形状时，单击鼠标添加滑块。
2. 单击新建的滑块，设置"#、A"为"FFA1C2、
   80%"。

提个醒 若想删除渐变编辑区上的渐变滑块，
只需将鼠标光标移动到要删除的滑块上，然后
按住左键不放，向下拖动到滑块消失，删除
滑块。

读书笔记

049

72 图
Hours

62
Hours

52
Hours

42
Hours

32
Hours

22
Hours

12
Hours

2. 径向渐变

径向渐变会出现一个中心点向外改变颜色的渐变效果，可以制作边缘有光晕的柔和效果。在"颜色"面板的"颜色类型"下拉列表框中选择"径向渐变"选项，再在"颜色"面板中设置渐变效果。其设置方法和线性渐变相同，如右图所示为使用径向渐变填充图形的效果。

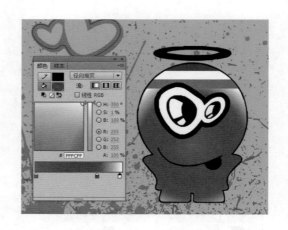

2.2.5　填充工具的使用

在 Flash 中，用户可以先选择需要填充的图形后，再通过"颜色"面板和"样本"面板设置图形的颜色。但是若要大量填充相同的颜色，一个一个选择填充目标，再进行颜色设置会花费很多时间。为了简化操作步骤，用户可通过 Flash 中自带的填充工具对图形进行填充。在 Flash 中的填充工具有"颜料桶工具" 和 "墨水瓶工具" ，下面讲解其使用方法。

1. 颜料桶工具

"颜料桶工具" 用于设置图形的填充颜色，填充的图形区域通常是封闭区域，应用的颜色可以是无颜色、纯色、渐变色和位图颜色。在"工具"面板中选择"颜料桶工具" ，在"颜色"面板中选择颜色，然后将光标移动到图形区域，单击填充颜色。

在"工具"面板中选择"颜料桶工具" 后，在该面板的选项区域会出现两个按钮，其作用如下。

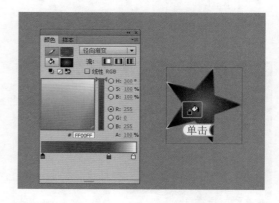

🔑 "空隙大小"按钮 ：该按钮用于设置外围矢量线缺口的大小对填充颜色时的影响程度。其中包括不封闭空隙、封闭小空隙、封闭中等空隙和封闭大空隙 4 种选项。

🔑 "锁定填充"按钮 ：该按钮只能应用于渐变填充，单击该按钮后，不能再应用其他渐变填充。但渐变填充以外的填充不会受到任何影响。

2. 墨水瓶工具

"墨水瓶工具" 用于修改路径的颜色和属性，应用的颜色包括无颜色、纯色、渐变色和位图颜色 4 种。选择和填充方法与"颜料桶工具" 类似。在"工具"面板中选择"墨水瓶工具" ，在选项区域单击"笔触颜色"色块，在弹出的选项框中设置颜色，然后在图形内部或者矢量线上单击，修改其颜色。

> ▍经验一箩筐——使用墨水瓶修改路径属性的方法
>
> 选择"墨水瓶工具" ，在"属性"面板中设置"笔触颜色、笔触、样式"等属性后。在需要修改的矢量线区域处单击修改路径的颜色和形状。

051

上机 1 小时 ▶ 填充荷塘月色

🔍 巩固在 Flash 中设置渐变填充的操作方法。

🔍 进一步掌握颜色的设置和搭配方法。

本例将打开"荷塘月色 .fla"动画文档，为图形填充颜色，使整个画面更加完善，最终效果如右图所示。

光盘文件
素材 \ 第2章 \ 荷塘月色 .fla
效果 \ 第2章 \ 荷塘月色 .fla
实例演示 \ 第2章 \ 填充荷塘月色

72⌛
Hours

STEP 01： 打开文档

选择【文件】/【打开】命令，打开"荷塘月色 .fla"动画文档。设置文档的背景颜色为白色。

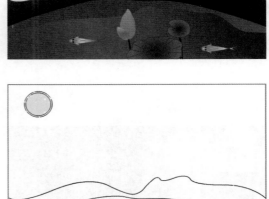

提个醒 由于是有月光的夜晚，因此在填充天空时，上面需要填充深蓝，地面附近可以填充为光亮效果。

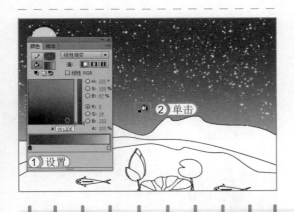
② 单击
① 设置

STEP 02： 填充天空

1. 选择"颜料桶工具" 🪣，在"颜色"面板中选择"线性渐变"选项，设置滑块颜色为"#0012DE"和"#FFE980"。

2. 在天空部分单击鼠标，填充渐变色。

62
Hours
▲

52
Hours
▲

42
Hours
▲

32
Hours
▲

22
Hours
▲

12
Hours
▲

读书笔记

STEP 03： 填充山峰

1. 设置滑块为"#003300"和"#009900"的线性渐变色，并调整滑块的位置。
2. 在山峰区域下方单击鼠标填充山峰颜色。

读书笔记

STEP 04： 填充倒影

1. 设置滑块为"#001281"和"#007EDB"的线性渐变色，并调整滑块的位置。
2. 在倒影区域单击鼠标填充倒影颜色。

STEP 05： 填充池塘

1. 设置滑块为"#000066"和"#007ED8"的线性渐变色，并调整滑块的位置。
2. 在池塘区域单击鼠标填充池塘颜色。

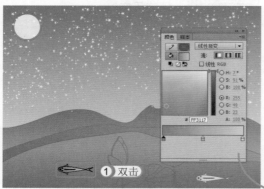

STEP 06： 填充鱼和荷花

1. 双击鱼对象打开编辑窗口，将鱼填充为线性渐变多彩鱼。
2. 设置滑块为"#FFC6A8"和"#CC728A"的线性渐变色，填充荷花。线性渐变色"#003300"和"#00B63A"填充荷叶和枝干。

提个醒

"颜料桶工具" 的 4 个空隙选项主要是针对由矢量线包围的未填充颜色的区域，如果矢量线内部填充了矢量色块，则设置该选项是没有意义的。

STEP 07: 填充月亮光环

1. 设置滑块为"#FFFF99"和"#A8ECF3"的径向渐变色，**Alpha** 值为"80%"。
2. 双击圆环对象打开编辑窗口，填充颜色。

STEP 08: 填充脉络

1. 选择"颜料桶工具"，设置滑块为"#00B63A"、"#008C2E"和"#83EE8A"。
2. 双击荷叶对象打开编辑窗口，填充荷叶脉络线条。

2.3 编辑图形工具

在 Flash 中绘制图形时，很难一次将图形绘制成需要的形状。但重新绘制又十分浪费时间，在绘制图形时，动画制作者们经常会使用编辑图形工具对绘制的图形进行编辑、优化。

学习1小时

🔍 认识图形编辑工具。 🔍 熟练掌握编辑工具的基本操作方法。

🔍 灵活运用编辑工具绘制图形。

2.3.1 选取工具

要想对动画文档中的图形进行编辑，首先要对其进行选择，Flash 中提供了 3 种选取工具，供用户进行选取操作。下面讲解各选取工具的使用方法。

1. 选择工具

"选择工具"用于对图形进行选择和拖动，通过选择和拖动可以对矢量图形或对象进行删除、移动和变形等操作。其操作方法如下。

🔑 选择：使用"选择工具"选择填充色块或路径，可以对选择的对象进行删除、移动和属性设置等操作。选择对象，然后按 Delete 键删除对象。选择对象，再将鼠标光标移动到对象上，按住左键拖动可移动对象。

🔑 拖动：使用"选择工具"拖动填充色块或路径，可以让图形或线条变形。不选择对象，直接将鼠标光标移动到矢量色块边沿或矢量线上，当鼠标光标变成形状时按住左键拖动，可以移动图形位置。

62
Hours

52
Hours

42
Hours

32
Hours

22
Hours

12
Hours

2. 部分选取工具

"部分选取工具" ↖用于调整路径上的锚点，可以通过锚点和方向线来调整图形，其操作方法如下。

🔑 调整锚点：选择"部分选取工具" ↖，在填充色块边沿或路径上单击，图形四周出现锚点。将鼠标光标移动到锚点上，按住左键拖动锚点，可让图形变形。

🔑 调整方向线：选择"部分选取工具" ↖，在出现的填充色块或路径的锚点上再次单击，出现该锚点的方向线，将鼠标光标移动到控制点上，按住左键拖动，可让图形变形。

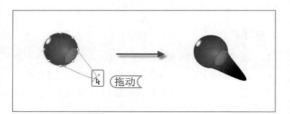

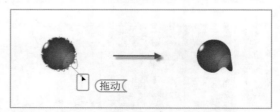

3. 套索工具

"套索工具" 🔗可以绘制出自由的选择区域，常用于选择不规则的图形。选择"套索工具" 🔗，在舞台中单击并拖动鼠标绘制选择区域。绘制完成后释放鼠标，区域中的图形将被选择，如右图所示。

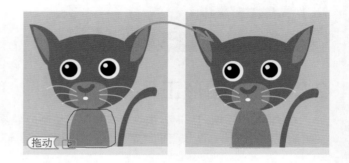

2.3.2　任意变形工具

"任意变形工具" ▦可以对选择的图形进行旋转、倾斜、缩放、扭曲和封套等操作。用"任意变形工具" ▦框选图形，在"工具"面板选项区域中的各按钮的作用如下。

🔑 旋转与倾斜：使用"任意变形工具" ▦选择图形，单击选项区域的"旋转与倾斜"按钮◿。将鼠标光标移动到4个角的控制点上，鼠标光标变成◠形状，按住左键拖动可旋转图形。将鼠标光标移动到4边的控制点上，此时鼠标光标变成⇌形状，按住左键拖动可倾斜图形。按住Alt键拖动，可以角点为中心旋转。

🔑 缩放：单击选项区域的"缩放"按钮◳。将鼠标光标移动到4个角的控制点上，当鼠标光标变成↖形状时拖动，将等比例缩放图形。将鼠标光标移动到4边的控制点上，当鼠标光标变成"双箭头"形状时，按住左键拖动可水平或垂直缩放图形。按住Shift键拖动，可以任意缩放；按住Alt键拖动，可以中心点为中心进行缩放。

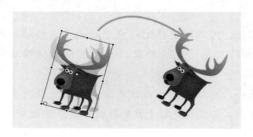

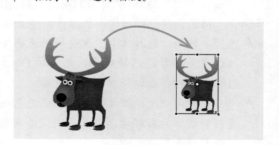

🔑 扭曲：单击"扭曲"按钮 ⊐，将鼠标光标移动到 4 个角的控制点上，当鼠标光标变成 △ 形状时，按住左键拖动可扭曲图形。将鼠标光标移动到 4 边的控制点上拖动可倾斜图形。

🔑 封套：单击"封套"按钮 ☑，将鼠标光标移动到方形或圆形控制点上，当鼠标光标变成 △ 形状时，按住左键拖动可扭曲图形。

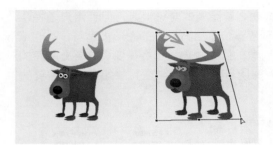 

2.3.3　图形的整合

　　当舞台中的对象过多时，为了方便之后的编辑。用户需要对已绘制的图形对象进行整合，如组合、分离等。这些整合方式对图像也同样适用。

　　1. 群组对象

　　当舞台中对象过多且需要同时操作部分对象，而不想干涉到其他对象时，用户可以将需要同时编辑的对象组合在一起成为一个对象，再进行编辑，如右图所示。群组对象的方法是：选择需要群组的对象，再选择【修改】/【组合】命令，或按 Ctrl+G 组合键群组对象。

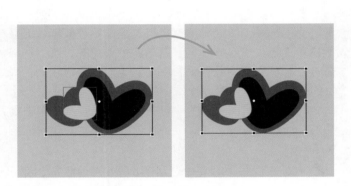

▌经验一箩筐——取消群组

　　在发现群组的对象不对或需要对群组的对象单独进行编辑时，可对其进行取消群组操作。其方法是：选择已经群组的对象后，再选择【修改】/【取消群组】命令，或按 Ctrl+Shift+G 组合键。

　　2. 分离对象

　　由于形状对象的特性，用户不能随意地对其进行编辑，若需要对这样的形状对象单独进行编辑，就需先分离对象。分离对象命令对位图以及群组对象同样适用，但需要注意的是，越复杂的图形，分离的时间需要得越多。分离对象的方法是：选择需要分离的对象，再选择【修改】/【分离】命令，或按 Ctrl+B 组合键分离对象，如右图所示。

2.3.4　排列对象

为了绘制图像的需要，用户不但可以群组对象、分离对象，还可以对多个对象进行排列、调整堆放顺序等。下面讲解其操作方法。

1. 对象的排列

在绘制图形时，Flash 会将新绘制的图形重叠在之前绘制的对象上方，但若用户是将几个图形移动到一起组合成一个图像时，很可能会出现应该位于上方显示的图形被遮盖，不能正常显示的情况。为了解决这一问题，用户可以调整对象的层叠顺序。选择需要调整层叠顺序的对象后，再选择【修改】/【排列】命令，弹出如下图所示的子菜单。在其中即可选择需要的层叠方式。

需要注意的是，绘制的图形会位于群组的对象下方，若将其移动到对象上方，需将它们群组。此外，图层也会影响图形的显示，在使用排列命令排列对象前，需要先确定它们在同一图层中。图层的相关知识将在第 4 章中讲解。

2. 对齐对象

要想将舞台中的多个对象以列、行的方式排列起来，可以使用选择工具进行调整。但其操作不仅繁琐，而且不易真正地实现对齐效果。要想将对象对齐，可以选择需对齐的对象后，再选择【修改】/【对齐】命令，在弹出的子菜单中进行对齐操作。或选择【窗口】/【对齐】命令，打开如右图所示的"对齐"面板。在其中单击需要的按钮进行对齐，该面板各栏中的按钮对齐效果介绍如下。

🔑 "对齐"栏：在该栏中包括了 6 种常用的对齐方式，如左对齐、水平中齐、右对齐、顶对齐、垂直中齐和底对齐。这 6 种对齐方式的对齐效果如下图所示。

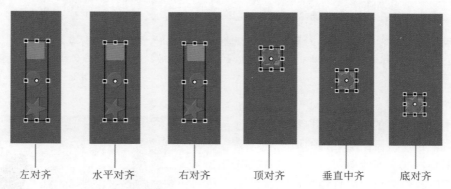

左对齐　　　水平对齐　　　右对齐　　　顶对齐　　　垂直中齐　　　底对齐

🔑 "分布"栏：在该栏中包括了 6 种常用的分布方式，包括顶部分布、垂直居中分布、底部分布、左侧分布、水平居中分布和右侧分布。分布方式和对齐方式效果相似，只是分布方式将对象按一定距离均匀地分布在舞台中，6 种分布方式的分布效果如下图所示。

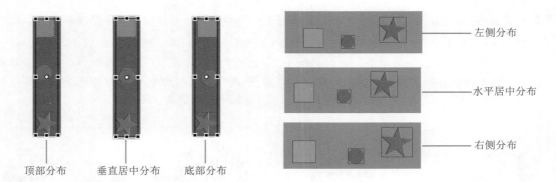

顶部分布　　垂直居中分布　　底部分布　　　　左侧分布

水平居中分布

右侧分布

🔑 "匹配大小"栏：匹配大小可以自动根据选择的按钮，调整对象的宽度、高度、大小，使其宽度、高度或大小相同。在该栏中包括了3种常用的匹配方式，这3种匹配方式的对齐效果如下图所示。

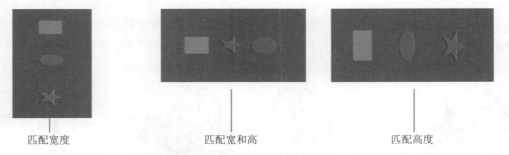

匹配宽度　　　　　　　　匹配宽和高　　　　　　　　匹配高度

🔑 "间隔"栏：用于垂直或水平隔开选中对象，该栏中有两种间隔方式，包括垂直平均间隔和水平平均间隔。当选择对象大小差距很大时，间隔效果较明显，这两种间隔方式的对齐效果如下图所示。

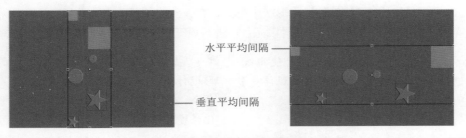

水平平均间隔

垂直平均间隔

▌经验一箩筐——设置与舞台对齐

在"对齐"面板中有一个 ☑与舞台对齐 复选框，选中该复选框，在使用"对齐"面板上的按钮时，可相对于舞台对齐。

2.3.5　图形的高级操作

　　复杂图形可以通过高级图形编辑来完成。在 Flash 中使用命令和一些高级功能可以对图形或图形对象进行复杂的编辑，制作更加精美的图形。

1. 合并对象

　　合并对象是通过命令将多个图形对象进行合并，包括联合、交集、打孔和裁切等，通过这些功能可以绘制更加复杂的图形对象。在菜单栏中选择【修改】/【合并对象】命令，然后在

62
Hours

52
Hours

42
Hours

32
Hours

22
Hours

12
Hours

其子菜单中选择相应的合并命令，即可对选择的图形对象进行合并操作。子菜单中的合并命令作用如下。

🔑 "联合"命令：选择该命令，可以将两个或多个图形对象合并成为单个图形对象。

🔑 "交集"命令：选择该命令，将只保留两个或多个图形对象相交的部分，并将其合并为单个图形对象。

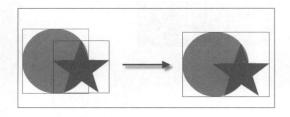

🔑 "打孔"命令：选择该命令，将使用位于上方的图形对象删除下方的图形对象中的相应图形部分，并合并成为单个图形对象。

🔑 "裁切"命令：选择该命令，将使用位于上方的图形对象保留下方图形对象中的相应图形部分，并将其合并成为单个图形对象。

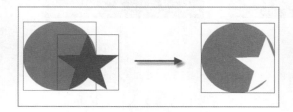
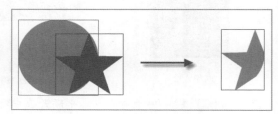

2. 形状填充

在 Flash 中可以选择【修改】/【形状】命令，在弹出的子菜单中选择相应命令，对对象进行填充，这些命令都用于路径，不能对填充色块进行填充。子菜单中常用的填充命令作用如下。

🔑 "高级伸直"命令：高级伸直用于使曲线伸直。选择【修改】/【形状】/【高级伸直】命令，在打开的"高级伸直"对话框中设置"伸直强度"值，以更改伸直效果。

🔑 "优化"命令：优化用于将复杂的曲线图形进行简化，选择【修改】/【形状】/【优化】命令，在打开的"优化曲线"对话框中设置"优化强度"值，以更改伸直效果。

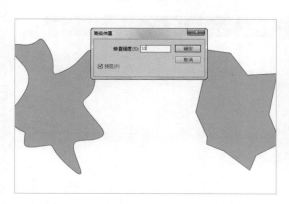

🔑 "将线条转换为填充"命令：用于将线条转换为填充。选择【修改】/【形状】/【将线条转换为填充】命令即可。

🔑 "扩展填充"命令：扩展填充用于将矢量线填充到矢量色块中。选择【修改】/【形状】/【扩展填充】命令，在打开的"扩展填充"对话框中设置填充效果即可。

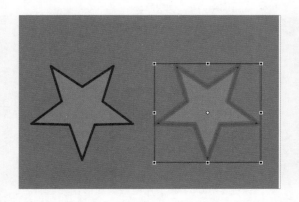

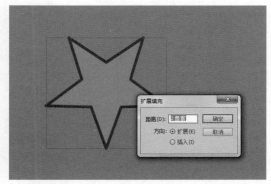

经验一箩筐——"柔化填充边缘"命令的使用

柔化填充边缘可以产生边缘羽化的效果，常用于制作柔和温暖的动画效果。选择【修改】/【形状】/【柔化填充边缘】命令，在打开的"柔化填充边缘"对话框中设置填充距离、步长数和方向等即可。

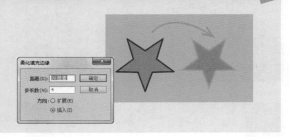

上机1小时 ▶ 绘制动画背景

🔍 巩固在 Flash 中选择图形的方法。

🔍 进一步掌握使用任意变形工具编辑图形的方法。

本例将新建空白动画文档，在其中绘制图形并填充颜色，最后根据需要使用工具编辑绘制的形状，最终效果如右图所示。

光盘
文件
素材 \ 第 2 章 \ 壁虎 . png
效果 \ 第 2 章 \ 动画背景 . fla
实例演示 \ 第 2 章 \ 绘制动画背景

62
Hours

52
Hours

42
Hours

32
Hours

22
Hours

12
Hours

STEP 01: 新建文档

1. 选择【文件】/【新建】命令，打开"新建文档"对话框，设置"宽、高"为"800 像素、560 像素"。

2. 单击"背景颜色"后的色块，在弹出的选项框中选择"#0099FF"选项。

3. 单击 确定 按钮。

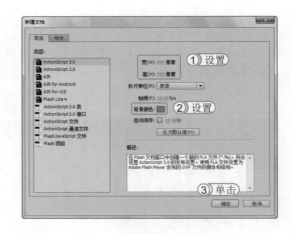

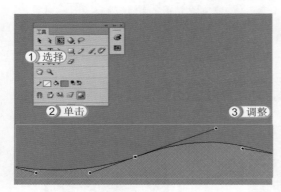

STEP 02: 绘制地面

1. 选择"矩形工具" ▭，在舞台下方绘制一个绿色（#00CC66）无笔触的矩形作为地面。选择"任意变形工具" ▦。

2. 在"工具"面板的选项区域中单击"封套"按钮 ▦。

3. 使用鼠标拖动矩形上出现的控制点，调整形状。

STEP 03: 绘制树干

选择"基本矩形工具" ▭，在舞台下方绘制一个土黄色（#996600）无笔触的矩形对象作为树干。使用任意变形工具的封套模式调整矩形形状。

> **提个醒** 绘制树干时选择绘制矩形对象，是为了使树干和地面图像融合在一起，方便后期编辑。

STEP 04: 绘制树叶

1. 选择"基本椭圆工具" ⬭，在舞台下方绘制一个"笔触颜色、填充颜色"为"#54A57D、#006633"的椭圆对象作为树叶，并使用任意变形工具调整椭圆形状和角度。

2. 使用相同的方法绘制、编辑其他树叶。

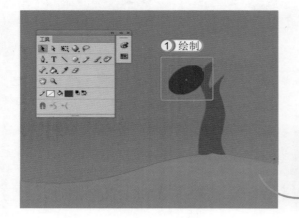

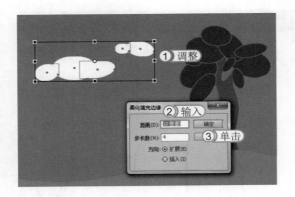

STEP 05：　绘制云朵

1. 选择"基本椭圆工具" ，在舞台下方绘制几个"填充颜色"为"#FFFFFF"，无笔触的椭圆对象作为云朵，并使用任意变形工具调整椭圆形状和角度。
2. 选择【修改】/【形状】/【柔化填充边缘】命令，在打开的对话框中设置"距离"为"10像素"。
3. 单击 确定 按钮。

STEP 06：　导入图像

按 Ctrl+R 组合键，在打开的对话框中选择"壁虎 .png"图像，单击 打开(O) 按钮。使用任意变形工具调整壁虎图像的大小。

读书笔记

62 Hours

52 Hours

2.4　练习2小时

本章主要介绍了插画绘画的制作方法，用户要想在日常工作中熟练使用，还需再进行巩固练习。下面以绘制向日葵图像和冬日图像为例，进一步巩固这些知识的使用方法。

42 Hours

1. 练习1小时：绘制向日葵

本例将绘制向日葵，首先使用基本椭圆工具绘制向日葵的中心花萼，再使用基本椭圆工具绘制花瓣并对其进行渐变填充，组合花朵。然后使用线条工具、刷子工具绘制叶子和花枝。最后使用Deco 工具绘制飘散的花瓣效果。最终效果如右图所示。

光盘文件 　效果\第2章\向日葵 .fla

　实例演示\第2章\绘制向日葵

32 Hours

22 Hours

12 Hours

② 练习 1 小时：绘制冬日

本例将绘制冬日，首先使用基本矩形工具绘制天空并填充渐变色，使用 Deco 工具绘制枯枝。然后使用刷子工具绘制雪痕、电桩等，最后使用铅笔工具绘制电线。最终效果如右图所示。

光盘文件

效果 \ 第 2 章 \ 冬日 .fla

实例演示 \ 第 2 章 \ 绘制冬日

读书笔记

动画

72 HOURS

动画素材管理

第 3 章

学习 3 小时

● 素材的使用
● 元件的使用
● 库的使用

　　绘制完图形后，为了在后期动画制作中使用，需要对图形进行管理和编辑。除自行绘制动画素材外，用户还可以导入外部已经制作好的图形素材，这样不但能简化工作流程，还可以在一定程度上提高 Flash 的表现力。本章将讲解动画素材的管理方法。

上机 4 小时

3.1 素材的使用

自行绘制动画素材虽然能使素材更加贴近需求，但自行绘制素材不但工程量巨大，且可能因为用户自身美术功底的原因影响到整体的动画效果。其实很多 Flash 高手通过寻找素材的方法制作动画，为了满足这种需求，Flash 可以使用其他应用程序中生成的图片。用户只要准备好需要的图形图像素材就可以快速地制作出精美的动画效果。

学习 1 小时 ▶ - - - - - -

🔍 快速了解 Flash 可导入的图片格式。　　🔍 快速掌握编辑导入图形的方法。

🔍 掌握导入图片的基本操作。　　　　　　🔍 熟练掌握位图的高级应用。

3.1.1 Flash 常用的图片格式

目前平面设计行业中，使用的图片格式有很多，但并非所有图片格式都能在 Flash 中使用。在 Flash 中常用的图片格式有以下几种。

🔑 JPG 格式图片：JPG 格式的图片在保存时经过压缩，可使图像文件变小。

🔑 GIF 格式图片：GIF 图片常称为 GIF 动画，是由一帧帧图片拼叠在一起的。

🔑 BMP 格式图片：BMP 是一种与硬件设备无关的图像文件格式，使用非常广泛，但所占用的空间很大。

🔑 PNG 格式图片：PNG 即流式网络图形格式，是一种位图文件存储格式。特点是压缩比高，生成文件容量小。

🔑 PSD 格式图片：PSD 是 Adobe 公司的图像处理软件 Photoshop 的专用格式。这种格式可以存储 Photoshop 中所有的图层、通道、参考线、注解和颜色模式等信息。PSD 格式在保存时会将文件压缩，以减少所占用的磁盘空间，但 PSD 格式所包含图像数据信息较多，因此，比其他格式的图像文件要大。

🔑 AI 格式图片：AI 格式文件是一种矢量图形文件，是 Adobe 公司的 Illustrator 软件的输出格式，与 PSD 格式文件相同，AI 文件也是一种分层文件，用户可以对图形内所存在的图层进行操作，所不同的是 AI 格式文件是基于矢量输出，可在任何尺寸大小下按最高分辨率输出，而 PSD 文件是基于位图输出。

3.1.2　导入图片

　　Flash 支持多种格式的图片，可以将其导入到舞台，也可以导入到库中。但在导入时，不同的文件会有不同的选项设置。

1. 导入位图

　　一般常见的位图图片格式有 JPG、GIF、BMP 和 PNG 等，其导入 Flash 的方法都相同。其方法是：选择【文件】/【导入】/【导入到舞台】命令，打开"导入"对话框，在"导入"对话框中选择需导入的文件，单击 打开(O) 按钮，关闭对话框。在舞台上出现导入的图形实例，同时图形也被保存到"库"面板中。

2. 导入图像序列

　　如果所导入的图像文件名以数字结尾，并且在同一文件夹中还有其他按顺序编号的文件，在导入时，Flash 会提示是否导入序列的所有图像，从而导入大量图像。

　　本例将新建一个 Flash 动画文档，并将一个图像导入到新建的动画文档的"库"面板中。其具体操作如下：

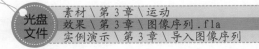

　　光盘
　　文件
素材 \ 第 3 章 \ 运动
效果 \ 第 3 章 \ 图像序列 .fla
实例演示 \ 第 3 章 \ 导入图像序列

62
Hours
▲

52
Hours
▲

42
Hours
▲

32
Hours
▲

22
Hours
▲

12
Hours

STEP 01： 选择导入图像

1. 新建一个空白动画文档，选择【文件】/【导入】/【导入到舞台】命令，打开"导入"对话框。

2. 选择"shape 1.png"图像，单击 打开(O) 按钮。

提个醒 在导入图像序列时，若选择【文件】/【导入】/【导入到库】命令。将只有被选择的图像才会被导入到库中，Flash 并不会将相关的所有图像序列都导入到库中。

STEP 02： 导入图像序列

在打开的对话框中单击 是 按钮，导入该文件夹中所有和所选择图像命名规则相同的图像到舞台，并自动放置到不同的帧上。

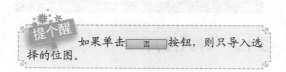

提个醒 如果单击 否 按钮，则只导入选择的位图。

3. 导入 AI 文件

使用 Flash 可导入 Illustrator 生成的后缀为 .ai 的文件，并且在很大程度上保留插图的可编辑性和视觉保真度。AI 导入器还可让用户在确定 Illustrator 插图导入到 Flash 中的方式方面具有更大的控制权。AI 导入器提供下列主要功能：

🔑 对最常用的 Illustrator 特效保留其可编辑性，并将其转换为 Flash 滤镜。

🔑 保留 Flash 和 Illustrator 共有的混合模式的可编辑性。

🔑 保留渐变填充的保真度和可编辑性。

🔑 保持 RGB（红、绿、蓝）颜色的外观和对象的透明度。

🔑 将 Illustrator 元件作为 Flash 元件导入。

🔑 保留贝塞尔控制点的数目和位置。

🔑 保留剪切蒙版、图案描边和填充的保真度。

🔑 将 AI 文件图层转换为单独的 Flash 图层、关键帧或单个 Flash 图层，还可以将 AI 文件作为单个位图图像导入，在这种情况下，Flash 会栅格化此文件。

🔑 提供 Illustrator 和 Flash 之间改进的复制和粘贴工作流程。复制和粘贴对话框提供了适用于将 AI 文件粘贴到 Flash 舞台上的设置。

本例将新建一个空白动画文档，并在其中导入 AI 文件，使 AI 文件以元素的方式导入Flash 中。其具体操作如下：

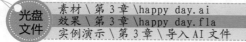

光盘文件
素材 \ 第 3 章 \happy day.ai
效果 \ 第 3 章 \happy day.fla
实例演示 \ 第 3 章 \ 导入 AI 文件

STEP 01： 新建文档

1. 选择【文件】/【新建】命令，打开"新建文档"对话框，在其中设置"背景颜色"为"#FFCC33"。
2. 单击 确定 按钮。

STEP 02： 选择导入文件

1. 选择【文件】/【导入】/【导入到舞台】命令，打开"导入"对话框。在"导入"对话框中选择"happy day.ai"文件。
2. 单击 打开(O) 按钮，打开 AI 导入器。

提个醒　只有在安装了 Illustrator 软件后，AI 文件才会以 图标显示。

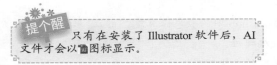

STEP 03： 设置导入方式

1. 在右图左侧列表框中选择需要导入的 AI 图层，在"将图层转换为"下拉列表框中选择"Flash图层"选项。
2. 单击 确定 按钮。

提个醒　在 AI 导入器中，选中 ☑导入为位图(O) 复选框。AI 文件被导入到 Flash 中后将生成为一个整体的位图，而不是一些独立的图形。虽然将 AI 文件转换为一个整体的位图，可以有效地减小动画文档的大小，但并不利于动画外观布局的编辑。

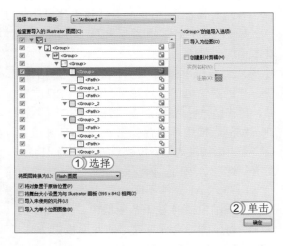

读书笔记

067

72 Hours

62 Hours

52 Hours

42 Hours

32 Hours

22 Hours

12 Hours

STEP 04： 查看导入效果

返回舞台即可看到 AI 文件已经被导入到舞台中。此时，用户选择导入对象中的任意对象都可以进行移动、缩放等操作。

> 提个醒　　需要注意的是，使用这种方法导入的图像并没有保存到"库"面板中。若想使用方便可以将其保存为元件，元件的制作和使用方法将在本章后面进行讲解。

4. 导入 PSD 文件

与 Flash 中的工具相比，Photoshop 的绘画和选取工具提供了更高程度的控制。如需要创建复杂的视觉图像或修饰照片以便在互动动画中使用，则可使用 Photoshop 来创建插图，然后将完成的图像导入 Flash。

Flash 导入 Photoshop 文件时会保留大部分插图数据，通过 PSD 导入器还可以控制将 Photoshop 插图导入到 Flash 的方式，PSD 导入器提供了下列主要功能：

🔑 导入到 Flash 中的 PSD 文件可以保持其在 Photoshop 中的颜色保真度。

🔑 保留 Flash 和 Photoshop 共有的混合模式的可编辑性。

🔑 将 PSD 文件中的智能对象栅格化，这样可保留对象透明度。

🔑 将 PSD 文件图层转换为单个 Flash 图层或关键帧，或将 PSD 文件作为单个位图图像导入，在这种情况下，Flash 会将该文件栅格化。

导入 PSD 文件的方法和导入 Illustrator 基本相同。其方法是：选择【文件】/【导入】/【导入到舞台】命令，打开"导入"对话框。在打开的对话框中选择需要导入的 PSD 文件后，单击 打开(O) 按钮。在打开的 PSD 导入器的左侧列表框中选择需要导入的 PSD 图层，在"将图层转换为"下拉列表框中选择"Flash 图层"选项，单击 确定 按钮。

与导入 AI 文件不同，导入的 PSD 文件将以位图的方式存在于各图层中，且 PSD 文件中的各位图将会保存在"库"面板中。

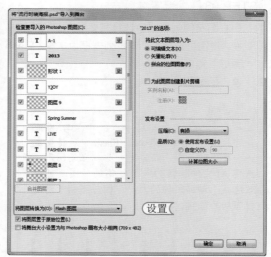

3.1.3　编辑导入的图形

导入到 Flash 中的图形可以在舞台上进行编辑。导入的图像放置在舞台上将作为图形实例，"属性"面板会显示该实例的名称、尺寸以及在舞台上的位置。此时可按一般图形元件的编辑方法对其进行编辑，常见的编辑方法分别介绍如下。

🔑 **设置属性**：在"属性"面板中可设置图形实例的位置、大小。也可以用"任意变形工具" 🔠 对图形进行缩放、倾斜、旋转等操作。

🔑 **转换为矢量图形**：选择位图，选择【修改】/【位图】/【转换位图为矢量图】命令，将位图转换为矢量图形，这时就可以像绘制矢量图形一样修改图形。

问题小贴士

问：导入到 Flash 中的位图可以再次编辑吗？

答：导入到 Flash 中的位图也可以使用外部软件（如 Windows 画图、Photoshop、Fireworks 等软件）进行编辑。其方法是：选择位图，在"属性"面板中单击 编辑... 按钮，Flash 将自动打开能编辑该位图的软件。用户在软件中编辑并保存后返回 Flash，该位图将被同步更新。

3.1.4　位图的高级应用

导入的位图除了可以直接装饰舞台外，还可以用于创建位图填充。使用位图创建位图填充主要有两种方法，分别介绍如下。

🔑 **分离位图后填充**：先在舞台中按 Ctrl+B 组合键分离位图，然后用"滴管工具" 🖊 单击吸取位置，再用"颜料桶工具" 🖍 填充图形。

🔑 **导入填充位图**：选择"颜料桶工具" 🖍，打开"颜色"面板，在"颜色类型"下拉列表框中选择"位图填充"选项，然后选择位图作为填充对象。

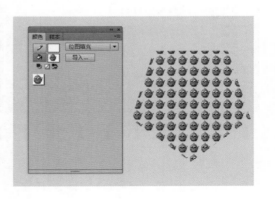

62
Hours

52
Hours

42
Hours

32
Hours

22
Hours

12
Hours

上机 1 小时 ▶ 制作花纹长颈鹿图形

🔍 巩固导入位图的方法。   🔍 掌握图形转换为矢量图的方法。

🔍 熟练掌握使用位图填充的方法。

本例将制作"花纹长颈鹿"图形，首先新建动画文档，再在其中导入"背景底纹"图像。然后导入"长颈鹿"图像，并将其转换为矢量图，最后使用位图为其中一只长颈鹿填充"花纹"位图，完成后的最终效果如右图所示。

光盘
文件
素材 \ 第 3 章 \ 花纹长颈鹿
效果 \ 第 3 章 \ 花纹长颈鹿 .fla
实例演示 \ 第 3 章 \ 制作花纹长颈鹿图形

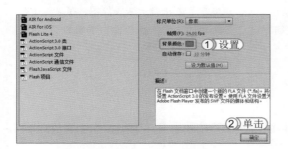

STEP 01： 新建空白文档

1. 选择【文件】/【新建】命令。打开"新建文档"对话框，设置"背景颜色"为"#999999"。
2. 单击 确定 按钮。

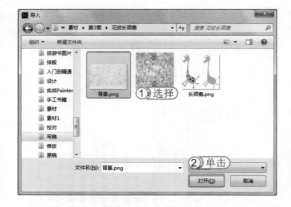

STEP 02： 选择导入图像

1. 选择【文件】/【导入】/【导入到舞台】命令。打开"导入"对话框，在其中选择"背景 .png"图像。
2. 单击 打开(O) 按钮。使用任意调整工具，调整导入图像的大小，使其与舞台相同大小。

提个醒
    在"导入"对话框中按住 Ctrl 键的同时单击文件，可以选择导入多个文件。

读书笔记

STEP 03： 继续导入图像

打开"导入"对话框，选择导入"长颈鹿.png"图像。
使用任意调整工具，调整导入图像的大小。

提个醒
　　没有一次导入两张图像，是因为每
张图像都需要调整大小。如果一次导入两张图
像，反而不易调整图像的大小。

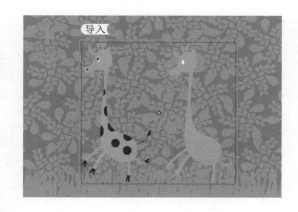

STEP 04： 将位图转换为矢量图

选择【修改】/【位图】/【转换位图为矢量图】命令。
打开"转换位图为矢量图"对话框，保持默认状态。
单击 确定 按钮。

提个醒
　　在执行将位图转换为矢量图命令前，
一定要确保选择了需要转换的图像，否则该命
令将呈不可使用状态。

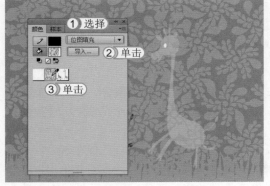

STEP 05： 设置位图填充

1. 选择【窗口】/【颜色】命令，打开"颜色"面板，
   在"颜色类型"下拉列表框中选择"位图填充"
   选项。
2. 单击 导入… 按钮。在打开的对话框中选择"花
   纹素材.png"图像，单击 打开(O) 按钮。
3. 返回"颜色"面板，在下方的列表框中单击
   刚刚导入的位图。

STEP 06： 填充图形

在工具箱中选择"颜料桶工具" ，当鼠标光标
变为 形状时，使用鼠标在后面的长颈鹿上单击，
为其填充位图花纹。

提个醒
　　在制作大场面的动画场景时，经常
需要使用位图填充，为场景中的树木、山、岩
石等赋予质感。

62
Hours

52
Hours

42
Hours

32
Hours

22
Hours

12
Hours

3.2 元件的使用

一个复杂的 Flash 动画中，需要多次重复使用图形或动画片段。在这种情况下，将这个图形或动画片段制作作为元件是非常有必要的。通过调用制作的元件，可以在动画中需要的位置使用这个图形或动画片段，而不需要再次进行制作。同一元件的多次利用不会因此增加动画文件的大小，这对 Flash 动画后期优化来说十分重要。

🔍 快速了解元件的概念以及分类。　　🔍 熟练掌握使用元件实例的方法。

🔍 灵活运用各种元件制作动画。

3.2.1 认识元件和实例

在 Flash 动画中，元件和实例的应用非常广泛，是 Flash 不可缺少的重要角色。通过使用元件和实例能简化 Flash 动画的内部结构，让后期 Flash 动画的再次编辑变得更为轻松。

1. 元件

元件是指在 Flash 创作环境中或使用 Button (AS 2.0)、SimpleButton (AS 3.0) 和 MovieClip 等创建过的图形、按钮或影片剪辑。元件可以在整个文档或其他文档中重复使用。元件也可以包含从其他应用程序中导入的图像。创建的元件都会自动保存到当前文档的库中。

在创作或运行时，用户可以将元件作为共享库资源在文档之间共享。对于运行时共享的资源，可以把源文档中的资源链接到任意数量的目标文档中，而无需将这些资源导入目标文档。对于创作时共享的资源，还可以用本地网络上可用的其他任何元件更新或替换一个元件，十分便于批量管理素材。

2. 实例

实例是指位于舞台上或嵌套在另一个元件内的元件副本。实例可以与其父元件在颜色、大小和功能方面有差别。创建元件后，可以在文档的任何位置使用该元件的实例，包括放置在舞台上，也可以嵌套在别的元件中。当编辑元件时，会更新其所有实例，但对元件的一个实例应用效果则只更新该实例。

在文档中使用元件可以显著减小文件的大小，保存一个元件的几个实例比保存该元件内容的多个副本占用的存储空间小。如前面绘制的矢量图形，如果转换为元件后重新使用比直接使用占用的存储空间小。同时使用元件还可以加快 SWF 文件的播放速度，因为元件只需下载一次到 Flash Player 中。

3.2.2 元件类型

元件可以分为图形元件、影片剪辑元件和按钮元件 3 种类型。不同的元件所能使用的范围以及其作用都有所不同，下面对各元件的类型进行介绍。

读书笔记

🔑 **图形元件**：通常用于静态图像，可用来创建连接到主时间轴的可重复使用的动画片段。图形元件与主时间轴同步运行。交互式控件和声音在图形元件的动画序列中不起作用。由于没有时间轴，图形元件在 FLA 文件中的尺寸小于按钮或影片剪辑。

🔑 **按钮元件**：可以创建用于响应鼠标单击、滑过或其他动作的交互式按钮。在 ActionScript 3.0 中可以定义与各种按钮状态关联的图形，然后将动作指定给按钮实例。

🔑 **影片剪辑元件**：可以创建可重复使用的动画片段。影片剪辑拥有各自独立于主时间轴的多帧时间轴，可将多帧时间轴看作是嵌套在主时间轴内，可以包含交互式控件、声音甚至其他影片剪辑实例。

提个醒　　编辑的影片剪辑一般都为多帧的动画，将影片剪辑放在动画的主时间轴上时，该影片剪辑在主时间轴上将只占一帧。

问题小贴士

问：图形元件和影片剪辑元件有什么区别？

答：图形元件和影片剪辑元件都可以保存图形和动画，并可以嵌套图形或动画片段。但是，图形元件比影片剪辑元件文件小；图形中的动画必须依赖于主场景中的时间帧同步运行；而影片剪辑中的动画则不同，它可以独立运行；交互式控件和声音在图形元件的动画序列中不起作用，在影片剪辑中则起作用；可以将影片剪辑实例放在按钮元件的时间轴内，以创建动画按钮，而图形元件则不行；可以为影片剪辑元件定义实例名称，ActionScript 可以通过实例名称对影片剪辑进行调用或改编，而图形元件则不能；在影片剪辑元件中可以添加 ActionScript 脚本，图形元件则不能应用。

3.2.3　创建元件

在 Flash 中，可以通过转换为元件或新建元件的方法创建元件。转换为元件应该选择舞台上的图形或对象，然后选择【修改】/【转换为元件】命令，将选择的对象转换为元件。新建元件的方法是：选择【插入】/【新建元件】命令，将新建一个空白的元件，并进入元件的编辑模式进行创建。下面讲解创建 Flash 中 3 种元件的方法。

1. 创建图形元件

当需要创建静态图像或链接到主时间轴的可重用动画片段时，创建图形元件是最佳的选择。本例将新建一个 Flash 文档，并在其中使用新建元件的方法，创建一个图形元件。其具体操作如下：

光盘文件
素材 \ 第 3 章 \ 驯鹿 .png
效果 \ 第 3 章 \ 驯鹿 .fla
实例演示 \ 第 3 章 \ 创建图形元件

STEP 01：　新建文档

1. 选择【文件】/【新建】命令，打开"新建文档"对话框，在其中设置"背景颜色"为"#FFFFCC"。

2. 单击 ▢确定 按钮。

62
Hours

52
Hours

42
Hours

32
Hours

22
Hours

12
Hours

STEP 02： 创建新元件

1. 选择【插入】/【新建元件】命令，打开"创建新元件"对话框，设置"名称、类型"为"驯鹿、图形"。
2. 单击 确定 按钮，进入元件编辑窗口。

STEP 03： 导入图形

1. 选择【文件】/【导入】/【导入到舞台】命令，打开"导入"对话框，选择"驯鹿.png"图像。
2. 单击 打开(O) 按钮，将图像导入到元件编辑窗口的舞台中。

读书笔记

STEP 04： 应用元件

1. 单击"编辑栏"中的"场景 1"名称返回主场景。按 Ctrl+L 组合键，打开"库"面板。选择创建的"驯鹿"元件。
2. 将选择的元件拖动到舞台中。

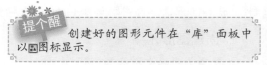

提个醒 创建好的图形元件在"库"面板中以 □ 图标显示。

2. 创建按钮元件

在制作交互式动画时，常常需要创建按钮元件。打开按钮元件的编辑窗口，在"时间轴"上有固定的 4 个帧，用于模仿真实按钮的 4 个动作。在实际工作中，用户并不需要对时间轴上的 4 个帧都进行编辑，只需对需要的帧进行编辑。

本例将新建一个按钮元件，并主要对"弹起"帧、"单击"帧进行编辑，制作一个在使用鼠标单击时会发生变化的按钮。其具体操作如下：

光盘
文件
素材 \ 第 3 章 \ 网页按钮.fla、弹起.png、单击.png
效果 \ 第 3 章 \ 网页按钮.fla
实例演示 \ 第 3 章 \ 创建按钮元件

STEP 01： 创建元件

1. 打开"网页按钮.fla"动画文档，选择【插入】/【新建元件】命令，打开"创建新元件"对话框，在其中设置"名称、类型"为"按钮、按钮"。
2. 单击 确定 按钮，进入元件编辑窗口。

STEP 02： 导入图片

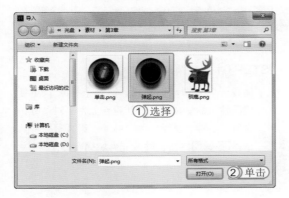

1. 选择【文件】/【导入】/【导入到舞台】命令，在打开的对话框中选择"弹起.png"图像。
2. 单击 打开(O) 按钮，将图像导入到元件编辑窗口的舞台中。

> **提个醒** 新建按钮元件后，元件编辑窗口中将默认选择"弹起"帧。此时，用户对元件进行的任何操作都是针对弹起帧的。

STEP 03： 编辑其他帧

按两次 F6 键，在"时间轴"面板的"指针划过"、"按下"帧上创建关键帧。

62
Hours
▲

STEP 04： 插入空白关键帧

在"时间轴"面板中选择"点击"帧。按 F7 键，在"点击"帧上创建空白关键帧。

52
Hours
▲

42
Hours
▲

STEP 05： 继续导入图像

使用前面的方法，将"单击.png"图像导入到舞台中。使用选择工具，将导入的"单击"图像与之前导入的"弹起"图像位置重合起来。使该元件在最后运行时，不会出现单击鼠标图像突然移动的情况。

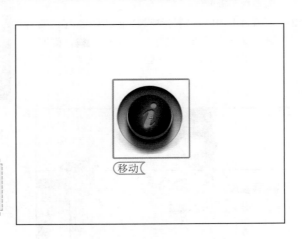

32
Hours
▲

> **提个醒** 若想制作的按钮元件能正常使用，用户还需返回到主场景，再将制作的按钮元件移动到舞台中。

22
Hours
▲

3. 创建影片剪辑元件

当需要创建 3D 图形、可重用动画片段或是大型动画时，为了动画实行起来更方便，文档更加简洁，最好通过创建影片剪辑元件来进行编辑。

本例将制作一个图像的脉冲效果的影片剪辑，在制作时将一帧一帧地对动作进行编辑，让图像变得越来越大且颜色越来越亮。其具体操作如下：

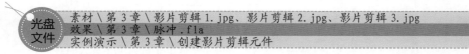

光盘
文件
素材 \ 第 3 章 \ 影片剪辑 1. jpg、影片剪辑 2. jpg、影片剪辑 3. jpg
效果 \ 第 3 章 \ 脉冲 .fla
实例演示 \ 第 3 章 \ 创建影片剪辑元件

STEP 01： 新建元件

1. 新建一个空白动画文档，选择【插入】/【新建元件】命令，打开"创建新元件"对话框，设置"名称、类型"为"脉冲、影片剪辑"。
2. 单击 确定 按钮，进入元件编辑窗口。

STEP 02： 导入图像

打开"导入"对话框，将"影片剪辑 1.jpg"图像导入到元件编辑窗口的舞台中。

> 提个醒　在导入"影片剪辑 1"图像时，将会打开一个提示对话框，询问是否要导入序列中的其他图像。为了和本例制作顺序相同，这里应该单击 否 按钮。

STEP 03： 插入关键帧

1. 按 3 次 F6 键，插入 3 个关键帧。在"时间轴"面板中选择第 5 帧。按 F7 键，将第 5 帧转换为空白关键帧。
2. 在舞台中间导入"影片剪辑 2.jpg"图像，在"工具"面板中选择"任意变形工具" ，使用变形工具将图像放大一些。

STEP 04： 继续插入关键帧

1. 按 4 次 F6 键，插入 4 个关键帧。在"时间轴"面板中选择第 10 帧。按 F7 键将第 10 帧转换为空白关键帧。
2. 在舞台中间导入"影片剪辑 3.jpg"图像，在"工具"面板中选择"任意变形工具" ，使用变形工具将图像再放大一些。

在实际制作时，选择【插入】/【新建元件】命令，在打开的"创建新元件"对话框中虽然能完成元件的创建工作，但这种方法操作繁琐重复，在制作复杂的动画时很不适用。其实 Flash 中还可以通过转换的方法创建元件，这种方法对于将普通图像创建为元件来说特别适用。其方法是：在主场景中选择需要转换的图像图形，选择【修改】/【转换为元件】命令或按F8键，在打开的"转换为元件"对话框中即可将选择的图像图形转换为元件。

3.2.4　编辑实例

创建元件之后，可以在动画文档（包括在其他元件内）中创建该元件的实例。每个元件实例都各有独立于该元件的属性，可以更改实例的色调、透明度和亮度，重新定义实例的行为（如把图形元件更改为影片剪辑元件），并可以设置动画在图形实例内的播放形式。也可以倾斜、旋转或缩放实例，这并不会影响元件。此外，可以给影片剪辑或按钮实例命名，这样就可以使用 ActionScript 更改其属性。3 种类型的元件实例有共同的属性，也有各自独有的属性。在实例的"属性"面板中可以对实例的属性进行编辑。

1. 打开实例

要编辑实例必须先打开，打开实例的方法很简单。用户只需在"库"面板中双击需要编辑的实例，即可打开与之对应的元件编辑窗口。

2. 编辑位置和大小

3 种元件实例都具有位置和大小属性。位置是指实例在舞台上的 X 轴和 Y 轴的坐标，大小是指实例的宽和高，编辑实例的位置及其大小对于动画元素的细节调整有很大作用。选择实例后，再选择【窗口】/【属性】命令，在打开的"属性"面板中可以精确地编辑实例的位置和大小，下面讲解编辑实例大小和位置的方法。

🔑 设置元件位置：可以在舞台上拖动实例定义其位置，也可以在"属性"面板中精确定义实例的位置。

🔑 设置元件大小：可以在舞台上拖动实例边缘定义其大小，也可以在"属性"面板中精确定义实例的宽、高。

在"属性"面板中设置元件位置和大小时，可将鼠标光标移动到参数后方的蓝色数值上，此时鼠标光标将变为形状，按住鼠标左键左右拖动可调整数值大小。

077

72
Hours

62
Hours

52
Hours

42
Hours

32
Hours

22
Hours

12
Hours

3. 编辑色彩效果

每个元件实例都有其特有的色彩效果。色彩效果是指实例的显示亮度、色调、高级和 Alpha 值。选择实例后，在"属性"面板的"色彩效果"栏的下拉列表框中选择不同的选项，然后在其下可分别设置亮度、色调、高级和 Alpha 值，其设置方法分别介绍如下。

🔑 **设置亮度**：调节图像的相对亮度或暗度，度量范围是从黑（-100%）到白（100%）。拖动多边形滑块，或在文本框中输入一个值，调整亮度。

🔑 **设置色调**：要设置色调百分比从透明（0%）到饱和（100%），可以拖动"属性"面板中的色调滑块，或在文本框中输入值来设置。

🔑 **设置高级选项**：分别调节实例的红色、绿色、蓝色和 Alpha 值。对于在位图对象上制作具有微妙色彩效果的动画，此选项非常有用。

🔑 **设置 Alpha 值**：调节实例的透明度范围是从透明（0%）到完全饱和（100%）。若要调整 Alpha 值，需选择实例并拖动滑块设置，或在文本框中输入一个值来设置。

4. 循环

循环是图形元件特有的属性，决定如何播放 Flash 中图形实例内的动画序列。动画图形元件是与放置该元件的文档的时间轴联系在一起的，因为动画图形元件使用与主文档相同的时间轴，所以在文档编辑模式下会显示它们的动画。

在舞台上选择图形实例，在"属性"面板的"循环"栏的"选项"下拉列表框中可选择循环方式，各方式的作用如下。

🔑 **循环**：循环用于按照当前实例占用的帧数来循环包含在该实例中的所有动画序列，直到主时间轴播放到最后 1 帧。

🔑 **播放一次**：播放一次用于控制从指定帧开始播放动画序列直到动画结束，然后停止。可以在文本框中输入数字指定动画从第几帧开始播放。

🔑 **单帧**：单帧用于控制显示动画序列中指定的某一帧，在该模式下相当于静态图形元件。

5. 复制元件实例

复制元件实例也是快速制作动画的一个技巧，通过复制元件实例，用户可以某个元件为雏形快速制作出相似的元件实例。这种方法在制作花朵飘散效果时经常使用。复制元件实例主要有以下两种方法。

🔑 **通过"库"面板**：在"库"面板中选择需要复制的元件名称，并单击鼠标右键，在弹出的快捷菜单中选择"直接复制"命令。

🔑 **通过菜单面板**：在舞台中选择需要复制的元件，选择【修改】/【元件】/【直接复制元件】命令。

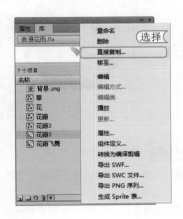

6. 更改元件类型

前面已经讲解到了不同的元件所使用的范围有所不同，若用户需要将一个元件应用于另一个领域，并不需要重新创建元件，而只需修改该元件类型即可。修改元件类型主要有以下两种方法。

🔑 **通过"属性"面板更改**：在舞台上选择实例，"属性"面板中的"实例行为"下拉列表框中选择元件类型。

🔑 **通过"库"面板更改**：在"库"面板中选择元件，单击左下角的 🛈 按钮，在打开的"元件属性"对话框中更改元件类型。

62
Hours
▲

52
Hours
▲

42
Hours
▲

32
Hours
▲

22
Hours
▲

12
Hours
▲

3.2.5 交换元件实例

交换元件实例也是在制作动画时经常使用到的技巧，能实现将原实例图形图像替换为其他实例图形图像，但保存了原实例的所有属性设置，因为通过交换元件实例后用户不需要再对属性进行任何设置。

本例将"小鸟按钮"动画文档中"小鸟"元件中正常的小鸟状态，交换为"雷击"元件中小鸟遭受雷击的效果。其具体操作如下：

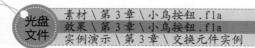

光盘文件
素材 \ 第3章 \ 小鸟按钮.fla
效果 \ 第3章 \ 小鸟按钮.fla
实例演示 \ 第3章 \ 交换元件实例

STEP 01： 打开"属性"面板

1. 打开"小鸟按钮.fla"动画文档，此时"库"面板中有"小鸟"、"雷击"两个元件。选择舞台中的小鸟实例。
2. 在"属性"面板中单击 交换... 按钮。

提个醒 也可直接在"库"面板中选择"小鸟"元件。再在"属性"面板中单击 交换... 按钮。

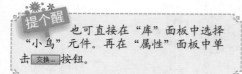

STEP 02： 交换实例

1. 打开"交换元件"对话框，在其中选择"雷击"元件。
2. 单击 确定 按钮，在舞台中即可看到实例已被修改。

读书笔记

上机1小时 ▶ 制作卡通跳跃动画

🔍 巩固导入图像的方法。

🔍 进一步掌握制作元件的方法。

本例将制作"卡通跳跃"动画，首先将新建一个空白动画文档，在其中导入背景图片，再在舞台中导入卡通图像，并将其分别转换为元件，然后分别进行编辑，使其在舞台中一直呈现跳跃效果。最终效果如右图所示。

光盘文件

素材\第3章\跳跃
效果\第3章\卡通跳跃
实例演示\第3章\制作卡通跳跃动画

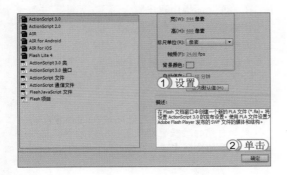

STEP 01： 新建文档

1. 选择【文件】/【新建】命令，打开"新建文档"对话框，在其中设置"宽、高、背景颜色"为"944像素、600 像素、#FFCC99"。

2. 单击 确定 按钮。

STEP 02： 锁定背景

将"跳跃背景 .png"图像导入到舞台中。在导入的图像上单击鼠标右键，在弹出的快捷菜单中选择【排列】/【锁定】命令。

提个醒 为了不影响后面的操作，这里在导入背景后，就需要锁定背景。这也是动画制作时常用的技巧之一。

STEP 03： 导入素材

打开"导入"对话框，导入"卡通 1.png"～"卡通 3.png"图形。使用"任意变形工具" 调整图像大小，并将其放置在舞台底部。

提个醒 这里将3个图像一起导入到舞台中，是为了更好地将图像定位在动画后。如用户觉得这种方法不方便，也可先制作元件再将元件移动到舞台中。

STEP 04: 将图像转换为元件

1. 选择舞台最左边的卡通形象,再选择【插入】/【转换为元件】命令。
2. 打开"转换为元件"对话框,在其中设置"名称、类型"为"卡通1、影片剪辑"。
3. 单击 确定 按钮。

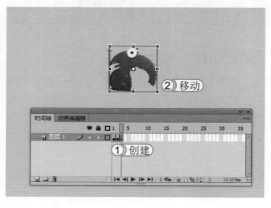

STEP 05: 编辑"卡通1"元件

1. 在"库"面板中双击"卡通1"元件,进入元件编辑窗口。按两次 F6 键,创建两个关键帧。
2. 选择对象,在键盘上按 15 次↑键,将图像向上移动,制作向上跳跃的动作。

提个醒　　使用补间动画能比使用这种方法得到更加自然的跳跃运动效果。补间动画的制作将在后面的章节中进行介绍。

STEP 06: 继续编辑"卡通1"元件

1. 按 4 次 F6 键,创建 4 个关键帧。
2. 选择对象,在键盘上按 15 次↑键,将图像向上移动,制作向上跳跃的动作。

提个醒　　插入不同的关键帧是为了使跳跃的动作有变化。这样能使动画看起来更加真实。

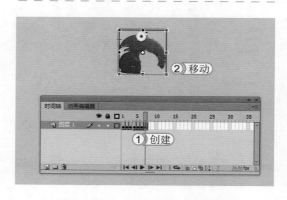

STEP 07: 制作下落效果

1. 按 6 次 F6 键,创建 6 个关键帧。
2. 选择对象,在键盘上按 10 次↓键,将图像向下移动,制作下落的动作。

提个醒　　有跳起和落下运动,才是完整的跳跃运动。所以在制作了跳起运动后还要制作落下运动。

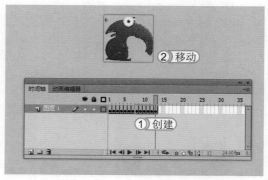

STEP 08： 继续制作下落效果

1. 按 4 次 F6 键，创建 4 个关键帧。
2. 选择对象在键盘上按 20 次↓键，将图像向下移动。制作下落的动作。

提个醒 为了使落地显得平稳，上移和下移的位置最好相同。

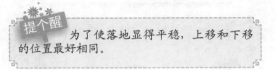

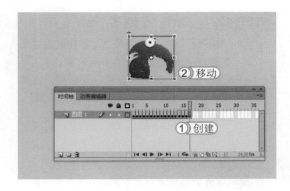

STEP 09： 新建"卡通 2"元件

1. 在舞台中选择中间的卡通形象，按 F8 键，打开"转换为元件"对话框，在其中设置"名称、类型"为"卡通 2、影片剪辑"。
2. 单击 确定 按钮。

提个醒 在使用"转换为元件"对话框创建元件后，该对话框中的"类型"下拉列表框将保存上一次创建元件时所使用的类型。

083

72☒
Hours

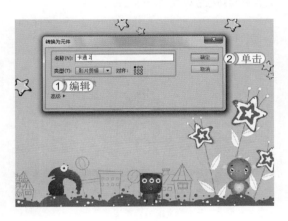

62
Hours
▲

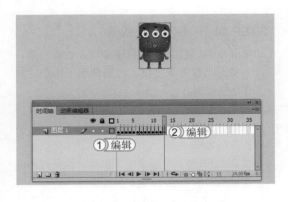

STEP 10： 制作跳起运动

1. 按 4 次 F6 键，创建 4 个关键帧。选择对象，在键盘上按 10 次↑键，将图像向上移动。制作向上跳跃的动作。
2. 按 8 次 F6 键，创建 8 个关键帧。选择对象，在键盘上按 20 次↑键，将图像向上移动，制作向上跳跃的动作。

52
Hours
▲

42
Hours
▲

STEP 11： 制作下落效果

1. 按 6 次 F6 键，创建 6 个关键帧。选择对象，在键盘上按 15 次↓键，将图像向下移动，制作下落效果。
2. 按 6 次 F6 键，创建 6 个关键帧。选择对象，在键盘上按 15 次↓键，将图像向下移动，制作下落效果。

32
Hours
▲

22
Hours
▲

12
Hours
▲

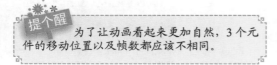

STEP 12： 制作"卡通 3"元件

1. 单击"编辑栏"中的"场景 1"名称返回主场景。在舞台中选择最右边的卡通形象。
2. 按 F8 键，打开"转换为元件"对话框，在其中设置"名称、类型"为"卡通 3、影片剪辑"。
3. 单击 确定 按钮。

> **提个醒** 为了让动画看起来更加自然，3 个元件的移动位置以及帧数都应该不相同。

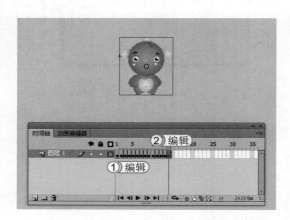

STEP 13： 制作跳起效果

1. 按 8 次 F6 键，创建 8 个关键帧。选择对象，在键盘上按 15 次 ↑ 键，将图像向上移动，制作向上跳跃的动作。
2. 按 5 次 F6 键，创建 5 个关键帧。选择对象，在键盘上按 20 次 ↑ 键，将图像向上移动，制作向上跳跃的动作。

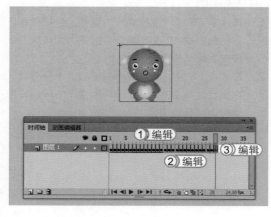

STEP 14： 制作下落效果

1. 按 3 次 F6 键，创建 3 个关键帧。选择对象，在键盘上按 5 次 ↓ 键，将图像向下移动，制作下落效果。
2. 按 8 次 F6 键，创建 6 个关键帧。选择对象，在键盘上按 10 次 ↓ 键，将图像向下移动，制作下落效果。
3. 按 3 次 F6 键，创建 3 个关键帧。选择对象，在键盘上按 20 次 ↓ 键，将图像向下移动，制作下落效果。按 Ctrl+Enter 组合键，浏览动画效果。

3.3 库的使用

在一个 Flash 动画中往往会使用到很多素材、元件等。为了更合理地管理 Flash 动画中的素材、元件，就需要使用到"库"面板。通过"库"面板，用户可以快速浏览和编辑元件、插图、视频和声音等元素。

学习 1 小时

- 快速了解"库"面板的组成部分。
- 灵活使用"库"制作动画。
- 熟练掌握共享库资源的方法。

3.3.1 认识"库"面板

"库"用于存储和组织在 Flash 中创建的各种元件，它还用于存储和组织导入的文件，包括位图图形、声音文件和视频剪辑。通过"库"面板可以组织文件夹中的库项目、查看项目在文档中使用的频率、并按类型对项目排序等。在使用"库"面板管理元件前，还需了解"库"面板的结构。选择【窗口】/【库】命令，或按 Ctrl+L 组合键，打开如右图所示的"库"面板。"库"面板中各组成部分的含义作用如下。

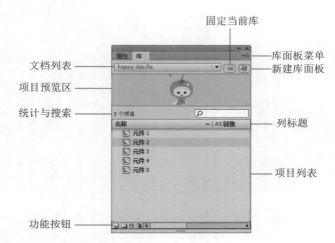

- **文档列表**：用于显示当前库所属的文档。单击其后的 ▼ 按钮，可在弹出的下拉列表中选择已在 Flash 中打开的文档。
- **项目浏览区**：当在面板中选择项目后，在该浏览区中即会显示该项目的预览图。若选择的项目是影片剪辑和声音，在预览区右上角将会出现 ▶ 按钮，单击该按钮可进行播放。
- **统计与搜索**：该区域左边用于显示库中包含了多少个项目，若库中的项目太多时，在右边的搜索栏中输入关键词，帮助查找项目。
- **功能按钮**：用于存放和库面板相关的常见操作。从左到右依次为"新建元件"按钮 ，用于创建新元件；"新建文件夹"按钮 ，单击该按钮可新建一个文件夹，将相同属性的项目放在同一个文件夹中更容易管理；"属性"按钮 ，选择一个元件后，单击该按钮，在打开的对话框中可完成修改属性的相关操作；"删除"按钮 ，单击该按钮可删除选择的项目。
- **库面板菜单**：单击"库面板菜单"按钮 ，在弹出的下拉列表中基本包含了所有和库相关的操作，如新建、删除、编辑属性等操作。
- **新建库面板**：当库中项目太多时，为了方便调用元件，可单击"新建库面板"按钮 。单击后可同时打开多个面板，显示库中的内容。
- **固定当前库**：单击"固定当前库"按钮 后，即使切换了文档。库面板中的项目也不会因为文档的改变而改变，常用于同系列 Flash 动画中相同元素的引用。
- **列标题**：在其中显示了"名称"、"AS 链接"、"使用次数"、"修改日期"、"类型"等和项目相关的信息。默认情况下只显示"名称"和"AS 链接"，若想查看其他信息，只需滚动"库"面板下方的水平滑块即可。
- **项目列表**：用于显示该文档中包含的所有元素，包含插图、元件、音频等。

085

72
Hours

62
Hours

52
Hours

42
Hours

32
Hours

22
Hours

12
Hours

3.3.2 使用库

Flash 文档中的库存储在 Flash 创作环境中，库中的对象可创建，也可导入。下面讲解库的常见使用方法。

🔑 **在当前文档中应用库中的项目**：选择需要添加到舞台的项目，并将其拖动到项目中。

🔑 **将舞台中的对象转换为元件**：将舞台中需要转换元件的对象拖动到"库"面板中。在打开的"转换为元件"对话框中即可进行设置。

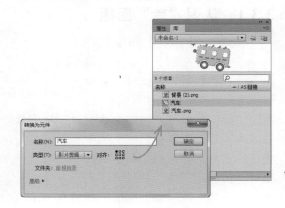

🔑 **重命名项目**：双击需命名的项目名称，或单击"库面板菜单"按钮 ▦，在弹出的快捷菜单中选择"重命名"命令。

🔑 **打开外部库**：选择【文件】/【导入】/【打开外部库】命令，打开"作为库打开"对话框。选择包含库的 Flash 文档，然后单击 [打开(O)] 按钮，打开外部库。

▍经验一箩筐——"公用库"的使用

为了更快地完成动画的制作，用户可以使用 Flash 自带的"公用库"向动画文档中添加如按钮、图形、影片剪辑元件和声音等元素。其方法是：选择【窗口】/【公用库】命令，在打开的库中选择需要的元件将其拖动到舞台中即可。此外，用户还可以将自己经常使用的库资源创建为一个自定义公用库，方便制作动画时调用。

✎ 直接复制：选择项目，单击鼠标右键，在弹出的快捷菜单中选择"直接复制"命令，打开"直接复制元件"对话框，在该对话框中可重命名项目名称，也可以更改元件类型，单击 确定 按钮完成操作。

✎ 从另一个文档复制库项目：在目标项目上单击鼠标右键，在弹出的快捷菜单中选择"复制"命令，转到需"粘贴"的目标库，单击鼠标右键，在弹出的快捷菜单中选择"粘贴"命令，即完成操作。

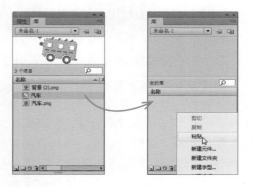

问题小贴士

问：当一个库导入或复制到"库"面板中同名的不同项目时，会起冲突，这时应该怎么办呢？

答：当用户准备在文档中放置和已存在的项目同名的项目时，将会自动打开"解决库冲突"对话框，如果要保存目标文档中现有的项目，可选中 ⊙不替换现有项目 单选按钮。如果要用同名新项目代替现有的项目，则可选中 ⊙替换现有项目 单选按钮。

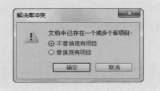

3.3.3 共享库资源

共享库资源即允许在多个文档中使用来自一个源文档的资源。运行动画时共享资源，源文档的资源是以外部文件的形式链接到目标文档中的。为了让共享资源在运行时可供目标文档使用，源文档必须发布到 URL 上。要共享库资源首先要学会处理运行时共享资源和在源文件中定义运行时共享资源。

1. 处理运行时共享资源

要想处理运行时共享资源一般需要两步。在源文件的"库"面板中用鼠标右键单击需要运行时共享资源的元件，在弹出的快捷菜单中选择"属性"命令，在打开的"元件属性"对话框中选择"高级"选项，在"运行时共享库"栏中选中 ☑为运行时共享导出(O) 复选框，并在"URL"文本框中输入该资源的标识符字符串和源文档将要发布的 URL，如右图所示。

62
Hours
▲

52
Hours
▲

42
Hours
▲

32
Hours
▲

22
Hours
▲

12
Hours

再在目标文档中使用相同的方法，打开"元件属性"对话框定义一个共享资源，并输入一个与源文件的共享资源相同的标识字符串和 URL。需要注意的是：URL 地址只支持 http 地址或者开头是 http 的地址。

■ 经验一箩筐——其他处理运行时共享资源的方法
在源文档设置好 URL 地址后，可以将共享资源从发布的源文档拖到目标文档的"库"中。

2. 在源文档中定义运行时共享资源

要定义运行时共享资源，同样需要设置元件属性。其方法是：在"库"面板中需要共享的元件上单击鼠标右键，在弹出的快捷菜单中选择"属性"命令。在打开的"元件属性"对话框中选择"高级"选项，在"ActionScript 链接"栏中选中 ☑为 ActionScript 导出(X) 复选框，在"标识符"文本框中输入一个不含空格的名称作为标识符，在"运行时共享库"栏中选中 ☑为运行时共享导出(O) 复选框，最后在"URL"文本框中输入元件所在的 SWF 文件在服务器中的 URL 地址。

上机 1 小时 ▶ 管理"称赞"动画中的项目

🔍 巩固在库中分类管理项目的方法。

🔍 进一步掌握使用库对项目进行编辑及更新的方法。

本例将管理只有元件内容的"称赞"多媒体动画中的库，在库中创建文件夹，然后对库中的项目分类管理和编辑，并在库中导入位图，最终效果如下图所示。

光盘
文件

素材 \ 第 3 章 \ 称赞 .fla、枫叶 .gif
效果 \ 第 3 章 \ 项目管理 .fla
实例演示 \ 第 3 章 \ 管理 "称赞" 动画中的项目

STEP 01： 打开文档

启动 Flash，打开 "称赞 .fla" 动画文档。将文档
另存为 "项目管理 .fla"。

读书笔记

STEP 02： 打开 "库" 面板

在菜单栏中选择【窗口】/【库】命令，打开 "库"
面板。在 "项目窗口" 中调整列宽，单击 "名称"
列标题，按名称进行排序。

62
Hours
▲

STEP 03： 创建文件夹

1. 在 "库" 面板中单击 "新建文件夹" 按钮
   创建文件夹，并重命名为 "刺猬元件"。
2. 用相同的方法创建文件夹 "小熊元件"、"场
   景"、"文本"、"位图" 和 "声音"。

52
Hours
▲

42
Hours
▲

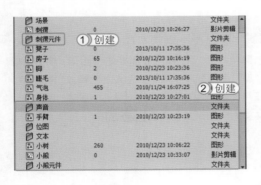

STEP 04： 分类移动项目

1. 按 Ctrl 键的同时分别单击 "凳子"、"房子"、"气
   泡"、"小树"、"云朵"、"桌子" 等项目，
   然后使用鼠标拖动到 "场景" 文件夹上，释
   放鼠标，即可将选择的项目都移动到 "场景"
   文件夹中。
2. 用相同的方法分别将 "刺猬"、"小熊"、"文
   本" 等元件移动到相应的文件夹中。

32
Hours
▲

22
Hours
▲

12
Hours
▲

STEP 05: 复制元件

选择元件 "cw"，单击鼠标右键，在弹出的快捷菜单中选择 "直接复制" 命令。在打开的 "直接复制元件" 对话框中输入名称，单击 [确定] 按钮。复制 5 个元件，并输入名称。

> **提个醒**　一般在动画中制作相同属性的元件时，都会使用直接复制的方法。将元件复制后再进行修改。

STEP 06: 编辑元件

1. 在 "库" 面板中双击 "文本" 文件夹下的 bw 元件，打开元件编辑窗口，修改文字。
2. 用相同的方法编辑元件 cc、bd、ds 和 xh。

> **提个醒**　本例制作的是幼儿教学的动画，所以应将拼音标注在复杂一点的文字上。

STEP 07: 创建元件

返回主场景，在舞台上选择场景图形，并拖动到 "库" 面板的 "场景" 文件夹上后释放鼠标左键。在打开的 "转换为元件" 对话框中输入 "背景"，类型为 "图形"，单击 [确定] 按钮。

STEP 08: 导入位图

选择【文件】/【导入】/【导入到库】命令，打开 "导入到库" 对话框，在其中导入 "枫叶 .gif" 图像。将 "枫叶" 拖动到 "位图" 文件夹下。

3.4 练习1小时

本章主要介绍了各种不同类型素材的导入、元件的制作、实例的编辑和"库"面板的应用方法，用户要想在日常工作中熟练使用，还需再进行巩固练习。下面以制作假期动画按钮、制作星星闪烁效果、制作万圣节贺卡为例，进一步巩固这些知识的使用方法。

1. 制作假期动画按钮

本例将为假期动画制作按钮元件，使用户在将鼠标移动到按钮时，按钮变为一种形状，单击时变为另一种形状。在制作时，首先将先导入素材布局舞台，再新建并制作"按钮"元件，最终效果如下图所示。

光盘文件	素材 \ 第3章 \ 假期
	效果 \ 第3章 \ 假期.fla
	实例演示 \ 第3章 \ 制作假期动画按钮

2. 制作星星闪烁效果

本例将制作一个星星闪烁的效果。首先新建空白动画文档，再导入背景，新建并编辑"星星"、"星星2"元件，最后将制作的元件移动到舞台中，最终效果如下图所示。

光盘文件	素材 \ 第3章 \ 星星背景.jpg
	效果 \ 第3章 \ 星星闪烁.fla
	实例演示 \ 第3章 \ 制作星星闪烁效果

62
Hours

52
Hours

42
Hours

32
Hours

22
Hours

12
Hours

3. 制作万圣节贺卡

　　本例将制作万圣节贺卡。首先新建空白动画文档，再导入背景，新建并编辑"光点1"、"光点2"元件，然后新建元件并输入文字。最后将制作的元件移动到舞台中，最终效果如下图所示。

光盘
文件
素材＼第3章＼贺卡背景.png、贺卡光点1.png、贺卡光点2.png
效果＼第3章＼万圣节贺卡.fla
实例演示＼第3章＼制作万圣节贺卡效果

读书笔记

动画

72 HOURS

"时间轴" 面板的使用

第4章

学习 2 小时

● "时间轴" 面板的基本操作
● "时间轴" 面板的高级应用

时间轴是制作 Flash 动画不可缺少的元素。在制作动画时，用户需要将素材有序地放置在时间轴上，然后通过播放时间轴来显示动画效果。本章将讲解 "时间轴" 面板的使用。

上机 3 小时

4.1 "时间轴"面板的基本操作

要想制作动画，首先要学会使用时间轴。Flash 动画之所以能动起来，是通过快速播放画面产生的，而快速播放画面都是通过"时间轴"面板实现的。"时间轴"面板的最大功能是放置图层以及控制帧，下面讲解和"时间轴"面板相关的基本操作。

学习1小时

- 认识"时间轴"面板。
- 灵活运用帧编辑动画。
- 熟练掌握图层的运用。
- 熟练掌握动画播放的控制。

4.1.1 认识"时间轴"面板

时间轴用于组织和控制一定时间内的图层和帧中的文档内容。与胶片一样，Flash 文档也将时长分为帧。图层就像堆叠在一起的多张幻灯胶片一样，每个图层都包含一个显示在舞台中的不同图像。选择【窗口】/【时间轴】命令，打开如下图所示的"时间轴"面板。

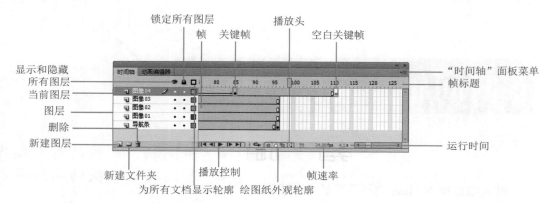

"时间轴"面板中各选项的含义如下。

- **帧**：帧是 Flash 动画最基础的组成部分，播放时 Flash 是以帧的排列从左向右依次快速切换，每个帧都是存放于图层上的。

- **空白关键帧**：要在帧中创建图形，必须新建空白关键帧，此类帧在时间轴上以空心圆点显示。

- **关键帧**：在空白关键帧中添加元素后，空白关键帧将被转换为关键帧，此时，空心圆点将被转换为实心圆点。

- **帧标题**：位于时间轴顶部，用于提示帧编号，帮助用户快速定位帧位置。

- **播放头**：用于标识当前的播放位置，用户可以随意地对其进行单击或拖动操作。

- **图层**：用于存放舞台中的元素，可一个图层放置一个元件，也可一个图层放置多个元件。

- **当前图层**：当前正在编辑的图层。

- **显示和隐藏所有图层**：单击图层列表左上方的 👁 按钮，所有图层都将被隐藏。再次单击该按钮将会显示所有的图层。

- **锁定所有图层**：单击图层列表左上方的 🔒 按钮，所有图层都将不能被操作。再次单击该按钮将解锁所有图层。

🔑 **为所有文档显示轮廓**：每个图层名称的最右边都有多个颜色块，表示该图层元素的轮廓色。单击图层列表左上方的█按钮，所有图层中的元素都会显示轮廓色。再次单击该按钮，将会取消显示该轮廓色。显示图层轮廓色可以帮助用户更好地识别元素所在的图层。

🔑 **新建图层**：单击█按钮，可新建一个图层。

🔑 **新建文件夹**：单击█按钮，可新建一个文件夹。将相同属性和一个类别的图层放置在一个文件夹中方便编辑管理。

🔑 **删除**：单击█按钮，可删除选中的图层。

🔑 **播放控制**：用于控制动画的播放，从左到右依次为"转到第一帧"按钮█、"后退一帧"按钮█、"播放"按钮█、"前进一帧"按钮█和"转到最后一帧"按钮█。

🔑 **绘图纸外观轮廓**：用于在舞台中同时显示多帧的情况，一般用于编辑、查看有连续动作的动画。

🔑 **帧速率**：用于设置和显示当前动画文档一秒中播放的帧数，动作越细腻的动画需要的帧速率越高。

🔑 **运行时间**：用于显示播放头所在的播放时间，帧速率不同，相同帧显示的运行时间也有所不同。

🔑 **"时间轴"面板菜单**：单击█按钮，在弹出的快捷菜单中提供了关于时间轴显示设置的命令。

▌经验一箩筐——如何判断当前活动图层

在 Flash 中，很多操作都只会针对当前活动图层，虽然"时间轴"面板中有很多图层，但活动图层只有一个。当发现"时间轴"面板中某个图层的右边出现了✏图标时，表示该图层为当前活动图层。

4.1.2 帧的编辑

在时间轴中，使用帧来组织和控制文档的内容。用户在时间轴中放置帧的顺序将决定帧内对象在最终内容中的显示顺序。所以帧的编辑也很大程度地影响着动画的最终效果。下面详细讲解一些常见的编辑帧的方法。

1. 选择帧

在对帧进行编辑前，用户还需要对帧进行选择，如下图所示，深蓝色区域为被选择的帧。为了更加容易编辑，Flash 提供了多种选择方法，分别介绍如下：

🔑 若要选择一个帧，可以单击该帧。

🔑 若要选择多个连续的帧，按 Shift 键并击其他帧。

🔑 若要选择多个不连续的帧，可以按住 Ctrl 键单击其他帧。

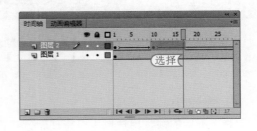

095

72
Hours

62
Hours

52
Hours

42
Hours

32
Hours

22
Hours

12
Hours

🔑 若要选择所有帧，可以选择【编辑】/【时间轴】/【选择所有帧】命令。

🔑 若要选择整个静态帧范围，可双击两个关键帧之间的帧。

▌经验一箩筐——快速选择一个图层中的所有帧

若想通过单击图层中的某一帧来选择该图层中的所有帧，需要用户对首选参数进行设置。其方法是：选择【编辑】/【首选参数】命令，打开"首选参数"对话框，在"类别"列表框中选择"常规"选项，在右侧选中 ☑基于整体范围的选择(S) 复选框，最后单击 确定 按钮。需要注意的是：选中 ☑基于整体范围的选择(S) 复选框后，在时间轴中需要通过单击选择某帧时，需按住 Ctrl 键的同时单击该帧。

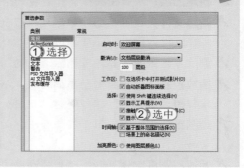

2. 插入帧

为了制作动画的需要，用户还需要自行选择插入不同类型的帧。下面讲解插入常见 3 种帧的方法：

🔑 若要插入新帧，选择【插入】/【时间轴】/【帧】命令或按 F5 键。

🔑 若要插入关键帧，选择【插入】/【时间轴】/【关键帧】命令或按 F6 键。

🔑 若要插入空白关键帧，选择【插入】/【时间轴】/【空白关键帧】命令或按 F7 键。

3. 复制、粘贴帧

在制作动画时，根据实际情况有时也会需要复制帧、粘贴帧。如果用户仅仅只需要复制一帧，可按 Alt 键的同时将该帧移动到需要复制的位置。若要复制多帧，则可在选择帧后，单击鼠标右键，在弹出的快捷菜单中选择"复制帧"命令，选择需要粘贴的位置后，单击鼠标右键，在弹出的快捷菜单中选择"粘贴帧"命令，如下图所示。

▌经验一箩筐——其他复制、粘贴帧的方法

在选择要复制的帧后，可选择【编辑】/【时间轴】/【复制帧】命令复制帧。选择需要粘贴的位置后，选择【编辑】/【时间轴】/【粘贴帧】命令粘贴帧。

4. 删除帧

对于不用的帧，用户也可以将其删除。删除帧的方法是：选择帧，单击鼠标右键，在弹出的快捷菜单中选择"删除帧"命令，或按 Shift+F5 组合键删除帧，如下图所示。

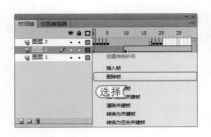 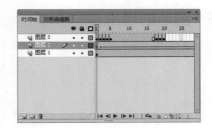

> ## 经验一箩筐——清除帧
>
> 若不想删除帧，只想删除帧中的内容，可通过清除帧来实现。其方法是：选择需清除的帧，单击鼠标右键，在弹出的快捷菜单中选择"清除帧"命令即可。

5. 移动帧

在编辑动画时，可能会遇到因为帧顺序不对需要移动帧的情况。移动帧的方法很简单，其方法是：选择关键帧或含关键帧的序列，然后按住鼠标左键拖动到目标位置，如右图所示。

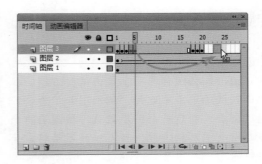

6. 转换帧

在 Flash 中如有需要，用户还可以在不同的帧类型之间进行转换，而不需要删除帧之后再重建帧。转换帧的方法是：在需要转换的帧上单击鼠标右键，在弹出的快捷菜单中选择"转换为关键帧"或"转换为空白关键帧"命令，如右图所示。

此外，若想将关键帧、空白关键帧转换为帧。可选择需转换的帧，单击鼠标右键，在弹出的快捷菜单中选择"清除关键帧"命令。

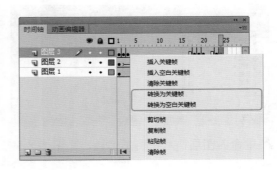

7. 翻转帧

在制作一些特效时，如制作手写效果，用户需要执行翻转帧命令，通过翻转帧，用户可以将前面的帧内容翻转到结尾帧的位置。翻转帧的方法是：选择含关键帧的帧序列，单击鼠标右键，在弹出的快捷菜单中选择"翻转帧"命令，将该序列的帧顺序进行颠倒，如右图所示。

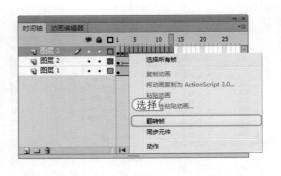

62
Hours
▲

52
Hours
▲

42
Hours
▲

32
Hours
▲

22
Hours
▲

12
Hours
▲

4.1.3　图层的运用

图层就像堆叠在一起的多张幻灯胶片，每个图层都包含一个显示在舞台中的不同图像。图层可以帮助用户组织文档中的插图，也可以在图层上绘制和编辑对象，而不会影响其他图层上的对象。在图层上没有内容的舞台区域中，可以透过该图层看到下面的图层。

要绘制、涂色或者对图层或文件夹进行修改，可以在时间轴中选择该图层以激活。时间轴中图层或文件夹名称旁边有铅笔图标表示该图层或文件夹处于活动状态。一次只能有一个图层处于活动状态。

1．创建、使用和组织图层

创建 Flash 文档时，其中仅包含一个图层。要在文档中组织插图、动画和其他元素，需要添加更多的图层。创建的图层数量只受电脑内存的限制，而且图层不会增加发布的 SWF 文件的大小。

要组织和管理图层，可以创建图层文件夹，然后将图层放入其中。可以在"时间轴"面板中展开或折叠图层文件夹，而不会影响在舞台中看到的内容。下面分别介绍创建、使用和组织图层的一些操作方法。

🔑 **创建图层**：单击时间轴底部的"新建层"按钮 🔲，或在任意图层上单击鼠标右键，在弹出的快捷菜单中选择"插入图层"命令可创建图层。创建一个图层之后，该图层将出现在所选图层的上方。新添加的图层将成为当前图层。

🔑 **选择图层**：在"时间轴"面板中，单击图层的名称可直接选择图层。按住 Shift 键的同时单击任意两个图层，可选择之间的所有图层。按住 Ctrl 键的同时，单击鼠标可选择多个不相邻的图层，如下图所示为选择不相邻的图层示例。

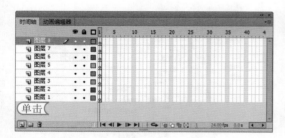

🔑 **重命名图层**：双击图层名称，当图层名称呈蓝色显示时输入新名称。也可在需要重命名的图层上单击鼠标右键，在弹出的快捷菜单中选择"属性"命令，在打开的"图层属性"对话框中进行相应的设置。

🔑 **调整图层顺序**：单击并拖动需要调整顺序的图层，拖动时将会出现一条线。到目标位置后释放鼠标。

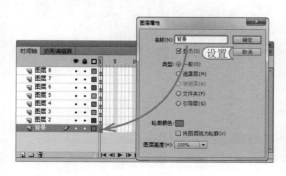

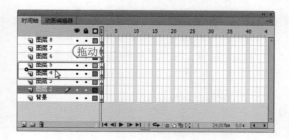

🔑 复制、粘贴图层：选择【编辑】/【时间轴】/【复制图层】命令，或在需要复制的图层上单击鼠标右键，在弹出的快捷菜单中选择"复制图层"命令。选择需要粘贴图层位置下方的图层，选择【编辑】/【时间轴】/【粘贴图层】命令。

🔑 删除图层：选择需要删除的图层，单击"删除"按钮🗑。也可在需要删除的图层上单击鼠标右键，在弹出的快捷菜单中选择"删除图层"命令。

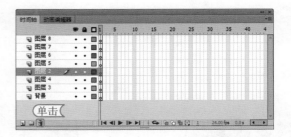

🔑 创建图层文件夹：单击时间轴底部的"新建文件夹"按钮📁。新文件夹将出现在所选图层或文件夹的上方。

🔑 将图层放入文件夹中：选择需要移动到文件夹中的图层，使用鼠标将其拖动到文件夹图标上方，释放鼠标。

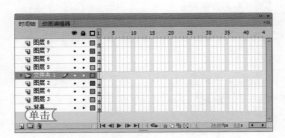

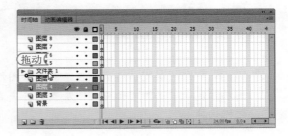

🔑 展开或折叠文件夹：要查看文件夹包含的图层而不影响在舞台中可见的图层，需要展开或折叠该文件夹。要展开或折叠文件夹，可以单击该文件夹名称左侧的▼按钮。

🔑 将图层移出文件夹：展开文件夹后，在其下方选择需要移出的文件，将其拖动到文件夹外侧。

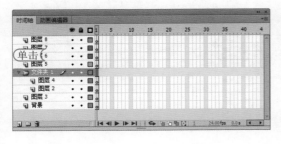

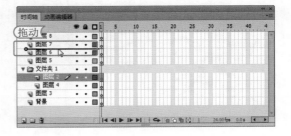

读书笔记

099

72🕐
Hours

62
Hours

52
Hours

42
Hours

32
Hours

22
Hours

12
Hours

2. 查看图层和图层文件夹

在制作多图层动画时，根据需要可以选择查看图层和图层文件夹的方式，包括显示或隐藏图层或文件夹、锁定与解锁图层或文件夹、以轮廓方式查看图层上的内容及改变图层轮廓色。下面讲解其操作方法。

🔑 **显示或隐藏图层或文件夹**：时间轴中图层或文件夹名称旁边若有✕图标，表示图层或文件夹处于隐藏状态。单击时间轴中该图层或文件夹名称右侧的👁图标，可在显示和隐藏之间切换。

🔑 **锁定与解锁图层或文件夹**：在绘制复杂图形，或舞台中对象过多时，为了编辑方便可以将图层锁定。单击时间轴中该图层或文件夹名称右侧"锁定"列对应的图标可在锁定和解锁之间切换。

🔑 **以轮廓方式查看图层上的内容**：用彩色轮廓可以区分对象所属的图层，这在图层很多时较实用。要将图层上所有对象显示为轮廓，单击该图层名称右侧的"轮廓"列对应的图标。再次单击则关闭。

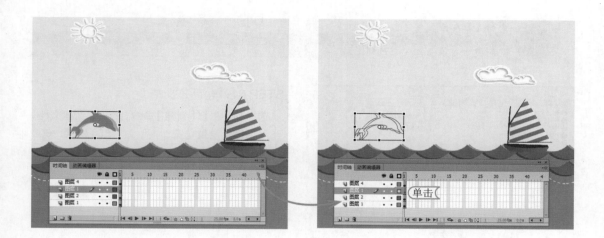

🔑 **改变图层轮廓色**：在有特殊需要时，Flash允许用户自定义设置图层轮廓色。在需要设置轮廓色的图层上单击鼠标右键，在弹出的快捷菜单中选择"图层属性"命令。打开"图层属性"对话框，单击"轮廓颜色"色块，在弹出的选项框中选择需要的颜色，单击 确定 按钮。

101

72⊠
Hours

62
Hours

52
Hours

42
Hours

32
Hours

22
Hours

12
Hours

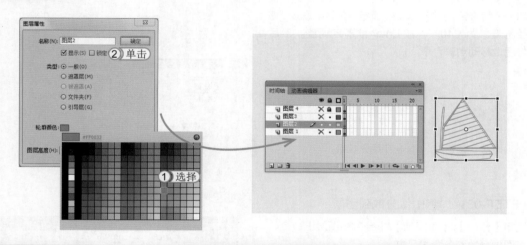

▌经验一箩筐——修改图层类型

在 Flash 中有 5 种类型的图层，其中常规层包含文档中的大部分插图；遮罩层包含用作遮罩的对象；被遮罩层是位于遮罩层下方并与之关联的图层；引导层包含一些笔触；被引导层是与引导层关联的图层。当发现图层类型不正确时，可以修改图层类型。其方法是：在"图层属性"对话框中的"类型"栏中设置需要的类型。

3. 分散到图层

当将矢量图导入到 Flash 中时，往往是存放在同一个图层中的，但这很不利于编辑。为了能对矢量图分别进行编辑，最好将其分散保存到不同的图层中。

本例将新建空白文档，在其中导入一个 AI 文件，再将导入的矢量图分散到图层中，最后输入文本。其具体操作如下：

光盘
文件

素材 \ 第 4 章 \ 复活节彩蛋 .ai
效果 \ 第 4 章 \ 复活节彩蛋 .fla
实例演示 \ 第 4 章 \ 分散到图层

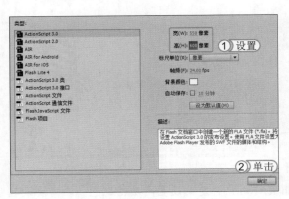

STEP 01： 新建文档

1. 选择【文件】/【新建】命令，打开"新建文档"
   对话框，设置"宽、高"为"550 像素、600
   像素"。
2. 单击 确定 按钮。

读书笔记

STEP 02： 导入并调整图像大小

将"复活节彩蛋 .ai"图像导入到舞台中。按
Ctrl+T 组合键，打开"变形"面板，在其中设置"缩
放宽度"为"40"，按 Enter 键确定调整。然后
将图像移动到舞台中间。

提个醒　　将图像缩小是为了方便"分散到图
层"操作。如果不进行本操作，在进行"分散
到图层"操作时，Flash 可能会报错。

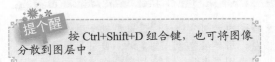

STEP 03： 将图像分散到图层

选择【修改】/【时间轴】/【分散到图层】命令，
将图像分散到各个图层中。

提个醒　　按 Ctrl+Shift+D 组合键，也可将图像
分散到图层中。

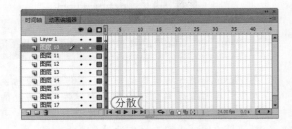

STEP 04： 输入文字

使用文本工具在彩蛋图形上输入"Happy
Easter"。

提个醒　　使用"分离到图层"命令分离文字时，
新图层将以字符命名。

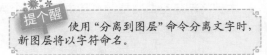

4.1.4 动画播放控制

在编辑元件时,为了查看播放时的效果,以及时发现制作中的问题,用户可以通过"时间轴"面板快速对动画播放进行控制。下面讲解动画播放控制的方法。

🔑 **播放**:将播放头移动到开始播放的起始帧,选择【控制】/【播放】命令,或单击"时间轴"面板中的"播放"按钮▶,即可从播放头所在的帧开始播放。在播放过程中按 Enter 键或者单击"暂停"按钮Ⅱ可暂停播放。

🔑 **转到第一帧**:选择【控制】/【后退】命令,或单击"时间轴"面板中的"转到第一帧"按钮◄,播放头将回到动画第一帧。

🔑 **转到结尾**:选择【控制】/【转到结尾】命令,或单击"时间轴"面板中的"转到最后一帧"按钮▶Ⅰ,播放头将回到动画最后一帧。

🔑 **前进一帧**:选择【控制】/【前进一帧】命令,或单击"时间轴"面板中的"前进一帧"按钮Ⅰ▶,播放头将转到当前帧的前一帧。

🔑 **后退一帧**:选择【控制】/【后退一帧】命令,或单击"时间轴"面板中的"后退一帧"按钮◄Ⅰ,播放头将转到当前帧的后一帧。

🔑 **循环播放**:在"时间轴"面板上单击"循环"按钮⟳,并在帧标题上拖动出现的标记范围,可以对指定的范围进行循环播放。

■■ **上机 1 小时** ▶ **制作飘散字效果**

🔍 巩固图层的编辑操作。　　　　　　　　🔍 巩固帧的编辑操作。

🔍 进一步掌握分离到图层的应用方法。

本例将新建一个空白动画文档,在其中导入背景并为图层重命名,然后在其中输入文字,并通过分离到图层和对帧的操作制作飘散字效果。最终效果如下图所示。

103

72图
Hours

62
Hours

52
Hours

42
Hours

32
Hours

22
Hours

12
Hours

素材＼第 4 章＼飘散字背景.jpg
效果＼第 4 章＼飘散字.fla
实例演示＼第 4 章＼制作飘散字效果

STEP 01： 导入图像

新建一个尺寸为 1000×693 像素的空白动画文档，
然后在舞台中间导入"飘散字背景.jpg"图像。

飘散字效果一般用于烘托温馨场景。

STEP 02： 编辑"图层 1"

1. 选择【窗口】/【时间轴】命令，打开"时间轴"
   面板。单击 🔒 按钮，将图层锁定。
2. 双击"图层 1"图层名称，将该图层重命名为
   "背景"。

提个醒
        在制作多图层动画时，为了方便编
辑，最好为每个图层都重命名。

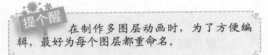

STEP 03： 插入关键帧

在"时间轴"面板上选择第 60 帧。按 F6 键插入
关键帧。

提个醒
        在第 60 帧插入关键帧是为了在动画
播放期间一直都有背景图案。一般在制作动画
前，都要大致预判动画帧数，再为背景图层插
入对应的帧数。

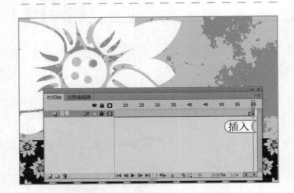

STEP 04： 新建图层并输入文字

1. 单击"新建图层"按钮 🗖，新建图层。选择"图
   层 2"的第 1 帧。
2. 在第 1 帧中输入文本"下一秒"。

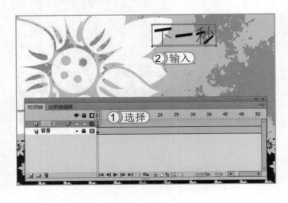

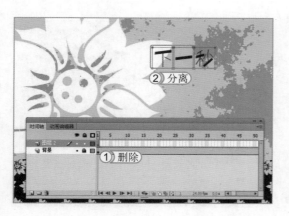

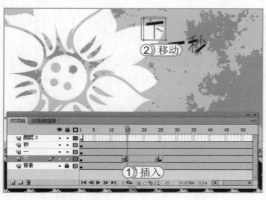

STEP 05： 删除多余帧

1. 选择"图层 2"的第 2~60 帧，单击鼠标右键，在弹出的快捷菜单中选择"删除帧"命令。
2. 选择"图层 2"的第 1 帧，按 Ctrl+B 组合键分离文字。

提个醒　要将文字分离到图层前，必须执行分离操作，否则 Flash 将会报错。

STEP 06： 插入关键帧

1. 在"下"图层的第 15、25 帧插入关键帧。
2. 选择第 15 帧，将 15 帧中的"下"字向上移动一些。

提个醒　在第 25 帧插入关键帧，是为了编辑第 15 帧后不会对 25 帧之后有所影响，这是制作飘散字效果的关键之一。

STEP 07： 添加滤镜效果

1. 选择"下"字。按 Ctrl+F3 组合键，打开"属性"面板。
2. 在"属性"面板中展开"滤镜"栏，单击"添加滤镜"按钮 ☒，在弹出的下拉列表中选择"模糊"选项。

提个醒　用户可根据个人喜好对模糊效果进行设置。

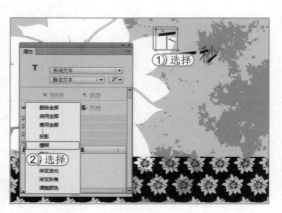

STEP 08： 编辑"一"图层

1. 在"一"图层的第 25、35 帧插入关键帧。
2. 选择第 25 帧，将 25 帧中的"一"字向上移动一些。使用相同的方法为"一"图层第 25 帧中的"一"字添加模糊滤镜。

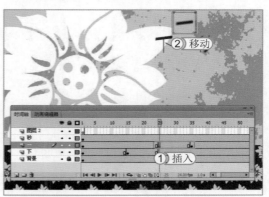

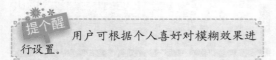

62 Hours

52 Hours

42 Hours

32 Hours

22 Hours

12 Hours

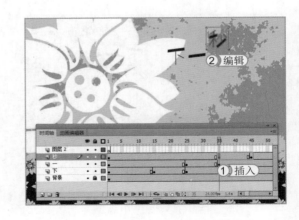

STEP 09： 编辑"秒"图层

1. 在"秒"图层的第 35、45 帧插入关键帧。
2. 选择第 35 帧，将 35 帧中的"秒"字向上移动一些。使用相同的方法为"秒"图层第 25 帧中的"秒"字添加模糊滤镜。

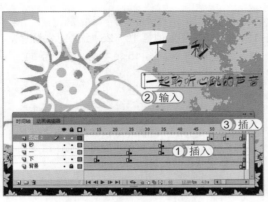

STEP 10： 输入文字

1. 选择"图层 2"的第 50 帧，按 F7 键，插入空白关键帧。
2. 在图层中输入"一起聆听心跳的声音"文本。
3. 分别选择第 55、60 帧，按 F6 键，在第 55 帧和第 60 帧插入关键帧。

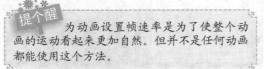

STEP 11： 设置帧速率

1. 选择第 50 帧中的文本，将其向下移动一些。打开"属性"面板，为文字添加模糊效果。
2. 在"时间轴"面板下方，设置帧速率为"12.00fps"。

> **提个醒** 为动画设置帧速率是为了使整个动画的运动看起来更加自然。但并不是任何动画都能使用这个方法。

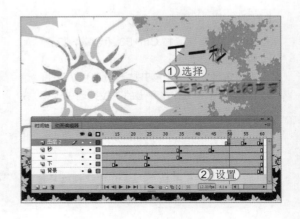

读书笔记

4.2 "时间轴"面板的高级应用

在制作动画时，为了方便操作，需要使用时间轴的高级应用来编辑动画。这些高级应用不但能让动画看起来更有条理、便于维护，还能更加精确地控制物体前后的运动轨迹。可以说"时间轴"面板的高级应用是学习制作 Flash 动画必须掌握的操作。

学习1小时

- 熟练使用场景编辑动画。
- 掌握使用绘图纸编辑动画的方法。
- 快速了解绘图纸的作用。

4.2.1 场景的使用

在编辑复杂的 Flash 动画时，动画设计师们往往都会通过编辑场景来编辑动画。使用场景能更方便地切换动画效果，并且能实现动画的分段制作，便于后期合成。场景的使用就好像将几个较短的 Flash 动画组成了一个大的 Flash 动画，且每个场景中都有一个时间轴，各个帧的播放会按照场景顺序连续进行播放。选择【窗口】/【其他面板】/【场景】命令，打开"场景"面板，在其中就可以对场景进行添加、删除、名称更改以及其他操作，下面分别进行讲解。

1. 添加场景

新建动画文档时，"场景"面板中只有一个场景，为了满足制作动画的需求，用户可能需要添加场景。添加场景的方法是：选择【插入】/【场景】命令，或在"场景"面板下方单击"添加场景"按钮。

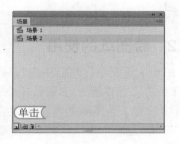

2. 删除场景

若想删除场景，用户只需在"场景"面板中选择需要删除的场景，再单击"删除场景"按钮。此时，将会打开提示对话框，询问是否删除所选场景，单击【确定】按钮。需要注意的是，若"场景"面板中只有一个场景，将无法对场景进行删除。

3. 更改场景名称

默认情况下场景的名称都以"场景1"、"场景2"、"场景3"命名。但在实际操作中，这种命名方式并不适合于复杂的动画制作，因为这些动画往往由很多场景链接而成，因此，用户可根据实际情况对场景名称进行更改。其方法是：双击需要更改名称的场景，此时，名称呈可编辑状态，然后输入新场景名称，按 Enter 键确定修改。

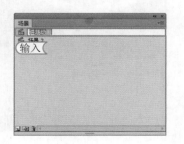

4. 更改场景顺序

为了控制动画的正常播放，用户所制作的场景应该以播放顺序进行排列。更改场景顺序的方法是：在"场景"面板中选择需要更改顺序的场景，再进行拖动，此时面板中将会出现一条绿色的线段，释放鼠标，场景将被移动到绿色的线段处。

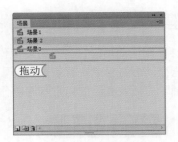

5. 查看特定场景

在制作多场景动画时，为了方便查看效果，Flash 允许用户查看特定场景。查看特定场景的方法主要有两种，分别介绍如下。

🔑 选择【视图】/【转到】命令，在弹出的子菜单中选择不同的场景进行查看。

🔑 单击文档窗口右上角的"编辑场景"按钮，在弹出的菜单中选择不同的场景命令即可。

6. 重制场景

当动画中出现很多类型的场景时，为了降低重复操作的可能，用户可以通过重制场景来简化 Flash 动画的操作难度。重制场景的方法是：选择需要重制的场景，在"场景"面板下方单击"重制场景"按钮。

4.2.2 绘图纸的使用

在默认情况下，舞台中仅仅只会显示当前帧中的图像，而在制作逐帧动画或动作比较细腻的动画时，如果能一次查看多帧的动画无疑能使用户更快地完成编辑。为了满足这种需要，Flash 中设置了绘图纸功能。使用绘图纸功能可使播放头附近一定区域的帧透明显示，其中播放头下的帧全彩色显示，其余帧半透明显示。下面对绘图纸的相关操作进行讲解。

1. 使用绘图纸外观

在"时间轴"面板中单击下方的"绘图纸外观"按钮。此时，可看到自定范围内的图像将以半透明的方式显示在舞台中。在帧标签上移动"起始绘图纸外观"和"结束绘图纸外观"标记可调整绘制图外观的显示范围，如下图所示。

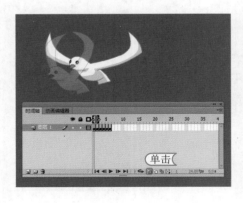
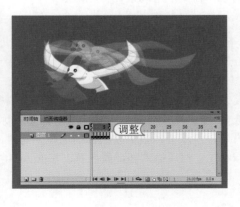

问题小贴士

问：打开绘图纸功能后，觉得舞台很混乱不利于编辑，该怎么办？

答：在使用绘图纸功能时，Flash 对于锁定和隐藏的图层将不会显示在绘图纸功能中。所以，若想不显示无用的图层，以免使舞台看起来很凌乱，可将不需要的图层锁定或隐藏。

2. 使用绘图纸外观轮廓

使用绘图纸外观轮廓和绘图纸外观相似，只是使用绘图纸外观轮廓后，非播放头下的帧将会以轮廓的形式显示，如右图所示。

使用绘图纸外观轮廓的方法是：在"时间轴"面板上单击"绘图纸外观轮廓"按钮 。一般图形外观复杂或帧与帧之间位移不明显时，才会使用绘图纸外观轮廓。

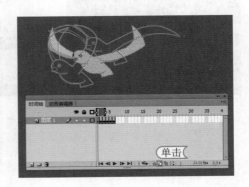

3. 修改绘图纸标记

在编辑绘图纸标记时，除可自行移动"起始绘图纸外观"和"结束绘图纸外观"标记外，用户还可通过 Flash 预设的几个方案进行修改。这些绘图纸标记方案可使绘图纸的显示更加规范，且不会因为播放头位置的改变而影响绘图纸标记的显示范围。修改绘图纸的方法是：在"时间轴"面板上单击"修改标记"按钮 ，在弹出的下拉列表中选择需要的选项即可。弹出的下拉列表中各选项的作用如下。

🔑 **始终显示标记**：选择该选项后，用户不使用绘制图功能，在帧标题上也会显示绘图纸标记范围。

🔑 **锚定标记**：选择该选项后，标记范围将会被锁定，而不会因为播放头的移动而移动。

🔑 **标记范围 2**：选择该选项后，标记范围将只会显示播放头两侧的各帧。

🔑 **标记范围 5**：选择该选项后，标记范围将只会显示播放头两侧的各 5 个帧。

🔑 **标记整个范围**：选择该选项后，将会把整个时间轴上的轴都变为标记范围。

▌ 经验一箩筐——编辑多个帧

默认情况下使用绘图纸标记功能，用户只能编辑播放头所在的帧。若用户需要编辑多个帧，则可单击"时间轴"面板下方的"编辑多个帧"按钮 。

上机 1 小时 ▶ 制作穿越玩具城

🔍 掌握使用场景编辑动画的方法。

🔍 巩固使用绘图纸标记和编辑动画的方法。

62
Hours
▲

52
Hours
▲

42
Hours
▲

32
Hours
▲

22
Hours
▲

12
Hours
▲

本例将打开"穿越玩具城.fla"动画文档，新建一个场景，并将其命名为"玩具城"。打开"玩具城"场景，并通过"库"面板向舞台添加素材。最后使用绘图纸功能调整舞台中对象的位置，最终效果如下图所示。

光盘文件
素材 \ 第 4 章 \ 穿越玩具城 .fla
效果 \ 第 4 章 \ 穿越玩具城 .fla
实例演示 \ 第 4 章 \ 制作穿越玩具城

STEP 01： 为场景重命名

打开"穿越玩具城.fla"动画文档，选择【窗口】/【其他面板】/【场景】命令，打开"场景"面板，在其中双击"场景1"，将其命名为"冬天"，按 Enter 键确定。

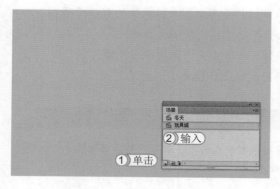

STEP 02： 新建场景

1. 在"场景"面板下单击"添加场景"按钮，新建"场景2"。
2. 将"场景2"命名为"玩具城"。

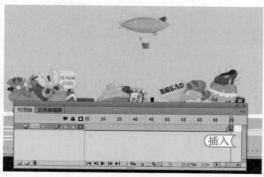

STEP 03： 编辑背景

在"库"面板中将"玩具城"元件拖动到舞台中。选择第70帧，按 F6 键插入关键帧。

提个醒　在制作动画前，一次性将动画导入到"库"中，这样后期在调用素材时更为方便。

STEP 04： 缩放火车图形

1. 新建"图层2"，在"库"面板中将"火车"元件拖动到舞台左边，只将火车头的部分移动到舞台内。
2. 选择"火车"元件，按 **Ctrl+T** 组合键，打开"变形"面板，设置"缩放宽度"和"缩放高度"均为"28.0%"。

读书笔记

STEP 05： 移动图像

1. 在第70帧处插入关键帧。
2. 将"火车"元件移动到舞台左边，只留出火车尾部图像。

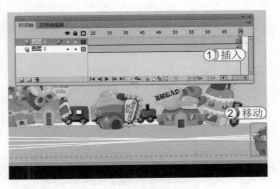

STEP 06： 创建传统补间动画

按住 **Ctrl** 键的同时，分别单击"图层2"的第1帧和第70帧。单击鼠标右键，在弹出的快捷菜单中选择"创建传统补间"命令，将第1~70帧转换为补间动画。

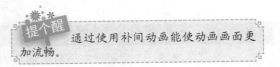

提个醒 通过使用补间动画能使动画画面更加流畅。

STEP 07： 调整元件大小和位置

1. 从"库"面板中将"玩具熊"元件拖动到舞台左边。
2. 在"变形"面板中，设置"缩放高度"、"缩放宽度"、"旋转"为"28.0%"、"28.0%"、"-28.0°"。

提个醒 旋转图形是为了制作玩具熊在跳跃的效果。

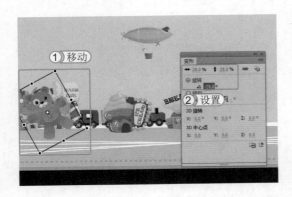

111

72图
Hours

62
Hours

52
Hours

42
Hours

32
Hours

22
Hours

12
Hours

STEP 08： 使用绘图纸外观

1. 新建"图层 3"，按 3 次 F6 键，插入 3 个关键帧。
2. 单击"时间轴"面板"隐藏列"下"图层 2"上的·按钮，隐藏"图层 2"。
3. 单击"绘图纸外观"按钮 。
4. 向右上角移动"玩具熊"元件，在"变形"面板中设置"旋转"为"-19.5°"。

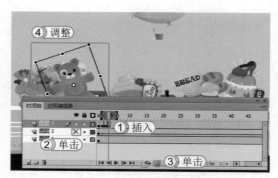

STEP 09： 移动"玩具熊"元件

使用相同的方法，每插入 3 个关键帧，就顺时针旋转一次玩具熊图形。重复此操作 3 次。

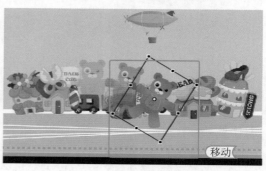

提个醒　　重复此操作 3 次是为了让玩具熊左右跳动起来。

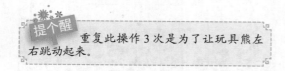

STEP 10： 复制并删除帧

选择第 1~12 帧并复制。再选择第 13 帧，粘贴帧。使用相同的方法，将复制的帧粘贴至第 70 帧，最后删除 70 帧以后的帧。

4.3　练习 1 小时

　　本章主要介绍了"时间轴"面板的基础操作和高级应用的方法，用户要想在日常工作中熟练使用，还需再进行巩固练习。下面以制作兔子摇头动画为例，进一步巩固这些知识的使用方法。

制作兔子摇头动画

　　本例将制作一个兔子坐在浴缸里摇头的效果。首先新建空白动画文档，再导入素材。新建图层，将背景导入图层中并编辑时间轴，新建图层编辑图像制作摇头效果，并设置帧速率为"10"。最终效果如下图所示。

光盘
文件
素材 \ 第 4 章 \ 兔子摇头
效果 \ 第 4 章 \ 兔子摇头 .fla
实例演示 \ 第 4 章 \ 制作兔子摇头动画

动画

72 HOURS

文本的使用

第 5 章

学习 **2** 小时
- 文本的基础编辑
- 文本的高级编辑

在 Flash 动画中，若仅仅使用动画的方法进行表现，可能会因为太过抽象而使浏览者对动画的含义、作用不甚了解。为了避免这种情况，用户在制作动画时，可在动画中添加文本。本章将对文本的基本操作和高级编辑方法进行讲解。

上机 **3** 小时

5.1 文本的基础编辑

文本是制作 Flash 动画的重要元素，合理地安排文本，会使作品更加丰富多彩。文本常常用于媒体展示、MTV 和广告等作品中。新的 Flash 在继承原有文本工具的基础上增加了新的文本引擎，这使用户能更加自由地在动画中使用文本。下面介绍文本的基础编辑方法。

学习 1 小时

🔍 快速认识 Flash 文本。　　　　　　　🔍 熟练掌握运用 TLF 文本引擎。

🔍 灵活运用文本工具输入文本并设置文本属性。

5.1.1 认识 Flash CS6 文本类型

在 Flash CS6 中，可以设置传统文本和 TLF 文本。传统文本是 Flash 中早期文本引擎的名称。传统文本引擎在 Flash 中仍然可用，但由于制作动画的文字局限性，Flash 又推出了更新的 TLF 文本引擎。在"工具"面板中单击"文本工具"按钮 **T**，在"属性"面板的"文本引擎"下拉列表框中即可选择需要的文本引擎，如右图所示。下面分别对这两个文本类型进行详细讲解。

1. 传统文本

传统文本是早期 Flash 版本为了能在动画中输入文本而使用的文本引擎，这种文本引擎适用于较小的动画文件。使用传统文本可以创建静态文本字段、动态文本字段和输入文本字段等，如右图所示。其中，静态文本用于制作不会改变的文本；动态文本用于制作可以不断改变的文本，如制作股票报价、时间等；输入文本一般用于输入表单或制作问卷等。

传统文本提供了多种处理文本的方法。如水平或垂直放置文本；设置字体、大小、样式、颜色和行距等属性；检查拼写；对文本进行旋转、倾斜或翻转等变形操作；链接文本；使文本可选择；使文本具有动画效果等。

2. TLF 文本

与传统文本相比，TLF 文本加强了对文本的控制，支持更丰富的文本布局功能和对文本属性进行精细控制。TLF 文本提供了两种类型的文本容器，包括点文本和区域文本，如右图所示。点文本容器由其中的文本多少确定，而区域文本可通过选择工具调整大小，调整时只需双击容器下方的空心圆点。

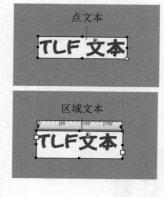

和传统文本相比，TLF 文本增强了以下功能：字符样式、控制更多亚洲字体属性、应用 3D 旋转、色彩效果以及混合模式等属性、文本可按顺序排列在多个文本容、支持双向文本等。

根据文本需求的不同，可使用 TLF 文本创建 3 种文本块，如右图所示。下面讲解这 3 种文本块的作用和功能。

🔑 只读：是 TLF 文本的默认设置，发布为 SWF 后，将不可选择、不可编辑。

🔑 可选：发布为 SWF 后将可选择并复制，但不能被编辑。

🔑 可编辑：发布为 SWF 后将可选择、复制并可以被编辑。

问题小贴士

问：TLF 文本可以和传统文本互相转换吗？

答：可以，使用选择工具在舞台中选择需要转换的文本后，在"属性"面板的"文本引擎"下拉列表框中即可随意进行改变。需要注意的是，虽然转换格式时 Flash 会自动保存大部分的格式设置，但由于这两种引擎的作用有所不同，所以一些如字间距、行间距等设置仍然会改变样式。转换时 TLF 可选和 TLF 只读都会转换为传统静态，TLF 可编辑会被转换为传统输入。

5.1.2 使用 TLF 文本

由于文本引擎原理不同，TLF 只支持 Open Type 和 True Type 字体，所以部分字体在使用 TLF 引擎时无法使用。下面讲解使用 TLF 文本设置文本样式、段落样式、容量和流属性的方法以及跨多个容器的流动文本。

1. 设置字符样式

字符样式是应用于单个字符或字符组（而不是整个段落或文本容器）的属性。要设置字符样式，可使用文本属性检查器的"字符"和"高级字符"选项来实现。TLF 文本提供了更多字符样式，包括行距、连字、加亮颜色、下划线、删除线、大小写、数字格式及其他。

下面将新建动画文档，并在其中输入文本，然后在"属性"面板的"字符"选项中可以对文本字体、大小和颜色等属性进行设置。其具体操作如下：

光盘文件

```
素材 \ 第 5 章 \ 蛋糕背景 .jpg
效果 \ 第 5 章 \ 戚风蛋糕 .fla
实例演示 \ 第 5 章 \ 设置字符样式
```

STEP 01： 导入背景图

新建一个尺寸为 876×665 像素的空白动画文档。按 Ctrl+R 组合键，打开"导入"对话框，将"蛋糕背景 .jpg"图像导入到舞台中。

115

72☑
Hours

62
Hours

52
Hours

42
Hours

32
Hours

22
Hours

12
Hours

STEP 02： 输入文本

1. 在"工具"面板中选择"文本工具" T，在"属性"面板的"文本引擎"下拉列表框中选择"TLF 文本"选项。
2. 将鼠标光标移动到舞台上，按住左键不放拖动创建文本容器，然后输入文本。

STEP 03： 设置字符属性

选择文本。在"属性"面板中展开"字符"选项，在其中设置"系列、大小、行距、颜色"为"汉仪竹节体简、24.0 点、116%、#FFFFFF"。

提个醒 "属性"面板中的"样式"下拉列表框用于设置字体样式，如常规、粗体、斜体等，但不是每种字体都能设置样式。

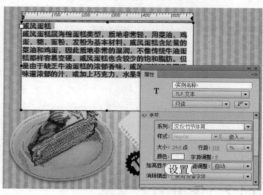

STEP 04： 加亮显示

在"属性"面板中单击"加亮显示"后的色块，在弹出的选择框中选择"#CCCCCC"选项，为文本添加底纹。

提个醒 在"属性"面板中单击"下划线"按钮 I，可将水平线放在字符下；单击"删除线"按钮 王，可将水平线从字符中间穿过；单击"切换上标"按钮 T，将字符移动到稍微高于标准线上方并缩小；单击"切换下标"按钮 T，将字符移动到稍微低于标准线下方并缩小。

STEP 05： 设置文本方向

在"属性"面板中单击 按钮，在弹出的下拉列表框中选择"垂直"选项。

2. 设置段落样式

TLF 文本还可对段落样式进行设置，使用文本"属性"面板的"段落"和"高级段落"选项就能实现。

本例将新建空白动画文档，并为其添加背景，然后在其中输入文本，并设置文本缩进、对齐、间距等段落格式。其具体操作如下：

光盘文件
素材 \ 第 5 章 \ 海洋背景 . jpg、海之歌 . txt
效果 \ 第 5 章 \ 海之歌 . fla
实例演示 \ 第 5 章 \ 设置段落样式

STEP 01： 导入背景图

新建一个尺寸为 1000×724 像素的空白动画文档。按 Ctrl+R 组合键，打开"导入"对话框，将"海洋背景 .jpg"图像导入到舞台中。

读书笔记

117

72☑
Hours

62
Hours

52
Hours

42
Hours

32
Hours

22
Hours

12
Hours

STEP 02： 设置字符样式

1. 在"工具"面板中选择"文本工具" **T**，在"属性"面板的"文本引擎"下拉列表框中选择"TLF文本"选项。

2. 展开"字符"选项，在其中设置"系列、大小、颜色、行距"为"Kristen ITC、20.0 点、#FFFFCC、100%"。

STEP 03： 输入文本

1. 将鼠标光标移动到舞台上，按住左键不放拖动创建文本容器。然后打开"海之歌 .txt"文本文档，参考其中的内容在舞台中输入文本。选择第一行文本。

2. 在"属性"面板中展开"段落"选项。单击"居中对齐"按钮 **三**，设置"段后间距"为"10.0像素"。

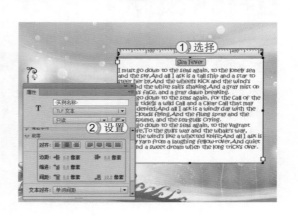

STEP 04： 设置段落格式

选择除标题以外的所有文本，在"段落"选项中设置"缩进、段后间距"为"**28.0像素、10.0像素**"。

3. 容器和流属性

TLF 文本的"容器和流"部分是控制影响整个文本容器的选项，很多文本效果都是通过它实现的。"容器和流"的设置包括行为、对齐方式、列和填充等。下面讲解设置方法及其含义。

🔑 **行为**：在"属性"面板"容量和流"选项下的"行为"下拉列表框中可控制容器如何随文本量的增加而扩展，包括单行、多行、多行不换行和密码等选项。文本类型不同，选项也有所不同。

🔑 **对齐方式**："属性"面板"容量和流"选项下的"对齐方式"用于指定容器内文本的对齐方式，包括顶对齐、居中对齐、底对齐和两端对齐。用选择工具的方法选择容器，单击所需的对齐方式按钮即可应用。

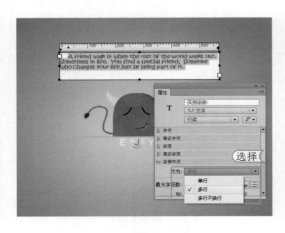

▍**经验一箩筐——容器外观的设置**

在 Flash 中用户不但能对容器中的文本格式进行设置，还可以对容器外观进行设置，如容器边框颜色、边框宽度等。设置容器边框颜色和边框宽度的方法是：在"属性"面板"容量和流"选项下单击✐图标后的色块，在弹出的选择框中选择一种颜色，在其后面的数值框中设置边框宽度。

🔑 **列**："属性"面板"容量和流"选项下的"列"用于指定容器内文本的列数，此属性仅适用于区域文本容器，默认值是"1"，最大值为"50"。列间距指定选定容器中每列之间的间距，默认值是"20"，最大值为"1000"。

🔑 **填充**："填充"用于设置指定文本和选定容器之间的边距宽度。所有边距都可以设置"填充"，包括容器边框颜色、背景颜色以及内边距。4个方向的内边距可以使用 📧 按钮锁定后保持一致。

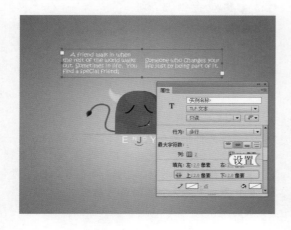

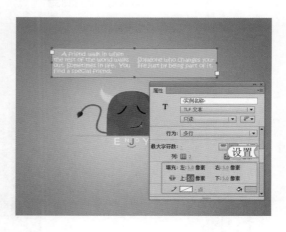

4. 跨多个容器的流动文本

文本也可以在多个容器之间进行串接或链接，但仅对 TLF（文本布局框架）文本可用，不适用于传统文本块。文本容器可以在各个帧之间和元件内串接，但所有串接容器要位于同一时间轴内。

本例将新建空白动画文档，在其中导入背景和素材，最后通过多个容器制作文本绕图的效果。其具体操作如下：

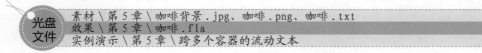

光盘文件 素材 \ 第5章 \ 咖啡背景 .jpg、咖啡 .png、咖啡 .txt
效果 \ 第5章 \ 咖啡 .fla
实例演示 \ 第5章 \ 跨多个容器的流动文本

STEP 01： 导入素材

新建一个尺寸为 1000×663 像素的空白动画文档。按 Ctrl+R 组合键，打开"导入"对话框，将"咖啡背景 .jpg"图像导入到舞台中。再导入"咖啡 .png"图像，将其缩小后放置在舞台左下方。

读书笔记

62
Hours

52
Hours

42
Hours

32
Hours

22
Hours

12
Hours

STEP 02： 设置字符格式

1. 在"工具"面板中选择"文本工具" **T**，打开"属性"面板，在"文本引擎"下拉列表框中选择"TLF 文本"选项。

2. 展开"字符"选项，设置"系列、大小、颜色"为"汉仪娃娃篆简、30.0 点、#333333"。

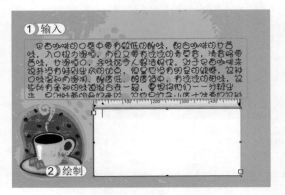

STEP 03： 输入文本

1. 将鼠标光标移动到舞台上，按住左键不放拖动创建文本容器。然后打开"咖啡.txt"文本文档，参考其中的内容在舞台中输入文本。

2. 使用鼠标在输入文本的下方在绘制一个文本容器。

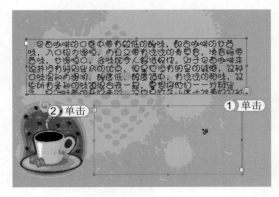

STEP 04： 添加容器

1. 使用鼠标单击已经输入文本的文本容器，发现容器右下角有一个溢出图标 田，单击该图标。

2. 移动鼠标光标，鼠标光标变成 形状。将鼠标光标移动到下方空白文本容器的位置单击，溢出的文本自动流入容器中。

STEP 05： 移动文本容器

在"工具"面板中选择"选择工具" ，选择下面的文本框。将其向上移动，使上面文本框的间距和下面文本框间距相同。

提个醒 在跨文本的容器中输入文本，溢出的文本会自动流入下一个容器中，不管是两个还是多个容器。

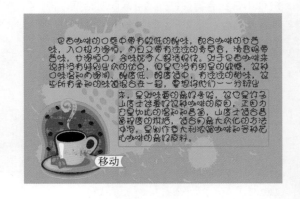

经验一箩筐——取消两个文本容器之间的链接

若是发现文本容器链接错误，用户可取消两个文本容器之间的链接，其方法有两种。

🔑 **双击端口**：将容器置于编辑模式，然后双击要取消链接的进端口或出端口，文本将流回到第一个容器。

🔑 **删除容器**：删除其中一个链接的文本容器，文本将自动流入到未被删除的容器。

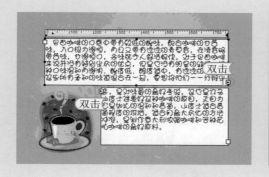 

5.1.3 传统文本

和 TLF 文本相比，传统文本更加简单，而且传统文本在网页制作时较常用，下面讲解将传统文本应用于 Flash 中的一些方法。

1. 设置滚动文本

在一些 Flash 网页中经常会看到文本没有显示完，通过调整滚动条可以浏览所有的文本。其实这也是通过设置传统文本得到的效果。

本例将新建空白动画文档，在其中为页面输入文本，并将文本设置为动态文本，将其制作为滚动文本效果。其具体操作如下：

光盘文件
素材 \ 第 5 章 \ 天气 .jpg、天气 .txt
效果 \ 第 5 章 \ 天气 .fla
实例演示 \ 第 5 章 \ 设置滚动文本

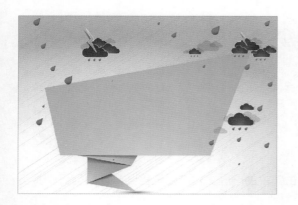

STEP 01： 导入素材

新建一个尺寸为 1000×690 像素的空白动画文档。按 **Ctrl+R** 组合键，打开"导入"对话框，将"天气 .jpg"图像导入到舞台中。

提个醒 在 Flash 中设置滚动文本，如果没有显示完文本，Flash 也不会显示滚动条。想查看隐藏的文本，只需单击文本所在位置，再滚动鼠标滑轮即可。

62
Hours
▲

52
Hours
▲

42
Hours
▲

32
Hours
▲

22
Hours
▲

12
Hours
▲

STEP 02： 设置文本格式

1. 在“工具”面板中选择“文本工具” T，打开“属性”面板，设置“文本引擎、文本类型”为“传统文本、动态文本”。
2. 设置“系列、大小、颜色”为“汉仪细中圆简、24.0 点、#333333”。

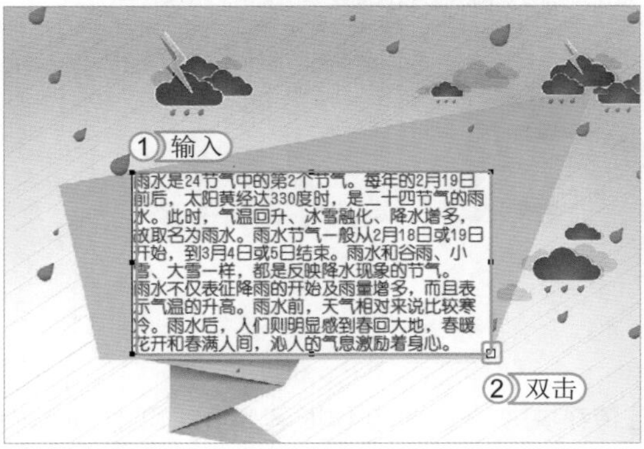

STEP 03： 输入文本

1. 将鼠标光标移动到舞台上，按住左键不放拖动创建文本容器。然后打开“天气.txt”文本文档，参考其中的内容在舞台中输入文本。
2. 按住 Shift 键的同时，双击文本容器右下角的白色空心正方形，使白色空心正方形变成黑色空心正方形，使文本变为可滚动模式。

STEP 04： 调整容器大小

将鼠标光标移动到实心圆点上，拖动鼠标调整文本容器大小。在“工具”面板中选择“选择工具” ，将文本容器移至合适位置。

提个醒 预览动画时，用户需使用鼠标单击文本区域，再滚动鼠标滑轮即可查看文本滚动效果。

经验一箩筐——解决滚动文本显示不正常的方法

有时制作滚动文本后，在预览时，会发现只显示文本的第一行，而无法查看第一行以外的文本。造成这种情况的原因是，在“属性”面板“段落”选项下将“行为”设置为“单行”。用户只需要将“单行”修改为“多行”即可解决这种问题。

2. 设置 URL 链接

在浏览一些动画时，用户有时会发现，单击其中的一些文本可以链接到其他的网页，其实这也可通过传统文本来解决。

本例将新建空白动画文档，在其中导入背景，并绘制一个按钮，为按钮中的文本添加超级链接，使用户在浏览动画时，通过单击按钮就能链接到另一个网页界面。其具体操作如下：

光盘
文件
素材 \ 第 5 章 \ 电影网背景 . jpg
效果 \ 第 5 章 \ 电影网友情链接界面 . fla
实例演示 \ 第 5 章 \ 设置 URL 链接

STEP 01： 导入素材

1. 新建一个尺寸为 1000×730 像素的空白动画文档。按 Ctrl+R 组合键，打开"导入"对话框，将"电影网背景 .jpg"图像导入到舞台中，锁定"图层 1"。
2. 单击"新建图层"按钮◰，新建"图层 2"。

提个醒
如果不建立两个图层，绘制的按钮矩形将被遮盖在导入的背景图像下方。

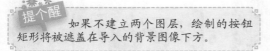
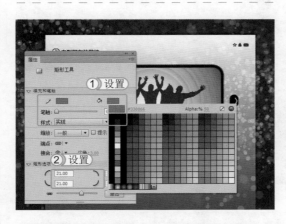

STEP 02： 设置矩形工具格式

1. 在"工具"面板中选择"矩形工具"◰。打开"属性"面板，设置"笔触颜色、填充颜色"都为"#330066"、"Alpha"都为"50%"、"笔触"为"0.1"。
2. 设置"矩形边角半径"都为"21.00"。

STEP 03： 绘制矩形输入文本

1. 拖动鼠标在图像下方绘制一个矩形。在其上方输入文本"时光网"。
2. 选择输入的文本，打开"属性"面板，在其中设置"系列、大小、颜色"为"汉仪细中圆简、36.0 点、#FFFFFF"。

提个醒
用户也可先设置文本的格式，再输入文本。

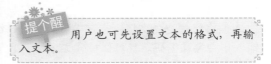

123

72☑
Hours

62
Hours

52
Hours

42
Hours

32
Hours

22
Hours

12
Hours

STEP 04： 设置文本链接

1. 选择输入的文本，在"属性"面板中，展开"选项"选项，设置"链接"为"http://www.mtime.com"。
2. 在"目标"下拉列表框中选择"_blank"选项。此时，文本下方将出现代表超级链接文本的下划线。

STEP 05： 测试动画

按 **Ctrl+Enter** 组合键，测试动画。在打开的 **Flash Player** 播放器中，单击"时光网"超级链接，浏览器将自动打开指定的网页。

▌经验一箩筐——链接网页

如果当前电脑未连接网络，单击超级链接文本后将不会打开指定的网页。

3. 设置输入文本

在制作问卷调查、留言簿这类 Flash 动画时经常需要输入文本。输入文本是一种交互式的文本格式，用户可在其中输入文本，然后根据事先编辑的代码，将用户输入的文本返回目标地址中完成交互。

本例将新建空白文档，在其中导入背景，绘制文本框制作一个登录界面，在浏览时用户可以输入用户名和密码。其具体操作如下：

光盘文件　素材 \ 第 5 章 \ 登录页面 .jpg
　　　　　效果 \ 第 5 章 \ 网站登录页面 .fla
　　　　　实例演示 \ 第 5 章 \ 设置输入文本

STEP 01： 导入素材

1. 新建一个尺寸为 800×600 像素的空白动画文档。按 Ctrl+R 组合键，打开"导入"对话框，将"登录页面 .jpg"图像导入到舞台中，并锁定"图层 1"。

2. 单击"新建图层"按钮 ☑，新建"图层 2"。

STEP 02： 绘制文本框

1. 在"工具"面板中选择"文本工具" **T**。在"属性"面板中设置"文本引擎、文本类型"为"TLF 文本、可编辑"。

2. 设置"系列、样式、大小、颜色"为"微软雅黑、Bold、20.0 点、#FFFFFF"。

3. 拖动鼠标在"用户名："文本后绘制一个文本框。

STEP 03： 测试动画

1. 拖动鼠标在"密码："文本后绘制一个文本框。

2. 按 Ctrl+Enter 组合键，测试动画。在打开的 Flash Player 播放器中单击"用户名"和"密码"文本框，在其中输入用户名和密码。

上机 1 小时 ▶ 制作复活节菜单页面

🔍 巩固设置字符和段落格式的操作方式。

🔍 进一步掌握为文本添加 URL 地址的操作。

62
Hours

52
Hours

42
Hours

32
Hours

22
Hours

12
Hours

本例将制作复活节菜单页面，首先导入素材，在其中设置格式，并输入文本，最后为部分文本设置 URL 地址。最终效果如下图所示。

 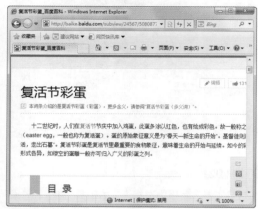

> **光盘文件**
> 素材 \ 第 5 章 \ 复活节背景 .jpg、复活节习俗 .txt、按钮 .png
> 效果 \ 第 5 章 \ 复活节彩蛋 .fla
> 实例演示 \ 第 5 章 \ 制作复活节菜单页面

STEP 01： 导入素材

新建一个尺寸为 1000×752 像素的空白动画文档。按 **Ctrl+R** 组合键，打开"导入"对话框，将"复活节背景 .jpg"图像导入到舞台中，并锁定"图层 1"。然后单击"新建图层"按钮 🖳，新建"图层 2"。

STEP 02： 输入文本

1. 在"工具"面板中选择"文本工具" **T**。打开"属性"面板，设置"文本引擎、文本类型"为"传统文本、静态文本"。

2. 设置"系列、大小、颜色"为"方正胖娃简体、42.0 点、#999999"。

3. 使用鼠标在舞台中绘制文本容器，并在其中输入"复活节彩蛋的习俗"文本。

读书笔记

STEP 03： 设置段落格式

1. 使用鼠标在输入的文本下方绘制文本容器。在"属性"面板中设置"文本引擎、文本类型"为"传统文本、动态文本"。
2. 设置"系列、大小"为"方正少儿简体、26.0 点"。
3. 设置"缩进、左边距、右边距"为"52.0 像素、1.0 像素、1.0 像素"。

STEP 04： 调整容器大小

1. 打开"复活节习俗 .txt"文本文档，参考其中的内容在 Flash 中输入文本。
2. 按住 Shift 键的同时双击容器底部的空心正方形，将其变为黑色实心正方形。拖动容器边框调整容器大小。

STEP 05： 导入素材

1. 按 Ctrl+R 组合键，打开"导入"对话框，在其中选择"按钮 .png"图像并导入。
2. 选择"文本工具" T，在"属性"面板中设置"文本引擎、文本类型"为"传统文本、静态文本"。
3. 设置"系列、大小、颜色、缩进"为"汉仪菱心体简、20.0 点、#FFFFFF、0.0 像素"。

STEP 06： 为文本设置 URL 地址

1. 使用鼠标在"按钮"图像上绘制一个文本容器，并输入"MORE"文本。
2. 在"属性"面板中设置"链接、目标"为"http://baike.baidu.com/subview/24567/5080877.htm?fromId=24567&from=rdtself、_blank"，为文本设置超级链接。

127

72 ◎
Hours

62
Hours

52
Hours

42
Hours

32
Hours

22
Hours

12
Hours

5.2 文本的高级编辑

文本的基础编辑，仅仅是对文本的外观进行设置以及实现单一的基础功能。在实际操作中，为了使文本能有实际操作性，需要对文本进行高级编辑。下面以文本的应用和文本对象的编辑两方面为例讲解文本的高级编辑方法。

学习1小时

- 熟练掌握文本的应用。
- 灵活使用文本对象的编辑方法编辑动画。

5.2.1 文本的应用

通过一些细微的设置就能使文本看起来更加别致，且符合一些实例需要的特殊要求。这些设置都可以通过"属性"面板实现。

1. 设置字符间距

设置字符间距后，输入的数字、字符都会插入统一的间距，这对按格式输入文本来说十分方便。

本例将新建空白动画文档，在其中输入页数文本，并为页数文本设置字符间距，调整数字与数字之间的距离，使其各页码数之间的距离相等。其具体操作如下：

光盘文件	素材 \ 第 5 章 \ 卡通配图 . jpg、目录 . png
	效果 \ 第 5 章 \ 故事书 . fla
	实例演示 \ 第 5 章 \ 设置字符间距

STEP 01： 导入素材

新建一个尺寸为 **1300×1100** 像素，背景色为 "**#FFCC00**" 的空白动画文档。按 **Ctrl+R** 组合键，打开 "导入" 对话框，将 "卡通配图 .jpg" 图像导入到舞台中，并缩小图像。

STEP 02： 设置文本格式

1. 选择 "文本工具" **T**，打开 "属性" 面板，设置 "文本引擎、文本类型" 为 "TLF 文本、只读"。
2. 设置 "系列、大小、颜色" 为 "方正艺黑简体、**30.0** 点、**#999999**"。
3. 使用鼠标在舞台中绘制一个文本容器。

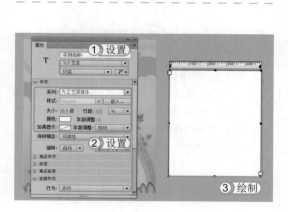

STEP 03： 输入文本

1. 在文本容器中输入文本。
2. 按 Ctrl+R 组合键，打开"导入"对话框，导入"目录 .png"图像，缩小后放置在舞台下方。在导入的"目录"图像上拖动绘制文本容器，并输入页码数。

提个醒 该方法不能对 10 以上的数字起作用，只能调整 1~9 的页数。

STEP 04： 设置字符间距

1. 选择输入的文本。
2. 在"属性"面板的"字符"选项下设置"字距调整"为"1000"。然后选择"选择工具"，选择并查看动画效果。

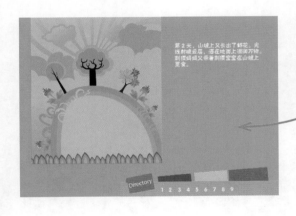

2. 设置实例名称

选择文本后，在其"属性"面板中都能看到其上方有一个"实例名称"文本框，该文本框用于在使用 Flash 制作需要脚本的文本时对文本进行命名。在制作简单的动画时并不需要进行设置，且为了脚本能正常运行，在为文本设置实例名称时，不能使用中文。此外，"文本类型"为静态文本时不能设置实例名称。

读书笔记

129
72图 Hours
62 Hours
52 Hours
42 Hours
32 Hours
22 Hours
12 Hours

5.2.2 文本对象的编辑

用户除了可以对文本设置格式外，还可将输入的文本作为一个对象进行编辑。当文本作为对象进行编辑时，可对其进行如分离、描边等操作。下面讲解将文本作为对象进行编辑的常用方法。

1. 分离文本

对文本进行如扭曲、变形等需要对文字进行细致结构变化的操作前，一定要先将文字进行分离。分离后的文字将不再是以文本的形式存在，而且分离时文本就已经被自动转换为矢量图的格式。在制作特效字体，如火焰字前就需要将文本分离。如果用户不是对单个文本进行分离，就需要执行两次分离操作才能将文本完全分离。

本例将新建空白动画文档，在其中导入背景，再输入文本，将文本分离后，对其进行扭曲并填充图案。其具体操作如下：

> **光盘文件**
> 素材 \ 第 5 章 \ 海底世界 .jpg、文字底纹 .jpg
> 效果 \ 第 5 章 \ 海底世界 .fla
> 实例演示 \ 第 5 章 \ 分离文本

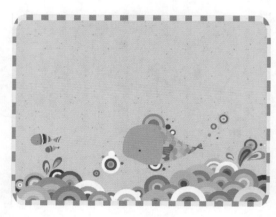

STEP 01： 导入素材

新建一个尺寸为 1000×770 像素的空白动画文档。按 Ctrl+R 组合键，打开"导入"对话框，将"海底世界 .jpg"图像导入到舞台中。锁定"图层 1"。单击"新建图层"按钮▣，新建"图层 2"。

STEP 02： 输入文本

1. 选择"文本工具" **T**，打开"属性"面板，设置"文本引擎、文本类型"为"TLF 文本、只读"。
2. 设置"系列、大小、颜色"为"汉仪橄榄体简、85.0 点、#FFFFFF"。
3. 使用鼠标在舞台中绘制一个文本容器，并输入文本。

> **提个醒**
> 若想使文本在分离后使用图案填充，最好选择比较粗壮的字体。这样才能使调整效果比较明显，突出文本的显示效果。

STEP 03：分离文本

按两次 Ctrl+B 组合键，分离文本。再选择"选择工具" ，选择全部文字。

提个醒　选择【修改】/【分离】命令，也可以分离文本。

STEP 04：设置填充效果

1. 选择【窗口】/【颜色】命令，打开"颜色"面板。在"颜色类型"下拉列表框中选择"位图填充"选项。
2. 单击 导入… 按钮，在打开的"导入"对话框中选择"文字底纹 .jpg"图像。
3. 在下方填充列表中单击刚刚选择的图像，填充文本效果。

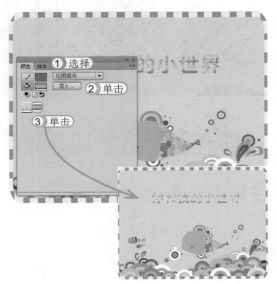

提个醒　将文字分离后，文字就成为了图形。用户还可以使用"部分选取工具" 、"套索工具" 、"钢笔工具" 等工具，像编辑图形一样对文本外观进行调整。

2. 设置文本描边

　　将文本分离后，用户还可以根据需要对文本轮廓进行描边。为文本进行描边是制作特效字体以及强调字体效果经常会使用的手段。为文本描边的方法是：输入文本后，分离字体。在"工具"面板中选择"墨水瓶工具" ，打开"属性"面板，在其中设置笔触大小、样式、笔触颜色。最后使用鼠标单击文本边缘，为文本描边。

上机 1 小时 ▶ 制作音乐节海报

🔍 进一步掌握 TLF 文本引擎的基本功能和操作方法。

🔍 巩固分离文本并编辑文本的方法。

本例将制作一个图文并茂的音乐节海报，主要通过处理文字和段落来演示 TLF 文本引擎的基本功能和操作方法，以及对分离后的文本进行编辑，完成后的效果如下图所示。

光盘文件

素材 \ 第 5 章 \ 音乐节
效果 \ 第 5 章 \ 音乐节海报 .fla
实例演示 \ 第 5 章 \ 制作音乐节海报

STEP 01： 导入素材

新建一个尺寸为 1500×750 像素的空白动画文档。将 "音乐节" 文件夹中的所有图像都导入到库，从 "库" 面板中将 "背景" 元件移动到舞台中，作为背景，然后锁定 "图层 1"，新建 "图层 2"。

STEP 02： 新建元件

1. 将 "素材 2" 图像移动到舞台中。使用 "任意变形工具" 调整大小使其与舞台匹配。按 F8 键，打开 "转换为元件" 对话框，设置 "名称、类型" 为 "素材 2、影片剪辑"。

2. 单击 确定 按钮。

STEP 03： 设置元件属性

打开"属性"面板，在其中展开"显示"选项。
设置"混合"为"叠加"，为选择的"素材2"
元件设置混合效果。

提个醒　　通过设置混合，可以使用图形重叠
部分出现奇妙的变化。如这里的叠加可以使图
像重叠部分变亮。

调整

STEP 04： 继续添加素材

从"库"面板中将"素材1"图像拖动到舞台中间。
使用"任意变形工具" 调整大小，使其与舞台
匹配。

提个醒　　一张海报需要一个或多个兴趣点或
主体，才能吸引浏览者的注意。

STEP 05： 设置字符格式

1. 选择"文本工具" **T**，打开"属性"面板。
   在其中设置"系列、大小、颜色"为"汉真
   广标、24.0点、#666666"。
2. 使用鼠标在舞台左边绘制一个文本容器，并
   输入文本。

STEP 06： 设置段落格式

1. 选择输入的文本。
2. 在"属性"面板中展开"段落"选项。在其
   中设置"缩进、段后间距"为"45.0像素、
   8.0像素"。

STEP 07： 继续输入文本

1. 在舞台右边上方绘制一个文本容器，在其中输入文本，并使用"任意变形工具" ![icon] 旋转文本。
2. 选择文本，在"属性"面板中设置其"系列、大小、行距、颜色、加亮显示"为"方正粗倩简体、38.0 点、93、#FFFFFF、#993399"。

STEP 08： 输入时间地点

1. 在舞台右边下方绘制一个文本容器，在其中输入文本。
2. 选择文本，在"属性"面板中设置其"系列、大小、颜色、加亮显示"为"方正粗倩简体、21.0 点、#FFFFFF、#993399"。

STEP 09： 新建图层

1. 新建"图层 3"，在舞台中间输入"MONTREAL"文本。
2. 选择文本，在"属性"面板中设置其"系列、大小、颜色"为"方正粗倩简体、95.0 点、#000000"。

STEP 10： 分离文本

1. 复制"图层 3"，选择其中的文本。按两次 Ctrl+B 组合键，分离文本，并选择分离的文本。
2. 选择【窗口】/【颜色】命令，打开"颜色"面板。在"颜色类型"下拉列表框中选择"位图填充"选项。
3. 单击 导入... 按钮，在打开的对话框中选择"背景 .jpg"图像。
4. 在下方的填充列表中单击刚刚选择的图像，填充文本效果。

提个醒　　在"导入"对话框中导入"背景 .jpg"图像时，Flash 将打开"解决库冲突"对话框，在其中选中 ⦿ 不替换现有项目 单选按钮，再单击 确定 按钮。

STEP 11: 柔滑填充边缘

1. 锁定"图层1"~"图层3",选择"图层3复制"图层中的文本,并向左上稍微移动文字,露出黑色的文本,制作出阴影的效果。
2. 选择【修改】/【形状】/【柔化填充边缘】命令,打开"柔化填充边缘"对话框,在其中设置"距离、步长数",并选中 ⊙插入(I) 单选按钮。
3. 单击 确定 按钮。

STEP 12: 设置填充边缘

1. 保持文字的选择状态,在"属性"面板中设置"笔触颜色"为"#FFFFFF"。
2. 设置"笔触"为"0.10"。

提个醒 这里为了将音乐节的名字做得相对显眼,所以为文字填充了白色的边框。

STEP 13: 转换为元件

1. 按F8键,打开"转换为元件"对话框,设置"名称、类型"为"标题、影片剪辑"。
2. 单击 确定 按钮,将标题转换为元件。

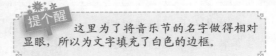

提个醒 这里准备将标题制作为跳动的效果。

STEP 14: 编辑"标题"元件

1. 进入"标题"元件编辑窗口,按两次F6键,插入两个关键帧,选择其中的文本。
2. 选择【窗口】/【变形】命令,打开"变形"面板,在其中设置"缩放宽度、缩放高度"为"110.0%、110.0%"。

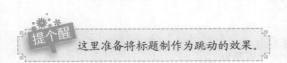

135

72☐
Hours

62
Hours

52
Hours

42
Hours

32
Hours

22
Hours

12
Hours

STEP 15： 翻转帧

1. 按两次 F6 键，插入两个关键帧。在"变形"面板中设置"缩放宽度、缩放高度"为"120.0%、120.0%"。复制第 1~5 帧，选择第 6 帧粘贴帧。

2. 单击鼠标右键，在弹出的快捷菜单中选择"翻转帧"命令。

5.3 练习 1 小时

本章主要介绍了文本的基础操作以及文本的高级操作的方法，用户要想在日常工作中熟练使用，还需再进行巩固练习。下面以制作泰迪熊博物馆背景故事页面为例，进一步巩固这些知识的使用方法。

制作泰迪熊博物馆背景故事页面

本例制作"泰迪熊博物馆背景故事页面"动画文档。首先新建空白文档，在其中绘制形状，并导入素材，最后在其中输入文本，并设置文本格式。最终效果如右图所示。

光盘文件
素材 \ 第 5 章 \ 泰迪熊 . png
效果 \ 第 5 章 \ 泰迪熊博物馆背景故事页面 . fla
实例演示 \ 第 5 章 \ 制作泰迪熊博物馆背景故事页面

读书笔记

72 HOURS

Flash 基础动画的制作

第 6 章

学习 *2* 小时

- ● 制作简单动画
- ● 制作补间动画

用户几乎可以使用 Flash 制作各种各样的动画效果，有些 Flash 动画的制作方法简单，而有些则比较复杂。本章先对 Flash 基础动画的制作进行讲解。

上机 *4* 小时

6.1 制作简单动画

使用 Flash 的目的就是为了制作动画效果，在 Flash 中用户可以使用一帧一帧的方法制作简单的基础动画，也可以通过动画预设快速制作精美的动画。下面分别讲解制作逐帧动画以及使用动画预设制作动画的方法。

学习1小时

🔍 快速了解 Flash 动画基础。　　　　🔍 熟练掌握制作逐帧动画的方法。

🔍 进一步掌握通过动画预设制作动画的方法。

6.1.1 Flash 动画的相关知识

Flash 动画是通过时间轴上对帧的顺序播放，实现各帧中舞台实例的变化而产生动画效果，动画的播放快慢是由帧频控制的。而 Flash 包含的多种类型的动画制作方法，为用户创作精彩的动画内容提供了多种可能。

1. Flash 基本动画类型

Flash 提供了多种方法用来创建动画和特殊效果，通过 Flash 可制作逐帧动画、补间形状动画、传统补间动画和补间动画等。这些方法在 Flash 中经常被使用，且操作起来相对简单。各种动画的特点和效果如下。

🔑 **逐帧动画**：逐帧动画通常由多个连续关键帧组成，通过连续表现关键帧中的对象，从而产生动画的效果。

🔑 **补间形状动画**：补间形状动画是通过 Flash 计算两个关键帧中矢量图形的形状差异，并在关键帧中自动添加变化过程的一种动画类型。

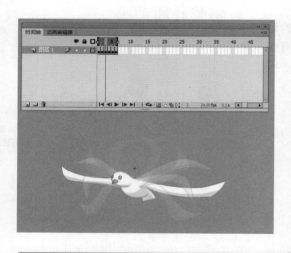

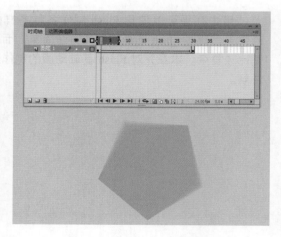

▌ **经验一箩筐——制作补间形状的技巧**

只能为未被组合的矢量图创建补间形状动画，对于文本、元件、对象和组合图形，可以按 Ctrl+B 组合键分离后创建补间形状动画。

🔑 **传统补间动画**：传统补间动画是根据同一对象在两个关键帧中的位置、大小、Alpha和旋转等属性的变化，由 Flash 计算自动生成的一种动画类型，其结束帧中的图形与开始帧中的图形密切相关。

🔑 **补间动画**：使用补间动画可设置对象的属性，如大小、位置和 Alpha 等。补间动画在时间轴中显示为连续的帧范围，默认情况下可以作为单个对象进行选择。

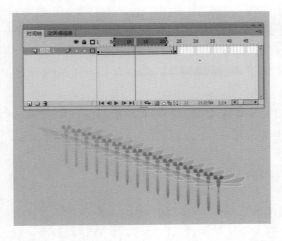

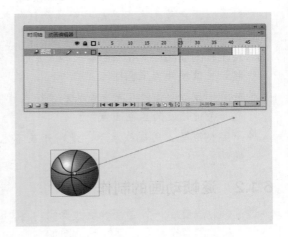

▌ 经验一箩筐——传统补间动画与补间动画的差别

传统补间动画与补间动画虽然名字相似，但其原理和效果都有所区别，二者的差别主要有以下几点：

🔑 传统补间动画使用关键帧，关键帧是其中显示对象的帧。补间动画只能具有一个与之关联的对象实例，并使用属性关键帧，而不是关键帧。

🔑 补间动画在整个补间范围上由一个目标对象组成。

🔑 补间动画和传统补间动画都只允许对特定类型的对象进行补间。在创建补间动画时会将所有不允许的对象类型转换为影片剪辑，而应用传统补间动画会将这些对象类型转换为图形元件。

🔑 在补间动画范围内不允许有帧脚本，而传统补间动画允许存在帧脚本。

🔑 可以在时间轴中对补间动画范围进行拉伸和大小调整，并将其视为单个对象。传统补间动画的时间轴中可分别选择帧和组。

🔑 只有补间动画才能保存为动画预设。在补间动画范围中必须按住 Ctrl 键单击选择帧。

🔑 对于传统补间动画，缓动可应用于补间内关键帧之间的帧组。对于补间动画，缓动可应用于补间动画范围的整个长度。若要仅对补间动画的特定帧应用缓动，则需要创建自定义缓动曲线。

🔑 利用传统补间动画，可以在两种不同的色彩效果（如色调和 Alpha 透明度）之间创建动画。补间动画可以对每个帧应用一种色彩效果。

🔑 只可以使用补间动画来为 3D 对象创建动画，无法使用传统补间动画为 3D 对象创建动画。

🔑 补间动画无法交换元件或设置属性关键帧中显示的图形元件的帧数。应用了这些技术的动画要求使用传统补间动画。

62 Hours
52 Hours
42 Hours
32 Hours
22 Hours
12 Hours

2. 各动画在时间轴中的标识

Flash 通过在包含内容的每个帧中显示不同的指示符来区分时间轴中的逐帧动画和补间动画，如下图所示。各类型动画的时间轴特征如下。

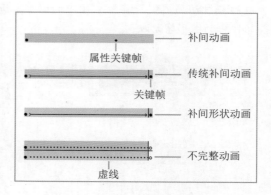

- 🔑 补间动画：是一段具有蓝色背景的帧。范围的第一帧中的黑点表示补间范围分配有目标对象。黑色菱形表示最后一个帧和任何其他属性关键帧。

- 🔑 传统补间动画：带有黑色箭头和浅紫色背景，起始关键帧处为黑色圆点。

- 🔑 补间形状动画：带有黑色箭头和淡绿色背景，起始关键帧处为黑色圆点。

- 🔑 不完整动画：用虚线表示，是断开或不完整的动画。

6.1.2 逐帧动画的制作

逐帧动画在每一帧中都会更改舞台内容，最适合于图像在每一帧中都在变化，而不仅是在舞台上移动的复杂动画。逐帧动画增加文件大小的速度比补间动画快得多。创建逐帧动画，需要将每个帧都定义为关键帧，然后为每个帧创建不同的图像。每个新关键帧最初包含的内容和它前面的关键帧是一样的，因此可以递增地修改动画中的帧。

本例将创建一个少女打网球的逐帧动画，使少女打网球的动作动起来。其具体操作如下：

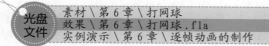

光盘
文件
素材 \ 第 6 章 \ 打网球
效果 \ 第 6 章 \ 打网球.fla
实例演示 \ 第 6 章 \ 逐帧动画的制作

STEP 01： 导入素材

新建一个颜色为 #0099CC，大小为 1500×1200 像素的空白动画文档。再将"打网球"文件夹中的所有图形都导入到"库"面板中。

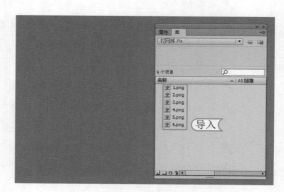

提个醒　　逐帧动画中每帧动画的动作越细腻，帧数越多，动画也就更加精致。

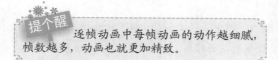

读书笔记

STEP 02： 插入关键帧

1. 在"时间轴"面板中将"帧速率"设置为"12.00fps"。
2. 按 5 次 F7 键，新建 5 个空白关键帧。选择第 1 帧。
3. 单击"绘图纸外观"按钮 🔳。

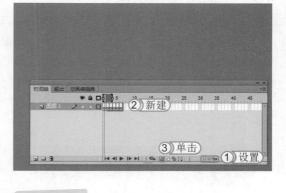

STEP 03： 编辑第 1 帧

从"库"面板中将"1.png"图形移动到舞台中间，并使用"变形"面板调整图形大小。

提个醒　　使用绘图纸功能是为了能更好地调整之后插入的图形大小和位置。绘图纸功能经常在制作逐帧动画时使用。

STEP 04： 编辑第 2~6 帧

使用相同的方法分别在时间轴的第 2~6 帧中添加对应的图形。

提个醒　　在编辑第 3、4 帧时，一定要注意不要让舞台中的图形超出舞台外。如果超出，需要调整其他帧中的图形位置和大小，使其不超出舞台。

STEP 05： 测试动画

按 Ctrl+Enter 组合键测试动画，即可看到舞台中人物开始动起来。

6.1.3 使用动画预设

在 Flash 中，用户可以随心所欲地制作动画效果。但当需要制作一些简单的动画时，用户也可以通过 Flash 预设的一些效果来制作。Flash 提供的都是较常见且制作繁琐的动画效果预设，这使用户能更快地制作出动画效果。对于初学者来说，学会灵活地使用动画预设也是制作出精美 Flash 动画的一个不错选择。

本例将选择雪景动画预设，并通过改变动画预设中的元件，达到更换动画预设背景的效果。其具体操作如下：

光盘
文件
素材＼第 6 章＼下雪背景.jpg
效果＼第 6 章＼下雪.fla
实例演示＼第 6 章＼使用动画预设

STEP 01： 从模板新建

1. 启动 Flash CS6，选择【文件】/【新建】命令，在打开的对话框中选择"模板"选项卡。
2. 设置"类别、模板"为"动画、雪景脚本"。
3. 单击 确定 按钮。

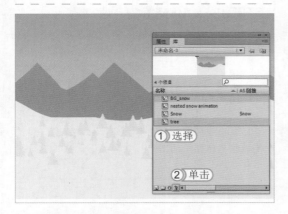

STEP 02： 删除元件

1. 按 Ctrl+L 组合键，打开"库"面板，在其中选择"BG_snow"和"tree"元件。
2. 单击"删除"按钮 。

提个醒　　用户也可直接进入"BG_snow"元件中，将"下雪背景.jpg"图像覆盖于所有图形上方，再返回"场景 1"，继续编辑动画。

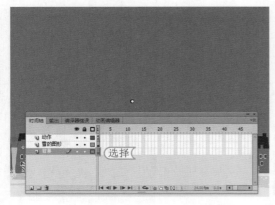

STEP 03： 编辑图层

在"时间轴"面板中删除"说明"图层。选择"背景"图层的第 1 帧。选择【文件】/【导入】/【导入到舞台】命令，在打开的"导入"对话框中，选择"下雪背景.jpg"图像，将图像导入到舞台中，使用"任意变形工具" 调整图像的大小。

STEP 04： 测试动画

按 **Ctrl+Enter** 组合键测试动画，可看到飘雪的效果。

上机 1 小时 ▶ **制作跳舞动作**

🔍 巩固导入序列图片的方法。

🔍 进一步掌握使用 Flash 制作逐帧动画的方法。

本例将新建一个 Flash 文档，并在其中导入素材，制作人物跳舞的动作效果，最终效果如下图所示。

光盘
文件
素材 \ 第 6 章 \ 跳舞
效果 \ 第 6 章 \ 跳舞动作.fla
实例演示 \ 第 6 章 \ 制作跳舞动作

STEP 01： 新建文档

新建一个尺寸为 1300×1020 像素，帧率为 **12.00fps** 的空白文档。按 **Ctrl+R** 组合键，打开"导入"对话框，在其中选择"跳舞背景.jpg"图像导入。将图像移动到舞台中间。

提个醒 若想减慢人物跳动的速度，还可以在创建文档时，将"帧率"设置为"6.00fps"。

STEP 02: 编辑图层

1. 在"时间轴"面板中，选择第 6 帧，按 F5 键插入帧。
2. 新建"图层 2"。

> **提个醒** 因为跳舞的图像只有 6 张，所以这里只需将背景图层的帧数延长到第 6 帧。如有 8 张运动图片，则需延长到第 8 帧。

STEP 03: 导入图层

1. 选择"图层 2"的第 1 帧，按 Ctrl+R 组合键。在打开的对话框中选择"1.png"图像，单击 打开(O) 按钮。
2. 在打开的提示对话框中单击 是 按钮。将素材文件夹中"2.png"～"6.png"图像自动添加到舞台中。

STEP 04: 编辑图像

1. 选择"时间轴"面板，在其中单击"绘图纸"按钮 。
2. 选择"图层 2"的第 1 帧，使用"任意变形工具" 将图像缩小后放置在舞台中间上方。

> **提个醒** 选择图像后，图像中将出现一个光点。

STEP 05: 编辑其他图像

1. 隐藏"图层 1"。
2. 使用相同的方法，使用"任意变形工具" 将第 2~6 帧的图像缩小，并放置在和第 1 帧相同的位置。显示"图层 1"，并测试动画。

> **提个醒** 为了能更精确地调整动画的位置，需要暂时将背景图像隐藏。

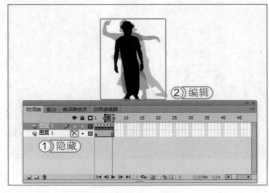

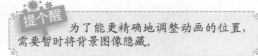

6.2 制作补间动画

使用逐帧动画能制作出细腻的动画效果，但其工程量很大。一般在制作动画时，只会使用少量的逐帧动画。为了弥补逐帧动画的缺陷，软件设计者又设计了补间动画，用户只需制作动画的起始帧和结束帧，其他帧完全由计算机自动生成。补间动画主要分为 3 种类型，下面将分别讲解其制作方法。

学习 1 小时

🔍 掌握补间形状动画的制作方法。

🔍 快速掌握制作传统补间动画和制作补间动画的方法。

6.2.1 补间形状动画的制作

补间形状动画可以在两个关键帧之间为图形或图像创建自然过渡的变形动画效果。创建补间形状动画后，Flash 将自动在两帧的中间创建一个形状变为另一个形状的动画。如果想更细致地控制形状的变化，还可以使用形状提示知道 Flash 起始形状上的哪些点与结束形状上的特定点对应。下面讲解补间形状动画的制作方法。

1. 创建补间形状

补间形状动画适合制作简单的动画效果，为了保证动画效果，用户不使用部分被挖空的形状制作动画。创建补间形状，在时间轴中的一个特定帧上绘制一个矢量形状，然后在另一个特定帧上绘制另一个形状。

本例将创建由 1 变为 2，2 变为 3 的动画。其具体操作如下：

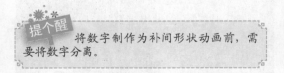

光盘文件　素材＼第 6 章＼数字背景 .jpg
效果＼第 6 章＼数字变化 .fla
实例演示＼第 6 章＼创建补间形状

STEP 01：　新建文档

新建一个尺寸为 1000×707 像素的空白文档。按 Ctrl+R 组合键，在打开的对话框中选择"数字背景 .jpg"图像导入，再将其移动到舞台中间。

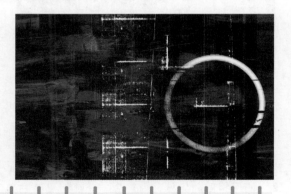

提个醒　将数字制作为补间形状动画前，需要将数字分离。

读书笔记

145

72图
Hours

62
Hours

52
Hours

42
Hours

32
Hours

22
Hours

12
Hours

STEP 02：　制作初始帧

1. 新建"图层 2"，选择"文本工具" **T**，在"属性"面板中设置"文本引擎、系列、大小、颜色"为"**TLF 文本、Tekton Pro**、250.0 点、#FFFFFF"。
2. 使用文本工具在舞台右边输入数字 1。

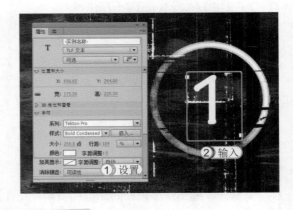

STEP 03：　制作结束帧

1. 选择文字，然后按两次 Ctrl+B 组合键，分离文字。再选择第 20 帧，按 F7 键插入空白关键帧，在舞台上与第 1 帧处相同的位置输入数字 2。使用相同的方法分离数字 2。
2. 选择"图层 1"图层，选择第 50 帧，按 F6 键插入关键帧。

STEP 04：　制作变形数字 3

选择"图层 2"图层，在第 40 帧插入空白关键帧。使用相同的方法输入数字 3，并将其分离。

> **提个醒**
> 在"图层 1"的第 50 帧插入关键帧，而不是在第 40 帧插入关键帧，是为了在循环播放动画时，为变换的数字产生间隔效果。

STEP 05：　创建补间形状

1. 在第 1~19 帧处单击鼠标右键，在弹出的快捷菜单中选择"创建补间形状"命令，便可在第 1~19 帧创建补间动画。
2. 使用相同的方法，为第 20~39 帧创建补间动画。

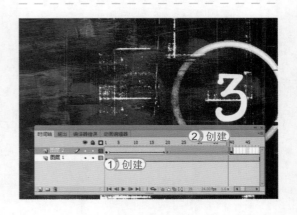

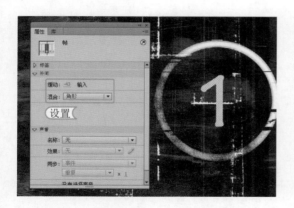

147

72◎
Hours

STEP 06: 设置补间属性

选择第 1~19 帧，在"属性"面板的"补间"栏中设置"缓动、混合"为"-43、角形"。

提个醒 缓动值若为负值，则在补间开始处缓动；若为正值，则在补间结束处缓动。"混合"模式中的"分布式"选项可使形状过渡得更加自然、流畅；"角形"选项可在形状变化过程中保持图形中的棱角。

STEP 07: 测试动画

使用相同的方法，为第 20~39 帧设置属性。按 Ctrl+Enter 组合键测试动画，看到数字从 1 变为 2，2 变为 3。

2. 使用形状提示

使用补间形状动画为形状变形，不一定能得到满意的效果。若要控制更加复杂的形状变化，可以使用形状提示。形状提示会标识起始形状和结束形状中相对应的点，可用 a~z 的字母进行形状标识。

本例将为之前制作的"数字变化 .fla"动画文档，设置 1 和 2 变化过程中的形状提示。其具体操作如下：

62
Hours

52
Hours

42
Hours

光盘文件
素材 \ 第 6 章 \ 数字变化 .fla
效果 \ 第 6 章 \ 添加形状提示 .fla
实例演示 \ 第 6 章 \ 使用形状提示

STEP 01: 添加开始形状提示

1. 打开"数字变化 .fla"动画文档，选择"图层 2"的第 1 帧，选择【修改】/【形状】/【添加形状提示】命令，此时将出现红色"提示 a"。将提示 a 移动到要标记的位置。
2. 执行相同的命令，添加红色"提示 b"移动到要标记位置。

提个醒 按 Ctrl+Shift+H 组合键，也可添加形状提示。

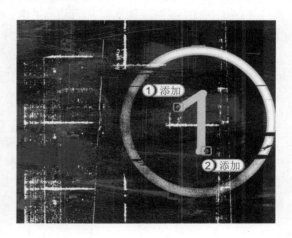

32
Hours

22
Hours

12
Hours

STEP 02： 添加结束形状提示

1. 单击第 20 帧，将绿色提示 a 移动到与第 1 帧 a 对应 b 的位置。
2. 将绿色提示 b 移动到与第 1 帧 b 对应的位置。

提个醒　将形状提示拖离舞台可以将其删除；若选择【修改】/【形状】/【删除所有提示】命令，将删除所有形状提示。

STEP 03： 测试动画

按 **Ctrl+Enter** 组合键，浏览动画会发现 1 变为 2 时，形状发生了变化。

▌ 经验一箩筐——添加形状提示的准则

为确保创建的补间形状动画达到最佳效果，用户应遵循以下原则：

🔑 在创建复杂的形状提示时，要先创建中心形状再创建补间，而不能只定义起始和结束形状。

🔑 要确保形状提示的顺序相同，不能一个关键帧是 abc，另一个关键帧是 cab。

🔑 如果添加的形状提示是按逆时针顺序从形状左上角开始摆放，这样得到的效果将最理想。

6.2.2　传统补间动画的制作

Flash 中的传统补间动画与补间动画类似，但在某种程度上，其创建过程更为复杂，也不那么灵活。不过，传统补间动画所具有的某些类型的动画控制功能是补间动画所不具备的。

动画中的变化是在关键帧中定义的。在传统补间动画中，可以在动画的重要位置定义关键帧，Flash 会创建关键帧之间的帧内容，由于 Flash 文档会保存每一个关键帧中的形状，所以只应在插图中有变化的位置处创建关键帧。

1. 创建传统补间动画

Flash 可以为实例、组和类型创建传统补间动画，并且可以设置实例、组和类型的位置、大小、旋转和倾斜。另外，还可以设置实例和类型的颜色、创建渐变的颜色切换或使实例淡入或淡出。如果要为组或类型创建传统补间，必须先将其变为元件。

本例将使用传统补间动画制作风筝在天上飘动的效果。其具体操作如下：

光盘
文件

素材 \ 第 6 章 \ 风筝飞舞
效果 \ 第 6 章 \ 风筝飞舞 . f l a
实例演示 \ 第 6 章 \ 创建传统补间动画

STEP 01： 新建文档

1. 新建一个尺寸为 1000×673 像素的空白动画
   文档。按 **Ctrl+R** 组合键，在打开的对话框中
   选择"背景 .jpg"图像导入，再将其移动到舞
   台中间。然后在第 30 帧插入关键帧。
2. 新建"图层 2"。

提个醒　若要创建补间动画，在创建动画的
图层中只能有一个项目。

72 ⌧
Hours

STEP 02： 新建元件

1. 选择"图层 2"的第 1 帧，将"风筝 .png"
   图像导入到舞台中，选择导入的图像。
2. 按 **F8** 键，打开"转换为元件"对话框，在其
   中设置"名称、类型"为"风筝、图形"，
   单击 确定 按钮。

提个醒　要创建传统补间动画的对象，一定
要先将其转换为元件。

62
Hours

52
Hours

STEP 03： 旋转、移动元件

1. 使用"任意变形工具" 旋转元件，并将其
   移动到舞台右边。
2. 选择第 14 帧，按 **F6** 键插入关键帧，继续使
   用"任意变形工具" 旋转元件。在第 30
   帧插入关键帧，在其中继续旋转元件。

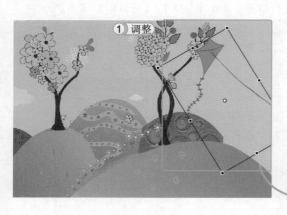

42
Hours

32
Hours

提个醒　这里移动的幅度越大，制作播放时
风筝的飘动幅度也就越大。

22
Hours

12
Hours

STEP 04： 插入传统补间动画

1. 选择"图层 2"的第 1 帧，选择【插入】/【传统补间】命令，为第 1~14 帧创建传统补间动画。

2. 选择第 15 帧，使用相同的方法为第 15~29 帧创建传统补间动画。

提个醒　　用户也可以在需要插入关键帧的帧上单击鼠标右键，在弹出的快捷菜单中选择"创建传统补间"命令。

STEP 05： 测试动画

按 Ctrl+Enter 组合键测试动画，可看见风筝在天空中飘动。

经验一箩筐——粘贴传统补间属性

在包含要复制的传统补间的时间轴中选择帧（所选的帧必须位于同一层上，但其范围不必只限于一个传统补间，可选择一个补间、若干空白帧或多个补间），选择【编辑】/【时间轴】/【复制动画】命令。选择接收所复制的传统补间的元件实例，选择【编辑】/【时间轴】/【选择性粘贴动画】命令，在打开的对话框中可设置要粘贴的动画项目，如位置、大小、滤镜和混合模式等。

2. 设置传统补间动画

为了使制作的动画更加生动，在创建传统补间时，通过对关键帧处元件的属性进行相应设置，可以创建移动、缩放、旋转、颜色和明暗变化等效果。除了设置元件属性外，也可以对补间的属性进行设置。

选择创建传统补间动画的任意帧后，打开如右图所示的"属性"面板，在其中即可对传统补间添加旋转、缓动、缓入 / 缓出等附加效果。该面板中各选项含义如下。

🔑 缓动：用于设置动画运动的速率。将鼠标光标移动到"缓动"后的数字上，当鼠标光标变为🐾形状时左右拖动鼠标，可调整其大小。当数值为 0 时，表示正常播放；为负值时，将先慢后快地运动；为正值时，将先快后慢地运动。

🔑 **旋转**：用于设置动画中元件对象在运动过程中的旋转方向以及次数。

🔑 **贴紧**：当动画文档中有辅助线时，选中该复选框，可使元件对象和辅助线贴紧。

🔑 **调整到路径**：如果舞台中绘制了运动路径，选中该复选框。元件对象将跟随着运动路径的方向调整运动方向。

🔑 **同步**：选中该复选框，可使元件实例的动画和主时间轴同步。

🔑 **缩放**：在制作元件有缩放的效果时，选中该复选框，元件会随着帧的移动变化大小。未选中该复选框，元件播放到有缩放的帧时才会变化大小。

问题小贴士

问：在为元件编辑缓动时，能不能根据动画的剧情来自定义缓动效果？

答：可以，想要自定义编辑缓动效果，只需在补间的"属性"面板中单击"编辑缓动"按钮✐，打开"自定义缓入/缓出"对话框。该对话框中显示了一个表示运动程度随时间而变化的坐标图。水平轴表示帧；垂直轴表示变化的百分比。第一个关键帧表示为0%；最后一个关键帧表示为100%。图形曲线的斜率表示对象的变化速率，曲线水平时，变化速率为零；曲线垂直时，变化速率最大，即完成变化。

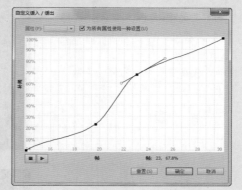

6.2.3 补间动画的制作

补间动画是通过为一个帧中的对象属性指定一个值，并为另一个帧中的相同属性指定另一个值创建的动画。Flash自动计算这两个帧之间该属性的值。创建补间动画的对象类型包括影片剪辑、图形、按钮元件以及文本字段。

▌经验一箩筐——补间动画中补间范围和属性关键帧的作用

补间动画中的补间范围和属性关键帧，与传统补间和补间形状动画有一定的区别，其作用分别如下。

🔑 **补间范围**：是时间轴中的一组帧，其舞台上对象的一个或多个属性可以随着时间而改变，补间范围在时间轴中显示为具有蓝色背景的单个图层中的一组帧。可将这些补间范围作为单个对象进行选择，并从时间轴中的一个位置拖到另一个位置，包括拖到另一个图层，在每个补间范围中，只能对舞台上的一个目标对象进行动画处理。

🔑 **属性关键帧**：是在补间范围中为补间目标对象显示定义一个或多个属性值的帧，定义的每个属性都有自己的属性关键帧。如果在单个帧中设置了多个属性，则其中每个属性的属性关键帧会驻留在该帧中。用户可以在动画编辑器中查看补间范围的每个属性及其属性关键帧。

62
Hours

52
Hours

42
Hours

32
Hours

22
Hours

12
Hours

1. 创建补间动画

使用补间动画可以快速生成元件运动的效果，所以，想对图形或者图像编辑制作补间动画，必须先将其转换为元件。需要注意的是，在补间动画中从始至终只会出现一个元件。

本例首先将新建一个空白动画文档，再使用补间动画制作一个流星从空中飞过的动画效果。其具体操作如下：

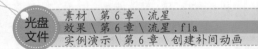

光盘
文件
素材 \ 第 6 章 \ 流星
效果 \ 第 6 章 \ 流星.fla
实例演示 \ 第 6 章 \ 创建补间动画

STEP 01： 新建文档

1. 新建一个尺寸为 1000×625 像素，颜色为 "#000000" 的空白动画文档。导入 "背景.jpg" 图像，再将其移动到舞台中间，然后选择【插入】/【新建元件】命令，打开 "创建新元件" 对话框，在其中设置 "名称、类型" 为 "流星、图形"。
2. 单击 确定 按钮。

STEP 02： 新建元件

1. 按 Ctrl+R 组合键，导入 "流星.png" 图像，选择【插入】/【新建元件】命令，打开 "创建新元件" 对话框，在其中设置 "名称、类型" 为 "流星划过、影片剪辑"。
2. 单击 确定 按钮。

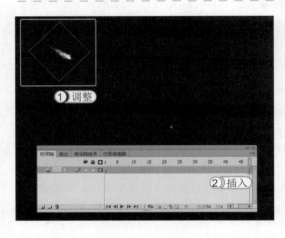

STEP 03： 编辑元件

1. 在 "库" 面板中将 "流星" 元件移动到舞台中。使用 "任意变形工具" 缩小并旋转元件，然后将其移动到舞台左上角。
2. 在时间轴上选择第 48 帧，按 F5 键插入帧。

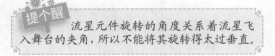

提个醒
流星元件旋转的角度关系着流星飞入舞台的夹角，所以不能将其旋转得太过垂直。

STEP 04： 创建补间动画

1. 在时间轴上分别选择第 20 帧和第 48 帧，再按 F6 键。为这两帧插入属性关键帧。
2. 选择第 48 帧，使用鼠标将流星元件右下拖动，此时，将出现绿色的节点路径。

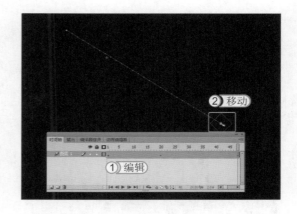

提个醒　在移动流星元件时，应该尽量向右下拖动，因为这是流星的飞行轨迹。此外，在拖动时需要使绿色的节点路径与流星的尾巴平行，这样播放时才不会太过奇怪。

STEP 05： 使用元件

返回主场景，从"库"面板中，将"流星划过"元件移动到舞台左上角处。按 Ctrl+Enter 组合键测试动画。

153

72 ☑
Hours

62
Hours

52
Hours

42
Hours

32
Hours

22
Hours

12
Hours

读书笔记

2. 编辑补间动画的运动路径

为了使制作出的动画更加符合需求，用户还可以对补间动画的运动路径进行编辑。常使用的编辑补间动画的路径方法有以下几种。

🔑 更改补间对象的位置：编辑运动路径最简单的方法是在补间范围的任何帧中移动补间的目标实例。将播放头放在要移动的目标实例所在的帧中，使用"选择工具" ▶ 将目标实例拖到舞台上的新位置。

🔑 在舞台上更改运动路径的位置：可在舞台上拖动整个运动路径，也可在属性检查器中设置其位置。用"选择工具" ▶ 选择路径，然后将鼠标光标移动到路径上，拖动运动路径至合适位置。

🔑 使用"选择工具" ▶ 编辑路径的形状：使用"选择工具" ▶ 通过拖动的方式可以编辑运动路径的形状。将鼠标光标移动到路径线上，当鼠标光标变为 ▶ 形状时，按住左键拖动更改路径的形状。

🔑 使用"任意变形工具" ▦ 编辑路径：使用"任意变形工具" ▦ 选择运动路径（不要单击补间目标实例），可以进行缩放、倾斜或旋转操作。

▌经验一箩筐——自定义笔触

可将来自其他图层或其他时间轴的笔触作为运动路径，其方法为：从不同于补间图层的图层中选择笔触，然后将其复制到剪贴板，并且笔触一定不能是闭合的，应是不间断的笔触。在时间轴中选择补间范围，在补间范围保持选择的状态下，粘贴笔触。Flash 将笔触作为选定补间范围的新运动路径进行应用。这样，补间的目标实例将沿着新笔触移动。若要反转补间的起始点和结束点的方向，可以在时间轴的补间范围内单击鼠标右键，然后在弹出的快捷菜单中选择【运动路径】/【反向路径】命令。

🔑 使用"部分选取工具" ▶ 编辑路径的形状：使用"部分选取工具" ▶ 可以更改运动路径的曲线形状，在运动路径线端点处单击添加控制手柄，然后拖动控制手柄更改曲线形状。

🔑 删除路径：使用"选择工具" ▶ 在舞台上单击运动路径将其选择，然后按 Delete 键删除补间中的运动路径。

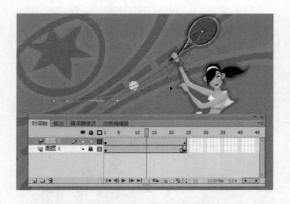

┃ 经验一箩筐——使用浮动属性关键帧

浮动属性关键帧是与时间轴中的特定帧无任何联系的关键帧。可通过调整浮动关键帧的位置，使整个补间中的运动速度保持一致。若要为整个补间启用浮动关键帧，可以在时间轴中的补间范围中单击鼠标右键，在弹出的快捷菜单中选择【运动路径】/【将关键帧切换为浮动】命令。若要为单个属性关键帧启用浮动，可以在"动画编辑器"面板中的属性关键帧单击鼠标右键，在弹出的快捷菜单中选择"浮动"命令。

3. 使用时间轴中的补间范围

在 Flash 中创建动画时，首先在时间轴中设置补间范围。通过在图层和帧中对各个对象进行初始排列，可以在属性检查器或动画编辑器中编辑补间属性来完成补间。

（1）选择补间动画中的范围和帧

若要在时间轴中选择补间范围和帧，可执行如下操作：

🔑 若要选择整个补间范围，可单击该范围。

🔑 若要选择多个补间范围（包括非连续范围），可按住 Shift 键单击每个范围。

🔑 若要选择补间范围内的单个帧，可按住 Ctrl 键单击该范围内的帧。

🔑 若要选择范围内的多个连续帧，可在按住 Ctrl 键的同时在范围内拖动。

🔑 若要选择不同图层上多个补间范围中的帧，可按住 Ctrl 键并跨多个图层拖动。

🔑 若要选择补间范围中的单个属性关键帧，可按住 Ctrl 键并单击该属性关键帧。然后，可将其拖到一个新位置。

读书笔记

72🕐
Hours

62
Hours
▲

52
Hours
▲

42
Hours
▲

32
Hours
▲

22
Hours
▲

12
Hours

（2）编辑补间动画中的范围和帧

在时间轴中选择了需要编辑的范围和帧后，用户就可以开始对其进行编辑。常用的编辑方法有如下几种。

🔑 移动、复制或删除补间范围：选择补间范围拖动鼠标可以移动；按住 Alt 键的同时将选择的范围移动到新位置，可以直接复制范围；选择补间范围并单击鼠标右键，在弹出的快捷菜单中选择"删除帧"或"清除帧"命令。

🔑 编辑相邻的补间范围：拖动两个连续补间范围之间的分隔线，将重新计算每个补间；按住 Alt 键的同时拖动第二个范围的起始帧，可以分隔两个连续补间范围的相邻起始帧和结束帧。

🔑 编辑补间范围的长度：拖动补间范围的右边缘或左边缘，可以更改补间长度。或选择位于同一图层中的补间范围之后的某个帧，然后按 F6 键。

🔑 将补间动画转换为逐帧动画：可以将补间动画转换为逐帧动画。在补间范围中单击鼠标右键，在弹出的快捷菜单中选择"转换为逐帧动画"命令。

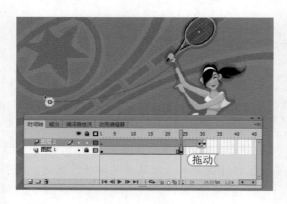

经验一箩筐——合并动画补间范围

若要合并两个连续的补间范围，可选择这两个范围，单击鼠标右键，在弹出的快捷菜单中选择"合并动画"命令。

🔑 删除补间范围中的帧：若要从某个范围删除帧，可以按住Ctrl键的同时拖动，以选择帧，然后单击鼠标右键，在弹出的快捷菜单中选择"删除帧"命令。

🔑 替换或删除补间的目标实例：选择补间范围，然后将新元件从"库"面板拖动到舞台上，打开"替换当前补间目标"对话框，单击 确定 按钮替换实例。

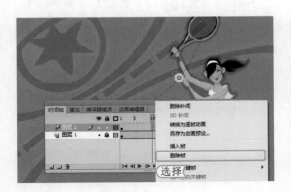

▌上机1小时 ▶ 制作汽车行驶动画

🔍 巩固制作补间动画的方法。

🔍 进一步掌握编辑补间动画的方法。

　　本例将新建一个Flash动画文档，在其中导入素材，并新建元件、绘制运动路径制作补间动画。使用户在预览动画时，可以看到汽车在地图上沿公路行驶的动作，最终效果如下图所示。

光盘
文件
素材 \ 第6章 \ 汽车行驶
效果 \ 第6章 \ 汽车行驶.fla
实例演示 \ 第6章 \ 制作汽车行驶动画

STEP 01: 新建文档

1. 新建一个尺寸为 1000 × 658 像素的空白动画文档。按 Ctrl+R 组合键，打开"导入"对话框，在其中选择"地图.png"图像导入。将图像移动到舞台中间，并在第60帧插入关键帧。

2. 新建"图层2"。

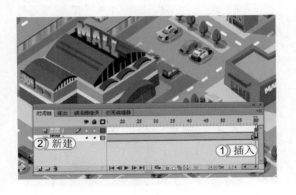

62
Hours
▲

52
Hours
▲

42
Hours
▲

32
Hours
▲

22
Hours
▲

12
Hours
▲

STEP 02： 新建元件

1. 选择"图层 2"的第 1 帧。按 Ctrl+R 组合键，将"汽车 .png"图像导入到舞台中，并调整其大小和方向。
2. 选择导入的图像，按 F8 键，打开"转换为元件"对话框，在其中设置"名称、类型"为"汽车、图形"。
3. 单击 确定 按钮。

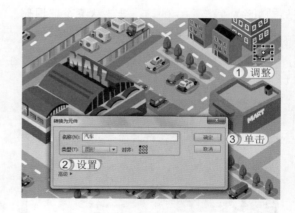

STEP 03： 创建补间动画

1. 选择【插入】/【补间动画】命令，创建补间动画。选择第 60 帧，按 F6 键，插入属性关键帧。
2. 使用鼠标将汽车元件移动到最后停放的位置。

提个醒 本例制作的汽车会沿着公路最终行驶到停车场中。

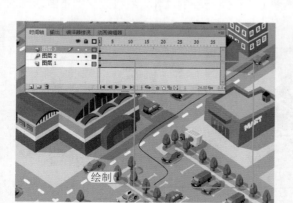

STEP 04： 绘制运动路径

新建"图层 3"，使用黑色的"铅笔工具" ，在舞台中绘制出汽车行驶的路线。

提个醒 绘制运动路径只能使用铅笔工具，所以用户可能需要多次尝试绘制运动路径。

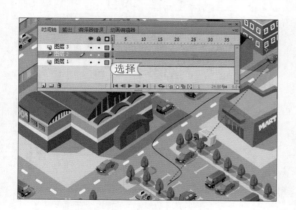

STEP 05： 复制路径

使用"选择工具" ，选择绘制的路径。按 Ctrl+C 组合键复制路径，再选择"图层 2"的第 1 帧，选择所有的补间。

提个醒 在选择补间时，一定要选择整个补间范围。若是只选择补间中的某帧，则粘贴路径的操作将无效。

STEP 06： 粘贴路径

按 Ctrl+Shift+V 组合键粘贴路径，使补间路径与绘制的路径完全重合。

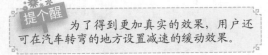

提个醒　为了得到更加真实的效果，用户还可在汽车转弯的地方设置减速的缓动效果。

STEP 07： 设置补间属性

在"属性"面板中选中 ☑调整到路径 复选框，使元件在路径上运动时，会根据路径调整角度。删除"图层 3"，去掉绘制的铅笔路径。

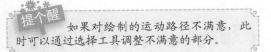

提个醒　如果对绘制的运动路径不满意，此时可以通过选择工具调整不满意的部分。

6.3　练习 2 小时

本章主要介绍了简单点动画和补间动画的制作方法，用户要想在日常工作中熟练使用，还需再进行巩固练习，下面以制作篮球宣传动画和制作蜻蜓飞舞动画为例，进一步巩固这些知识的使用方法。

1. 练习 1 小时：制作篮球宣传动画

本例将应用补间动画创建一个"篮球"动画，该动画的特点是模拟打篮球过程的运行速度和状态。通过制作主要练习补间动画的创建、应用缓动编辑补间动画属性的操作。最终效果如下图所示。

光盘
文件
素材＼第 6 章＼篮球
效果＼第 6 章＼篮球宣传动画.fla
实例演示＼第 6 章＼制作篮球宣传动画

62
Hours

52
Hours

42
Hours

32
Hours

22
Hours

12
Hours

② 练习 1 小时：制作蜻蜓飞舞动画

本例将根据提供的图形素材，制作蜻蜓在花丛中飞舞的动画效果，通过制作主要练习绘制运动路径制作补间动画和逐帧动画的方法。其最终效果如下图所示。

光盘文件

素材\第 6 章\蜻蜓
效果\第 6 章\蜻蜓飞舞.fla
实例演示\第 6 章\制作蜻蜓飞舞动画

读书笔记

动画

72 HOURS

Flash 高级动画的制作

第 **7** 章

学习 **2** 小时

在学习了使用 **Flash** 制作简单动画的方法后，为了实现一些更加奇特的动画效果，用户可通过图层动画制作动画效果，并通过"动画编辑器"面板编辑、调整动画效果。本章将主要对这些知识进行讲解，使用户制作出更符合实际需要、更精美的动画效果。

- 制作图层动画
- 使用"动画编辑器"面板编辑动画

上机 **3** 小时

7.1　制作图层动画

在 Flash 动画中想得到特殊的动画效果并不一定需要通过补间动画，用户还可以考虑使用图层动画方法来获得这些动画效果。Flash 中的图层动画有遮罩动画以及引导动画两种，二者的作用和效果都有所不同，应用引导和遮罩图层创建的动画被称为图层动画。下面对这两种动画的操作方法进行讲解。

学习 1 小时

- 🔍 了解遮罩动画的作用和效果。
- 🔍 掌握遮罩和引导动画的制作方法。
- 🔍 熟练掌握遮罩和引导图层的创建。

7.1.1　认识遮罩动画

若要获得聚光灯效果和过渡效果，可以使用遮罩图层创建一个孔，通过这个孔可以看到下面的图层。遮罩项目可以是填充的形状、文字对象、图形元件的实例或影片剪辑。将多个图层组织在一个遮罩图层下可创建复杂的效果。

遮罩动画由遮罩图层和被遮罩图层组成，缺一不可。遮罩图层位于上方，是用于确定显示区域的图层；被遮罩图层位于遮罩图层下方，两种图层之间不能有其他图层间隔，遮罩图层是用于放置待显示图像的图层。如下图所示为使用遮罩动画前和使用遮罩动画后的效果。

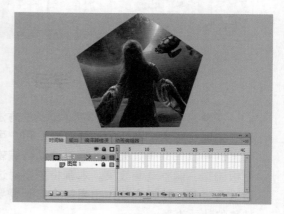

为了达到制作特效动画的作用，用户一般都需要为遮罩图层创建动画，也可以为被遮罩图层创建动画。对于用作遮罩的填充形状，可以使用补间形状动画；对于类型对象、图形实例或影片剪辑，可以使用补间动画。

在制作遮罩动画时，为了使效果完美，一定要将被遮罩的主要对象放置在遮罩图形下方。需要注意的是，一个遮罩图层只能对一个图层中的对象进行遮罩，如果想制作复杂的遮罩效果就需要多使用几个遮罩图层和被遮罩图层。

▌ **经验一箩筐——使用遮罩图层的注意事项**

遮罩图层上的对象不能使用 3D 工具，且使用 3D 工具的图层也不能作为遮罩图层。3D 工具的使用将在第 8 章中进行讲解。

7.1.2 创建遮罩动画

通过改变图层的属性，用户可以轻松地制作遮罩动画。遮罩动画在 Flash 剧情动画、Flash 商品广告动画中被很广泛地使用，遮罩是作为一个合格的动画制作师必须掌握的一种动画方式。

本例将新建动画文档，并导入素材，最后新建元件和补间动画，用于遮罩动画。使绵羊身上的花纹随着时间的变化而变化。其具体操作如下：

光盘文件
素材 \ 第 7 章 \ 绵羊
效果 \ 第 7 章 \ 绵羊.fla
实例演示 \ 第 7 章 \ 创建遮罩动画

STEP 01： 新建文档

新建一个颜色为 #FFFFCC，大小为 1200×850 像素的空白动画文档。按 Ctrl+R 组合键，在打开的对话框中将"背景 .png"图像导入到"库"面板中。

提个醒 引导图层只能在传统补间动画中创建，对于补间动画，则不能使用引导图层。所以一般会对被遮罩图层使用补间动画。

STEP 02： 新建元件

1. 选择【插入】/【新建元件】命令，打开"创建新元件"对话框，在其中设置"名称、类型"为"皮肤、影片剪辑"。
2. 单击 确定 按钮。

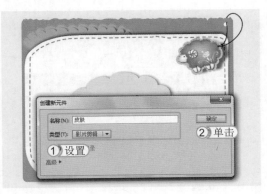

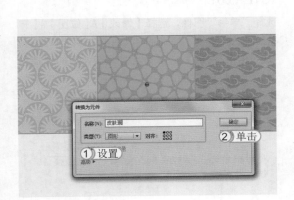

STEP 03： 编辑元件

1. 进入元件编辑窗口，在其中导入"皮肤 .png"图像。按 F8 键，打开"转换为元件"对话框，设置"名称、类型"为"皮肤源、图形"。
2. 单击 确定 按钮。

提个醒 因为接下来将制作补间动画，所以必须将导入的图像转换为元件。

163

72▨
Hours

62
Hours

52
Hours

42
Hours

32
Hours

22
Hours

12
Hours

STEP 04： 创建补间动画

1. 选择【插入】/【补间动画】命令，选择第 100 帧，按 F6 键，在第 100 帧插入属性关键帧。
2. 选择图像，使用鼠标将其向左边移动。

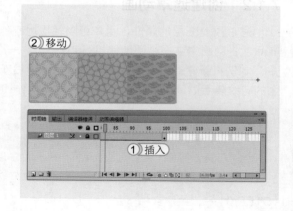

> **提个醒** 将皮肤元件向左边移动是为了制作出皮肤移动变换的效果。

STEP 05： 编辑遮罩图层

1. 按 Ctrl+R 组合键，选择导入"羊毛 .ai"图像，将导入图像后生成的"图层 1"，重命名为"图层 2"，并调整其大小，使其大小与皮肤元件高度相同。
2. 根据羊毛的位置，调整"图层 1"中第 100 帧，皮肤元件的位置，使蓝色区域位于"羊毛"图像下方。

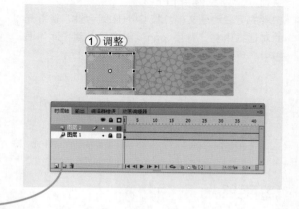

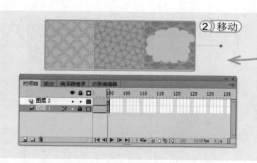

> **提个醒** 由于导入的是一个 AI 文件，所以在导入时，Flash 将会打开一个提示对话框，只需单击 确定 按钮即可。

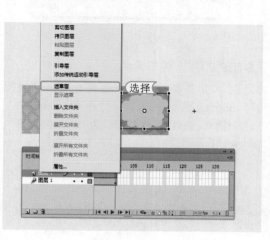

STEP 06： 创建遮罩图层

选择"羊毛"图像，选择【修改】/【位图】/【转换位图为矢量图】命令，将羊毛图像转换为矢量图。在"图层 2"上单击鼠标右键，在弹出的快捷菜单中选择"遮罩层"命令。将"图层 2"转换为遮罩图层，"图层 1"将变为被遮罩图层。

> **提个醒** 双击"图层 2"，在打开的"图层属性"对话框中选中 ⊙遮罩层(M) 单选按钮，单击 确定 按钮，也可将"图层 2"转换为遮罩图层。

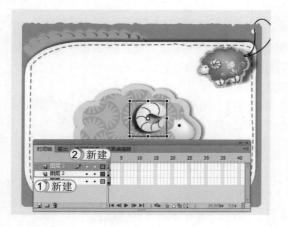

STEP 07： 应用动画素材

1. 返回"场景1"，新建"图层2"。从"库"面板中，将"羊毛"元件移动到舞台中间羊的身上，并缩放其大小。

2. 新建"图层3"，将"羊角.png"图像导入到舞台中，缩放图像大小将其移动到羊头的位置。

读书笔记

STEP 08： 测试动画

按 **Ctrl+Enter** 组合键测试动画。可见羊毛将会移动进行显示。

提个醒　　并不是所有位于遮罩图层下方的图层都会自动转换为被遮罩图层，如果遮罩图层下方的图层不是遮罩图层，可将其转换为被遮罩图层。其方法是：双击需要转换为被遮罩图层的图层，在打开的"图层属性"对话框中选中 ⊙ 被遮罩(A) 单选按钮，单击 确定 按钮。

经验一箩筐——断开被遮罩图层和遮罩图层的链接

在编辑遮罩动画时出现误操作，将不需要作为被遮罩图层的图层与遮罩图层链接起来时，可断开被遮罩图层和遮罩图层的链接。其方法是：选择需要断开链接的被遮罩图层，将其拉离遮罩图层范围，此时，图层下方或上方将出现一条黑线，释放鼠标，即可断开被遮罩图层和遮罩图层的链接。

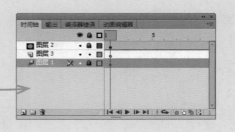

165

72☑
Hours

62
Hours

52
Hours

42
Hours

32
Hours

22
Hours

12
Hours

7.1.3 创建引导图层

运动引导层通过绘制路径，可以使补间实例、组或文本块沿着这些路径运动，与通过绘制运动路径制作补间动画的效果相似。但创建引导图层可以将多个层链接到一个运动引导层，使多个对象沿同一条路径运动。链接到运动引导层的常规层就成为引导层，除此之外引导层上的线条不会在动画播放时出现，所以不需要另外删除。

引导动画必须具备两个条件：一是路径，二是在路径上运动的对象。一条路径上可以有多个对象运动，引导路径都是一些静态线条，在播放动画时路径线条不会显示。

1. 创建单图层引导动画

拖动创建引导图层，并在引导图层中为传统补间动画中的实例绘制引导线，可以创建补间动画。

本例将新建一个空白动画文档，然后导入素材，通过创建引导动画制作鸟儿正在飞行的效果。其具体操作如下：

> **光盘文件**
> 素材 \ 第 7 章 \ 小鸟
> 效果 \ 第 7 章 \ 小鸟飞行 .fla
> 实例演示 \ 第 7 章 \ 创建引导动画

STEP 01： 新建文档

新建一个尺寸为 1024×768 像素，颜色为 #00CCCC 的空白动画文档。按 Ctrl+R 组合键，将"小鸟"文件夹中的图像都导入到"库"面板中。再从"库"面板中将"背景 .png"图像移动到舞台中。

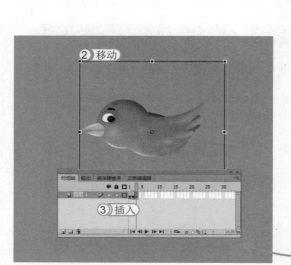

STEP 02： 制作元件

1. 选择【插入】/【新建元件】命令，打开"创建新元件"对话框，设置"名称、类型"为"鸟飞行、影片剪辑"，单击 确定 按钮。
2. 进入元件编辑窗口，从"库"面板中将"1.png"图像移动到舞台中间。
3. 按两次 F6 键，插入两个关键帧。然后再插入空白帧，从"库"面板中将"2.png"图像移动到舞台中间。按两次 F6 键，插入两个关键帧。

STEP 03： 创建传统补间

1. 返回"场景1"，新建"图层2"，在第1帧处导入"鸟飞行"元件，然后在"图层1"和"图层2"的第60帧处插入关键帧。
2. 在"图层2"的第1~59帧处单击鼠标右键，在弹出的快捷菜单中选择"创建传统补间"命令，创建传统补间动画。

STEP 04： 创建引导图层

1. 在"图层3"上单击鼠标右键，在弹出的快捷菜单中选择"添加传统引导图层"命令，创建引导图层。
2. 选择"引导层"图层的第1帧，在引导层上使用"铅笔工具" 绘制一条曲线，作为飞行路径。

STEP 05： 绑定实例

在第1帧处拖动"鸟飞行"元件到曲线左端，使其紧贴到引导线上。在第60帧处拖动元件到曲线右端，使其紧贴到引导线上。

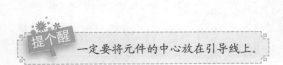

一定要将元件的中心放在引导线上。

STEP 06： 设置引导属性

1. 选择"图层2"中的传统补间区间，在"属性"面板中的"补间"栏中设置"缓动、旋转"为"74、无"。
2. 选中☑贴紧 和 ☑调整到路径 复选框。

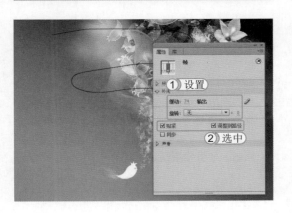

167

72□
Hours

62
Hours

52
Hours

42
Hours

32
Hours

22
Hours

12
Hours

STEP 07： 测试动画

按 **Ctrl+Enter** 组合键，测试动画。可看到小鸟沿着引导层中的线条飞行。

2. 创建多图层引导动画

除了创建一个引导图层引导一个层的引导动画外，为了简化动画图层的结构。用户还可以将多个层链接到一个运动引导层，使多个对象沿同一条路径运动。

本例将新建一个空白文档，在其中输入文本并利用引导多图层的方法，将输入的文字沿着运动路径移动。其具体操作如下：

> **光盘文件**
> 素材 \ 第 7 章 \ 等待背景 . jpg
> 效果 \ 第 7 章 \ 等待界面 . fla
> 实例演示 \ 第 7 章 \ 创建多图层引导动画

STEP 01： 新建文档

新建一个尺寸为 **1000×665** 像素，颜色为 **#00CCCC** 的空白动画文档。按 **Ctrl+R** 组合键，在打开的对话框中将"等待背景 .jpg"图像导入到舞台中，然后锁定"图层 1"。

> 提个醒 使用"钢笔工具" 绘制运动路径可以更好地控制线条形状。

STEP 02： 创建引导图层

1. 新建"图层 2"，选择"文本工具" **T**，设置"字体、字号、颜色"为"汉仪娃娃篆简、38 点、**#FFFFFF**"，在"图层 2"中输入文本。
2. 在"图层 2"上单击鼠标右键，在弹出的快捷菜单中选择"添加传统运动引导层"命令，创建引导层。在引导层上，使用"钢笔工具" 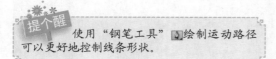 绘制一条引导曲线。

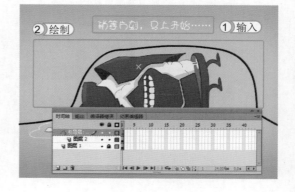

STEP 03: 分散图层

1. 选择文本，按 Ctrl+B 组合键分离文字为对象。
2. 选择【修改】/【时间轴】/【分散到图层】命令，将文字对象分散到各个图层。

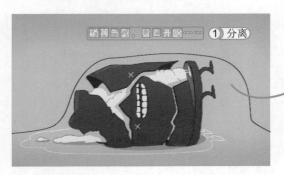

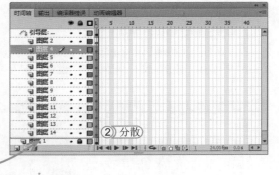

提个醒　按 Ctrl+Shift+D 组合键，也可以将图层中的文本分散到图层。

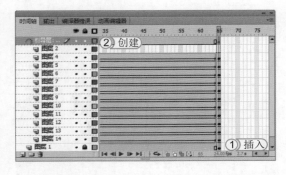

STEP 04: 创建传统补间

1. 按住 Shift 键，选择"引导层"、"图层 1"、"图层 4"～"图层 14"中的第 65 帧，按 F6 键插入关键帧。
2. 选择"图层 4"～"图层 14"的 1~64 帧，分别为其创建传统补间。

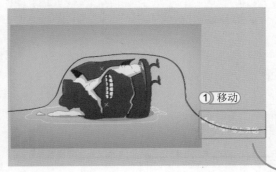

STEP 05: 绑定实例

1. 将文本图层中的第 1 帧文字对象拖放到引导线右端紧贴。
2. 将文本图层中的第 65 帧文字对象拖放到引导线左端紧贴。

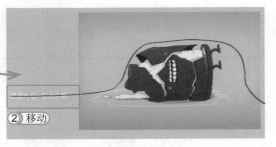

读书笔记

62
Hours

52
Hours

42
Hours

32
Hours

22
Hours

12
Hours

STEP 06： 设置动画属性

1. 选择文本图层中的补间动画区域。
2. 在"属性"面板中选中 ☑调整到路径 复选框。
3. 在"时间轴"面板中设置"帧率"为"12.00fps"。

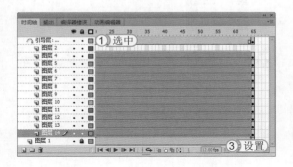

提个醒 用户也可逐个地选择文本图层中的
补间动画区域，再设置"属性"面板。

STEP 07： 测试动画

按 **Ctrl+Enter** 组合键测试动画，可看见输入的文
字跟随着绘制的路径运动。

上机 1 小时 ▶ 制作拉伸动画

🔍 巩固补间动画的创建方法。

🔍 进一步掌握应用遮罩图层创建动画效果的方法。

　　本例将为导入的位图制作拉伸动画效果，使图像以拉伸的效果进入屏幕。制作中将应用多
层遮罩和补间动画，最终效果如下图所示。

光盘文件

素材 \ 第7章 \ 拉伸背景.jpg
效果 \ 第7章 \ 拉伸效果.fla
实例演示 \ 第7章 \ 制作拉伸动画

STEP 01： 新建文档

新建一个尺寸为1280×800像素，颜色为#999999的空白动画文档。按Ctrl+R组合键，将"拉伸背景.jpg"图像导入到舞台上。

STEP 02： 创建元件实例

在舞台上选择位图，按F8键将其转换为图形元件，将其命名为"拉伸"。打开"属性"面板，单击 🔗 按钮解锁宽度值和高度值。设置"宽、高"为"2560.00、800.00"。

> **提个醒** 制作拉伸效果时，需要将宽度设置为原图形的两倍宽。

STEP 03： 创建补间动画

打开"对齐"面板，在其中单击"左对齐"按钮 📏，将元件与舞台左边对齐。在第1帧处单击鼠标右键，在弹出的快捷菜单中选择"创建补间动画"命令，创建补间。

> **提个醒** 通过快捷菜单创建补间动画，默认情况下会创建一个有24帧的补间动画。

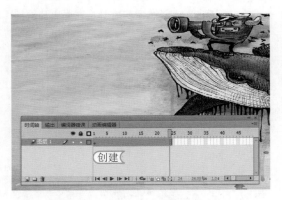

STEP 04： 将实例与舞台对齐

1. 选择第60帧，按F6键插入属性关键帧。
2. 打开"对齐"面板，在其中单击"右对齐"按钮 📏，使元件与舞台右对齐。

> **提个醒** 如果想使拉伸动作变得更慢一些，可以将属性关键帧插入在更后面一些的时间轴上。

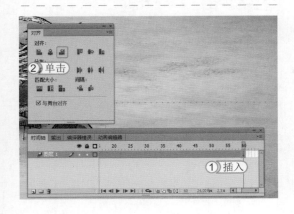

171

72 ☑
Hours

62
Hours

52
Hours

42
Hours

32
Hours

22
Hours

12
Hours

STEP 05： 设置补间属性

选择补间范围，在"属性"面板中设置"缓动"为"100"。

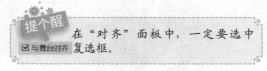

提个醒　在"对齐"面板中，一定要选中 ☑ 与舞台对齐 复选框。

STEP 06： 绘制图形

1. 锁定"图层 1"。
2. 新建"图层 2"，选择第 1 帧。使用"矩形工具" ▢ 绘制一个和场景大小相同的颜色为"#00CCFF"的矩形。

提个醒　在绘制矩形时，为了绘制方便。用户可先将"图层 1"隐藏。

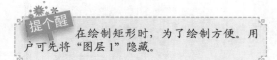

STEP 07： 创建遮罩图层

1. 在"图层 2"上单击鼠标右键，在弹出的快捷菜单中选择"属性"命令，打开"图层属性"对话框，在其中选中 ◉ 遮罩层(M) 单选按钮。
2. 设置其为遮罩图层，单击 ▢ 确定 按钮。

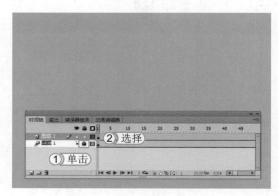

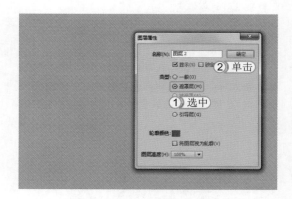

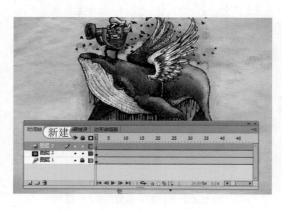

STEP 08： 创建元件实例

新建"图层 3"，从"库"面板中拖入前面创建的"拉伸"元件到舞台中，并对齐舞台。

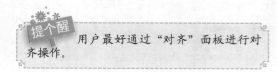

提个醒　用户最好通过"对齐"面板进行对齐操作。

STEP 09： 制作遮罩元件

1. 锁定"图层3"。
2. 新建"图层4"，绘制一个矩形，然后转换为图形元件，并命名为"矩形"。设置大小为 4×800像素，与舞台左对齐。

提个醒 绘制的矩形将被制作为第2层遮罩效果。

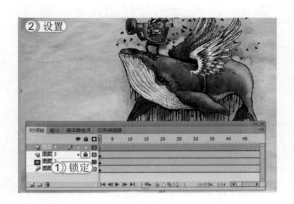
②设置
①锁定

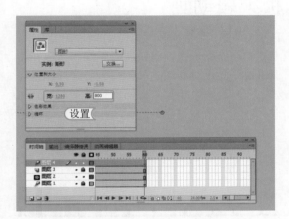
设置

STEP 10： 创建补间动画

选择矩形实例，单击鼠标右键，在弹出的快捷菜单中选择"创建补间动画"命令。在第60帧处插入属性关键帧。在"属性"面板中设置"宽、高"为"1280、800"，并使其与舞台左对齐。

提个醒 在面板中输入选项值后，有时Flash会自动对输入的值进行微小的调整。

STEP 11： 设置补间属性

选择补间范围，在"属性"面板中设置"缓动"为"100"。

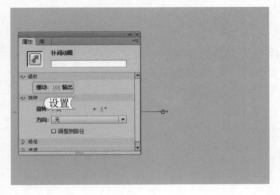
设置

提个醒 通过这种多层次遮罩图层，并创建遮罩图层动画或被遮罩图层动画，可以制作多种动画效果，如百叶窗、卷轴、瀑布和波浪等。

STEP 12： 创建遮罩

1. 在"图层4"上单击鼠标右键，在弹出的快捷菜单中选择"属性"命令，打开"图层属性"对话框，选中 ◉遮罩层(M) 单选按钮。
2. 单击 确定 按钮。

②单击
①选中

173

72☑
Hours

62
Hours

52
Hours

42
Hours

32
Hours

22
Hours

12
Hours

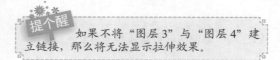

STEP 13： 建立链接

选择"图层 3"，将其向"图层 4"拖动。当出现一条黑线时，释放鼠标。将"图层 3"与"图层 4"建立遮罩效果链接。

提个醒 如果不将"图层 3"与"图层 4"建立链接，那么将无法显示拉伸效果。

7.2　使用"动画编辑器"面板编辑动画

　　在 Flash 中虽然可使用"属性"面板对所制作的补间动画、遮罩动画和引导动画等进行设置，但其设置的属性往往不够精确。对于质量要求较高的动画作品来说，只使用"属性"面板并不能完全满足需求。此时，用户就可以通过"动画编辑器"面板对动画的关键帧进行详细调整。下面讲解使用"动画编辑器"面板编辑动画的方法。

学习 1 小时

🔍 快速认识"动画编辑器"面板。 　　　　🔍 熟练掌握设置属性关键帧。
🔍 灵活运用动画编辑器设置缓动效果。

7.2.1　认识"动画编辑器"面板

　　通过"动画编辑器"面板可以查看所有补间属性及其属性关键帧，此面板中还提供了向补间添加精度和详细信息的工具。在时间轴中创建补间后，动画编辑器允许以多种不同的方式来控制补间。选择【窗口】/【动画编辑器】命令，打开"动画编辑器"面板。使用动画编辑器可以进行以下操作：

🔑 设置各属性关键帧的值。

🔑 添加或删除各个属性的属性关键帧。

🔑 将属性关键帧移动到补间内的其他帧。

🔑 将属性曲线从一个属性复制并粘贴到另一个属性。

🔑 翻转各属性的关键帧。

🔑 重置各属性或属性类别。

🔑 使用贝塞尔控件对大多数单个属性的补间曲线形状进行微调。

🔑 添加或删除滤镜或色彩效果并调整其设置。

🔑 向各个属性和属性类别添加不同的预设缓动。

🔑 创建自定义缓动曲线。

🔑 将自定义缓动添加到各个补间属性和属性组中。

🔑 对 X、Y 和 Z 属性的各个属性关键帧启用浮动。通过浮动，可以将属性关键帧移动到不同的帧或在各个帧之间移动以创建流畅的动画。

添加或删除关键帧　　播放头　　属性曲线区域

动画编辑器面板各标注：
属性　　值　　缓动　　关键帧　　曲线图

基本动画
X　　475.2 像素
Y　　398.4 像素
旋转 Z　　0
转换
色彩效果
滤镜
缓动

上一关键帧和　　属性值　　重置值
下一关键帧

"动画编辑器"面板中各个选项作用如下。

🔑 播放头：用于显示当前动画的播放位置。

175

🔑 属性曲线区域：当选择时间轴上的补间范围或舞台中的补间对象以及运动路径后，动画编辑器将会显示该补间的属性曲线，调整曲线即可对动画效果进行干涉。

🔑 添加或删除关键帧：在时间轴上选择需要添加关键帧的帧，单击"动画编辑器"面板中关键帧栏下的 ʌ 按钮，可添加关键帧；在时间轴上选择关键帧，单击"动画编辑器"面板中关键帧栏下的 ◇ 按钮，可删除关键帧。

🔑 属性值：用于显示当前帧的各项属性参数值，参数可直接进行编辑。

🔑 重置值：单击参数后的 ↺ 按钮，可将当前参数值设置为上一关键帧的数值。

🔑 上一关键帧和下一关键帧：单击"上一关键帧"按钮 ◁Ι，跳转到当前关键帧的上一关键帧；单击"下一关键帧"按钮 Ι▷，跳转到当前关键帧的下一关键帧。

7.2.2 使用动画编辑器编辑属性曲线

选择时间轴中的补间范围或者舞台上的补间对象或运动路径后，动画编辑器即会在网格上显示该补间的属性曲线，该网格表示发生选定补间的时间轴的各个帧。在时间轴和动画编辑器中，播放头将始终出现在同一帧编号中。

动画编辑器使用每个属性的二维图形表示已补间的属性值，每个属性都有自己的图形，每个图形的水平方向表示时间，垂直方向表示对属性值的更改。特定属性的每个属性关键帧将显示为该属性的属性曲线上的控制点。

在动画编辑器中通过添加属性关键帧并使用标准贝塞尔控件处理曲线，使用户可以精确控制大多数属性曲线的形状。使用 X、Y 和 Z 属性，可以在属性曲线上添加和删除控制点，但不能使用贝塞尔控件。在更改某一属性曲线的控制点后，图像将立即显示在舞台上。

62
Hours
▲

52
Hours
▲

42
Hours
▲

32
Hours
▲

22
Hours
▲

12
Hours

读书笔记

1. 控制动画编辑器显示

在动画编辑器中，可以控制需显示的属性曲线以及每条属性曲线的大小。单击属性类别旁边的三角形，以展开或折叠该类别。在动画编辑器底部的"可查看的帧"字段中输入要显示的帧数，可以跳转到该帧。单击属性名称可以切换某条属性曲线的展开视图与折叠视图。使用动画编辑器底部的"图形大小"和"展开的图形大小"字段可以调整展开视图和折叠视图的大小。从面板选项菜单中选择"显示工具提示"命令，可以启用或禁用工具提示。

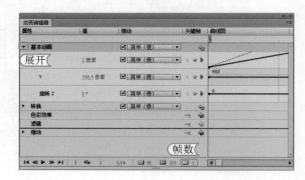

2. 编辑属性曲线的形状

通过动画编辑器可以使用标准贝塞尔控件精确控制补间的每条属性曲线的形状（X、Y 和 Z 除外）。使用这些控件与使用选择工具或钢笔工具编辑笔触的方式类似。通过直接使用属性曲线，用户可以创建复杂曲线以实现复杂的补间效果；在属性关键帧上调整属性值；沿整条属性曲线增加或减小属性值；向补间添加附加关键帧；将各个属性关键帧设置为浮动或非浮动；拖动可以更改两个控制点之间的曲线段的形状；在曲线上单击鼠标右键，在弹出的快捷菜单中选择"重置属性"命令可重置为静态，若选择"翻转关键帧"命令，可翻转属性补间的方向。

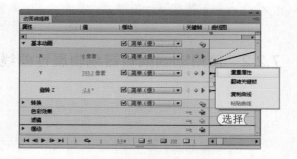

▍ 经验一箩筐——使用属性关键帧

为每个图形添加、删除和编辑属性关键帧，可以编辑属性曲线的形状。常用调整属性关键帧的方法如下：

- 若要从属性曲线中删除某个属性关键帧，可按住 Ctrl 键并单击属性曲线中属性关键帧的控制点。

- 若要在转角点模式与平滑点模式之间切换控制点，可按住 Alt 键并单击控制点。

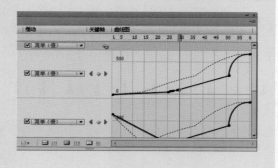

经验一箩筐——调整关键帧的注意事项

当某一控制点处于平滑点模式时，其贝塞尔手柄将会显现，并且属性曲线将作为平滑曲线经过该点。当控制点是转角点时，属性曲线在经过控制点时会形成拐角，不显现转角点的贝塞尔手柄。

3. 使用动画编辑器编辑常见补间属性

在动画编辑器中除编辑属性曲线外，还可以编辑补间的位置以及缩放、倾斜、色彩和滤镜等效果。下面讲解常用的编辑补间属性的方法。

🔑 **基本动画**：基本动画主要用于编辑补间范围中任何帧中实例在舞台中的位置，包括X、Y、Z方向的位置，可通过拖动文本或输入新数值来更改其位置。当"缓动"值为"无缓动"时，才能进行设置。

🔑 **色彩效果**：用于为补间范围中任何帧处的实例添加色彩效果。在"色彩效果"选项中单击➕按钮，在弹出的下拉列表中可以选择高级颜色，并对其设置。

🔑 **转换**：转换用于编辑补间范围中任何帧中实例在X、Y方向上的倾斜和缩放值。通过拖动文本或输入新数值可以更改其属性。当"缓动"值为"无缓动"时，才能进行设置。

🔑 **滤镜**：用于为补间范围中任何帧处影片剪辑实例添加滤镜。在"滤镜"选项中单击"添加颜色、滤镜或缓动"按钮➕，在弹出的下拉列表中可以选择滤镜样式，并对其设置。

经验一箩筐——使用贝塞尔空间编辑属性曲线

可以使用标准贝塞尔控件控制补间的每条属性曲线的形状，从而更精确地编辑补间属性。

62
Hours

52
Hours

42
Hours

32
Hours

22
Hours

12
Hours

7.2.3　设置缓动属性

缓动是用于修改 Flash 计算补间中属性关键帧之间的属性值的一种技术。如果不使用缓动，Flash 在计算这些值时，会使对值的更改在每一帧中都相同。如果使用缓动，则可以分别调整，从而实现更自然、更复杂的动画。

缓动是应用于补间属性值的数学曲线。补间的最终效果是补间和缓动曲线中属性值范围组合的结果。

如在制作篮球运动动画时，让篮球在到达抛物线的顶点时减慢速度，然后快速下降，如果不使用缓动，在整体篮球运动的过程中将是均速运动，体现不出真实的运动效果。

在 Flash 中编辑缓动的方法有两种，其操作方法如下。

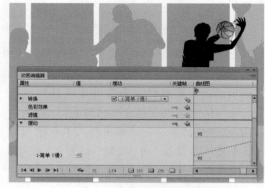

🔑 **在动画编辑器中选择缓动效果**：若要在动画编辑器中使用缓动，请将缓动曲线添加到选择补间可用的缓动列表中，然后对所选的属性应用缓动设置。对属性应用缓动时，会显示一个叠加到该属性的图形区域的虚线曲线。该虚线曲线显示补间曲线对该补间属性的实际值的影响。在"缓动"选项中单击 ⊞ 按钮，在弹出的下拉列表中选择需要的缓动效果。

🔑 **在动画编辑器中编辑缓动曲线**：在动画编辑器中，可以编辑预设缓动曲线的属性及创建自定义缓动曲线。若要编辑预设缓动曲线，可在缓动名称旁边的字段中设置缓动的值。若要编辑自定义缓动曲线，可将自定义缓动曲线的实例添加到缓动列表，然后使用与编辑 Flash 中其他贝塞尔曲线相同的方法编辑该曲线。

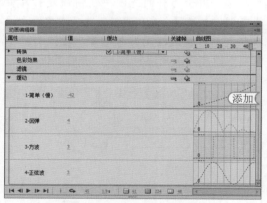

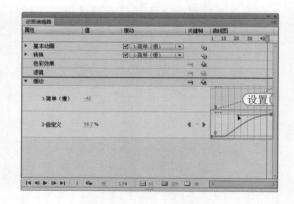

▎ **经验一箩筐——在属性检查器中缓动补间的所有属性**

使用属性检查器对补间应用缓动时，缓动将影响补间中包括的所有属性。属性检查器应用简单（慢）缓动曲线，动画编辑器中也提供该曲线：在时间轴中或舞台上的运动路径中选择补间，在属性检查器中，从"缓动"菜单中选择要应用的缓动，在"缓动值"字段中输入缓动的强度值。

上机1小时 ▶ 制作毛球落地动画

🔍 巩固补间动画的创建。

🔍 进一步掌握使用动画编辑器编辑补间动画的方法。

　　本例将新建一个空白动画，在其中导入素材，制作补间动画。最后通过"动画编辑"面板编辑调整补间动画，最终效果如下图所示。

光盘文件	素材 \ 第7章 \ 毛球落地
	效果 \ 第7章 \ 毛球落地 .fla
	实例演示 \ 第7章 \ 制作毛球落地动画

STEP 01： 新建文档

1. 新建一个尺寸为 1205×760 像素，颜色为 #999999 的空白动画文档。按 Ctrl+R 组合键，将"背景 .png"图像导入到舞台中。选择第 35 帧，按 F6 键插入关键帧。

2. 新建"图层 2"。

STEP 02： 导入素材

1. 选择"图层 2"的第 1 帧，在其中导入"毛球 1.png"图像，并缩放其大小。

2. 新建"图层 3"，选择第 1 帧，在其中导入"毛球 2.png"图像。缩放其大小，将其移动到舞台外的右边。

179

72 🔲
Hours

62
Hours

52
Hours

42
Hours

32
Hours

22
Hours

12
Hours

STEP 03： 转换为元件

1. 选择导入的"毛球 2.png"图像，按 F8 键。
   打开"转换为元件"对话框，在其中设置"名
   称、元件"为"毛球、图形"。
2. 单击 确定 按钮。

STEP 04： 创建补间动画

1. 选择【插入】/【补间动画】命令，选择第 35
   帧，按 F6 键，插入属性关键帧。
2. 使用鼠标将"毛球 2"元件向下移动。

提个醒 在拖动"毛球 2"元件时，一定要在
按住 Shift 键的同时进行拖动，且"毛球 2"元
件要与"毛球 2"图形底部对齐。

STEP 05： 添加属性关键帧

1. 在时间轴上选择所有的补间范围，选择【窗
   口】/【动画编辑器】命令，打开"动画编
   辑器"面板，设置"可查看的帧"为"35"。
2. 在"动画编辑器"面板中，将播放头移动
   到第 28 帧上。
3. 展开"基本动画"层，在"关键帧"栏下的"x"
   参数后，单击 按钮，在第 28 帧添加属性
   关键帧。

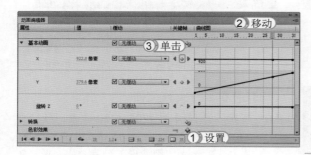

STEP 06： 移动元件

在舞台中将元件向上稍微移动一些，使元件在第
28 帧处稍微减速。

提个醒 由于毛球在接触地面时，表面的毛
对物体有一定的支撑力，所以落地时速度应该
变慢一些。

读书笔记

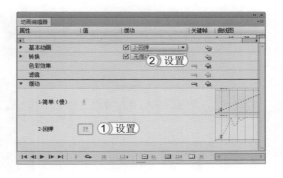

STEP 07： 添加缓动类型

单击"缓动"层中的"添加颜色、滤镜和缓动"按钮 🔜，在弹出的下拉列表中选择"回弹"选项。将"回弹"缓动类型添加到缓动列表。

提个醒
使用"回弹"缓动类型，可以制作物体掉落在地面上弹跳的效果。

STEP 08： 应用缓动类型

1. 在缓动列表中设置"回弹"的值为"19"。
2. 设置"基础动画"层为"回弹"，此时动画中的补间动画将会被应用"回弹"缓动效果。

7.3 练习1小时

本章主要介绍了图层动画和"动画编辑器"面板的使用方法，用户要想在日常工作中熟练使用，还需再进行巩固练习，下面以制作海浪效果和制作蜗牛滚动动画为例，进一步巩固这些知识的使用方法。

62
Hours

52
Hours

42
Hours

32
Hours

22
Hours

12
Hours

1. 制作海浪效果

本例将通过遮罩图层制作海浪效果，首先新建影片剪辑元件，在元件编辑窗口中绘制形状，创建补间动画。返回主场景，导入素材并复制图层，最后创建遮罩图层，最终效果如下图所示。

光盘文件
素材 \ 第7章 \ 海浪背景.jpg
效果 \ 第7章 \ 海浪.fla
实例演示 \ 第7章 \ 制作海浪效果

2. 制作蜗牛滚动动画

　　本例将制作蜗牛滚动动画，首先导入素材，新建图层并制作元件。创建补间动画，调整运动路径，再在"动画编辑器"面板中添加属性关键帧，调整属性关键帧位置，添加缓动类型。再次新建图层，使用相同的方法新建第二段补间动画。最终效果如下图所示。

光盘
文件

素材＼第7章＼蜗牛滚动
效果＼第7章＼蜗牛滚动.fla
实例演示＼第7章＼制作蜗牛滚动动画

读书笔记

动画

72 HOURS

骨骼动画与3D动画的制作

第 8 章

学习 2 小时

- 骨骼动画的制作
- 3D 动画的制作

　　用户在日常生活和工作中经常接触到的使用
Flash 制作的动画都是绘制的动画，而为了追求更
加逼真的效果，用户可以制作 3D 动画或骨骼动画。
在 Flash CS6 中，为用户提供了简单易操作的编辑
方法。本章将对 3D 动画和骨骼动画的制作方法
进行讲解。

上机 3 小时

8.1 骨骼动画的制作

Flash 动画中出现的人物行走这类动画，一般都很少使用工程量浩大的逐帧动画制作，而是会选择使用骨骼动画进行制作。使用骨骼动画制作运动的物体时，并不需要专门针对物体的各个部分单独制作骨骼，这样就减少了制作时间。下面讲解骨骼动画的制作方法。

学习 1 小时

- 快速了解骨骼动画。
- 进一步掌握编辑骨骼和对象的基本操作。
- 熟练掌握骨骼工具的基本操作。

8.1.1 认识骨骼动画

骨骼动画也叫反向运动，是使用骨骼关节结构对一个对象或彼此相关的一组对象进行动画处理的方法。使用骨骼后，元件实例和形状对象可以按复杂而自然的方式移动，即只需做很少的设计工作。如通过反向运动可以更加轻松地创建人物动画，如胳膊、腿和面部表情。

在 Flash 中也可以向单独的元件实例或单个形状的内部添加骨骼。在一个骨骼移动时，与启动运动的骨骼相关的其他连接骨骼也会移动。使用反向运动进行动画处理时，只需指定对象的开始位置和结束位置。通过反向运动，可以使制作的动画运动更加自然。

骨骼链称为骨架。在父子层次结构中，骨架中的骨骼彼此相连。骨架可以是线性的或分支的。源于同一骨骼的骨架分支称为同级；骨骼之间的连接点称为关节。

在 Flash 中可以按两种方式创建骨骼动画，其方法如下。

🔑 **第一种方式**：向形状对象的内部添加骨架，可以在合并绘制模式或对象绘制模式中创建形状。通过骨骼，可以移动形状的各个部分并对其进行动画处理，而无需绘制形状的不同版本或创建补间形状。如向简单的蛇图形添加骨骼，以使蛇逼真地移动和弯曲。

🔑 **第二种方式**：通过添加将每个实例与其他实例连接在一起的骨骼，用关节连接一系列的元件实例。骨骼允许元件实例连接在一起移动。如有一组影片剪辑，其中的每个影片剪辑都表示人体的不同部分，若将躯干、上臂、下臂和手连接在一起，可以创建逼真移动的胳膊；可以创建一个分支骨架以包括两个胳膊、两条腿和头。

8.1.2 添加骨骼

在向形状或元件添加骨骼时，Flash 将形状或元件以及关联的骨架移动到时间轴中的新图层。此新图层称为姿势图层。每个姿势图层只能包含一个骨架及其关联的实例或形状。

Flash 中包括两个用于处理 IK 的工具。使用骨骼工具可以向元件和形状添加骨骼；使用绑定工具可以调整形状对象的各个骨骼和控制点之间的关系。

可以在时间轴中或使用 ActionScript 3.0 对骨架及其关联的形状或元件进行动画处理。通过在不同帧中为骨架定义不同的姿势，在时间轴中进行动画处理。Flash 自动在中间的帧中插入骨架的位置。

使用骨骼工具为对象实例添加骨骼，其对象可以是形状，也可以是元件。下面将讲解向形状添加骨骼以及向元件添加骨骼的方法。

1. 对形状添加骨骼

对于形状，可以向单个形状的内部添加多个骨骼，这不同于元件实例（每个实例只能有一个骨骼），还可以向在"对象绘制"模式下创建的形状添加骨骼。

向单个形状或一组形状添加骨骼。任意情况下，在添加第一个骨骼之前必须选择所有形状。然后将骨骼添加到所选内容后，Flash 将所有的形状和骨骼转换为 IK 形状对象，并将该对象移动到新的姿势图层。需要注意的是，在某个形状转换为 IK 形状后，将无法再与 IK 形状外的其他形状合并。

本例将新建空白动画文档，并使用骨骼工具对形状添加骨骼运动动画，使添加骨骼动画的长颈鹿脖子向下弯曲。其具体操作如下：

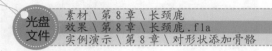

光盘文件
素材 \ 第 8 章 \ 长颈鹿
效果 \ 第 8 章 \ 长颈鹿.fla
实例演示 \ 第 8 章 \ 对形状添加骨骼

STEP 01： 新建文档

1. 新建一个尺寸为 1200×823 像素的空白动画文档。按 Ctrl+R 组合键，将"长颈鹿背景.png"图像导入到舞台中，锁定"图层 1"。
2. 新建"图层 2"。

提个醒 为了不影响之后的操作，一定要先将"图层 1"锁定。

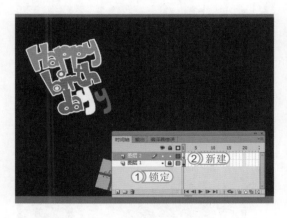

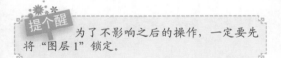

STEP 02： 缩放图形

1. 选择"图层 2"的第 1 帧，将"长颈鹿 2.png"图像导入到舞台中。
2. 选择导入的图像，打开"变形"面板，在其中设置"缩放宽度、缩放高度"为"30.0%、30.0%"。

STEP 03： 将图像转换为矢量图

1. 新建"图层 3"，选择第 1 帧。将"长颈鹿 1.png"图像导入到舞台中，使用之前的方法设置"缩放宽度、缩放高度"为"30.0%、30.0%"，并与长颈鹿身体接合。
2. 选择【修改】/【位图】/【转换位图为矢量图】命令，在打开的对话框中设置"颜色阈值、最小区域"为"5、50 像素"，单击 确定 按钮。

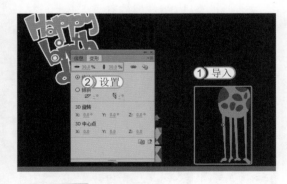

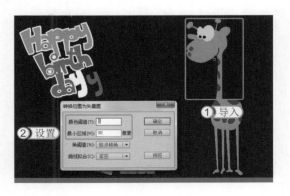

提个醒 如果是用户绘制的矢量动画,这里就不再需要执行"转换"命令。此外,为形状添加骨骼时,若是太复杂的形状,Flash 会提示用户需要将对象转换为影片剪辑。

STEP 04: 创建骨骼

1. 选择"骨骼工具" ,将鼠标光标移动到长颈鹿脖子底部,向上拖动至脖子三分之一处,绘制第一个骨骼。

2. 继续拖动鼠标向上至脖子三分之二的位置,释放鼠标绘制第二个骨骼。使用相同的方法,绘制第三个骨骼。

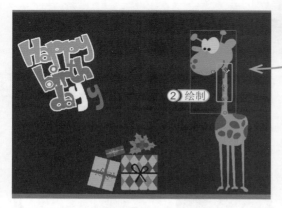

提个醒 若要使用骨骼动画,FLA 文件必须在"发布设置"对话框的"Flash"选项卡中将 ActionScript 3.0 指定为"脚本"选项。

STEP 05: 插入姿势

1. 选择"图层 1"、"图层 2"中的第 50 帧,按 F6 键插入姿势。

2. 选择"骨架_1"图层的第 25 帧,按 F6 键,插入姿势。

提个醒 在骨架图层中,选择需要插入关键帧的帧后,单击鼠标右键,在弹出的快捷菜单中选择"插入姿势"命令。

STEP 06: 调整骨骼

选择"选择工具" 。使用鼠标拖动绘制的第一个骨骼向左下方移动,调整骨架的整体位置。使用相同的方法调整第二个、第三个骨骼。

提个醒 为了使动作效果合理,最好从第一个骨骼开始,依次向后调整骨骼。

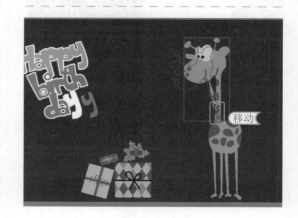

STEP 07： 继续编辑骨骼

1. 在骨骼动画的第 50 帧插入姿势。
2. 使用"选择工具" ↖ 移动编辑骨骼，并调整图像位置。

提个醒 由于由位图转换的矢量图结构不稳定，所以制作出的部分帧会产生闪烁的效果。如果是直接使用矢量图制作，就不会出现这样的情况。

STEP 08： 测试动画

按 Ctrl+Enter 组合键，测试动画。可见长颈鹿的脖子在向下弯曲。

经验一箩筐——关于姿势图层

添加第一个骨骼时，Flash 将形状转换为 IK 形状对象，并将其移动到时间轴中的新图层，新图层称为姿势图层。与指定骨架关联的所有骨骼和 IK 形状对象都驻留在姿势图层中。每个姿势图层只能包含一个骨架。Flash 向时间轴中现有的图层之间添加新的姿势图层，以保持舞台上对象的堆叠顺序。

读书笔记

62
Hours

52
Hours

42
Hours

32
Hours

22
Hours

12
Hours

2. 向元件添加骨骼

用户除对图形添加骨骼外，还可以向影片剪辑、图形和按钮元件实例添加 IK 骨骼。如果要使用文本，需要首先将其转换为元件。

本例将打开"卡通人物.fla"动画文档，再将其中的元件素材添加到舞台中，为其添加骨骼，使卡通人物可以运动、跳舞。其具体操作如下：

光盘
文件

素材 \ 第 8 章 \ 卡通人物 .fla
效果 \ 第 8 章 \ 卡通人物 .fla
实例演示 \ 第 8 章 \ 向元件添加骨骼

STEP 01: 打开文档

打开"卡通人物 .fla"动画文档，并按 Ctrl+L 组合键，打开"库"面板。

> **提个醒**　骨架中的第一个骨骼是根骨骼，显示为一个圆围绕骨骼头部。

STEP 02: 组合对象

从"库"面板中，将其中的所有图形元件都移动到舞台中，并组合为对象。

> **提个醒**　用户若想不组合对象时调整添加元件的排列位置，可先拖入手脚，再拖入身体，最后拖入头部。

组合

STEP 03: 添加骨骼

1. 选择所有对象，选择"骨骼工具" ✐。使用鼠标在"身体"元件上方向下拖动，绘制根骨骼。
2. 使用鼠标从第一个骨骼末尾，向右边拖动绘制第二根骨骼，将其作为子骨骼。

① 绘制

② 绘制

> **提个醒**　默认情况下，Flash 将每个元件的变形点移动到由每个骨骼连接构成的连接位置。对于根骨骼，变形点移动到骨骼头部。对于分支中的最后一个骨骼，变形点移动到骨骼的尾部。

> **提个醒**　在添加骨骼之前，元件实例可以在不同的图层上，添加骨骼时，Flash 将它们移动到新的骨架图层。

STEP 04： 排列对象

使用相同的方法，创建其他子骨骼。使用选择工具选择除头部以外的元件，使用【修改】/【排列】命令，在弹出的子菜单中选择相应的排列命令，调整元件的堆放位置。

STEP 05： 调整骨架位置

1. 选择"骨架_2"图层的第 20 帧，按 F6 键插入姿势。使用选择工具调整人物手脚的位置。
2. 在第 40 帧插入姿势，调整人物手脚的位置。

读书笔记

STEP 06： 测试动画

按 Ctrl+Enter 组合键测试动画，可看到舞台中的人物正在跳舞。

8.1.3 编辑 IK 骨架和对象

创建骨骼后，还可以对其进行编辑，如选择骨骼和关联对象、删除骨骼、重新调整骨骼和对象的位置、移动骨骼，下面分别进行介绍。

1. 选择骨骼和关联的对象

要编辑骨架和关联的对象，必须先对其进行选择，Flash 中常用选择骨骼和关联对象的方法如下。

62
Hours

52
Hours

42
Hours

32
Hours

22
Hours

12
Hours

🔑 选择单个骨骼：使用"部分选取工具" ![] 单击骨骼即可选择单个骨骼，并且在"属性"面板中将显示骨骼属性。

🔑 选择相邻骨骼：在属性面板中单击"父级"按钮 ⬆、"子级"按钮 ⬇，可以将所选内容移动到相邻骨骼。

🔑 选择骨骼形状：使用"部分选取工具" ![] 单击骨骼形状可选择整个骨骼形状。在"属性"面板中将显示骨骼属性。

🔑 选择元件：若要选择连接到骨骼的元件实例，单击该实例即可，并且"属性"面板中将显示实例属性。

▌ 经验一箩筐——选择所有骨骼

使用"选择工具" ![] 双击某个骨骼，可以选择骨架中的所有骨骼，并且在属性检查器中将显示所有骨骼的属性。单击姿势图层中包含骨架的帧，也可以选择整个骨架，并显示骨架的属性及其姿势图层。

经验一箩筐——编辑骨架

只能在第一个帧中仅包含初始姿势的姿势图层中编辑 IK 骨架。在姿势图层的后续帧中重新定位骨架后，无法对骨骼结构进行更改。

2. 删除骨骼

若要删除单个骨骼及其所有子级，可以单击该骨骼并按 Delete 键；按住 Shift 键可选择多个骨骼进行删除。若要从某个 IK 形状或元件骨架中删除所有骨骼，可用"选择工具" 选择该形状或该骨架中的任何元件实例，然后选择【修改】/【分离】命令，删除骨骼后 IK 形状将还原为正常形状。

3. 重新调整骨骼和对象的位置

在 Flash 中还可重新对骨骼和对象的位置进行调整，包括骨架、骨架分支和 IK 形状。下面讲解调整方法。

🔑 **重新定位线性骨架**：拖动骨架中的任何骨骼，可以重新定位线性骨架。如果骨架已连接到元件实例，则还可以拖动实例，亦视为对其骨骼旋转实例。

🔑 **重新定位骨架分支**：若要重新定位骨架的某个分支，可以拖动该分支中的任何骨骼。该分支中的所有骨骼都将移动，骨架的其他分支中的骨骼不会移动。

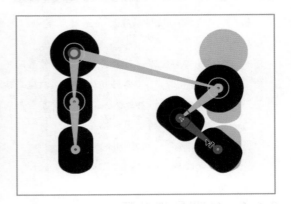

经验一箩筐——重新定位骨架

如果只是重新定位骨架以达到动画处理目的，则可以在姿势图层的任何帧中进行位置更改，Flash 将该帧转换为姿势帧。

62
Hours

52
Hours

42
Hours

32
Hours

22
Hours

12
Hours

🔑 **旋转多骨骼**：若要将某个骨骼与其子级骨骼一起旋转而不移动父级骨骼，需要按住 Shift 键拖动该骨骼。

🔑 **移动反向运动形状**：若要在舞台上移动反向运动形状，可以选择该形状并在"属性"面板中更改其 X 和 Y 属性。

4. 移动骨骼

在修改编辑骨骼的动画时，用户可以移动与骨骼相关联的形状和元件，其方法分别如下。

🔑 **移动形状骨骼**：若要移动 IK 形状内骨骼任一端的位置，需使用"部分选取工具" ▶ 拖动骨骼的一端。

🔑 **移动元件骨骼**：若要移动骨骼连接、头部或尾部的位置，可以选择所有实例，在"属性"面板中更改变形点。

经验一箩筐——编辑反向运动形状

使用部分选取工具可以在反向运动形状中移动骨架位置、拖动、添加和删除轮廓的控制点。其方法分别如下。

🔑 **移动骨架位置**：若要移动骨骼的位置而不更改 IK 形状，需拖动骨骼的端点。

🔑 **拖动控制点**：若要移动控制点，需拖动该控制点。

🔑 **添加控制点**：若要添加新的控制点，需单击笔触上没有任何控制点的部分。也可以使用"工具"面板中的"添加锚点工具" ♦ 。

🔑 **删除控制点**：若要删除现有的控制点，可以通过单击来选择，然后按 Delete 键。也可以使用"工具"面板中的"删除锚点工具" ♦ 。

8.1.4 处理骨架动画

对骨架进行处理的方式与 Flash 中其他对象不同。对于骨架，只需向姿势图层添加帧并在舞台上重新定位骨架即可创建关键帧。姿势图层中的关键帧称为姿势。由于骨架通常用于动画应用，因此，每个姿势图层都自动充当补间图层。

1. 在时间轴中对骨架进行动画处理

骨架存在于时间轴中的姿势图层上。若要在时间轴中对骨架进行动画处理，需通过在姿势图层中的帧上单击鼠标右键，再在弹出的快捷菜单中选择"插入姿势"命令来插入姿势。下面分别介绍在时间轴中对骨架进行动画处理的各种方法。

🔑 **更改动画的长度**：将姿势图层的最后一个帧向右或向左拖动，以添加或删除帧。

🔑 **添加姿势**：将播放头放在要添加姿势的帧上，然后在舞台上重新定位或编辑骨架。

🔑 **删除姿势**：在姿势图层的姿势帧处单击鼠标右键，在弹出的快捷菜单中选择"清除姿势"命令，即可删除姿势。

🔑 **复制姿势**：在姿势图层的姿势帧处单击鼠标右键，在弹出的快捷菜单中选择"复制姿势"命令，即可复制姿势。

▌**经验一箩筐——对反向运动对象的其他属性进行设置**

若要对 IK 对象的其他属性（如位置、变形、色彩效果或滤镜）进行补间，可将骨架及其关联的对象包含在影片剪辑或图形元件中，然后可以使用【插入】/【补间动画】命令和"动画编辑器"面板对元件的属性进行动画处理。

2. 将骨架转换为影片剪辑或图形元件

将骨架转换为影片剪辑或图形元件，可以实现其他补间效果，若要将补间效果应用于除骨骼位置之外反向运动的对象，该对象必须包含在影片剪辑或图形元件中。

本例将打开"转换文档.fla"动画文档，将其中制作的骨架转换为影片剪辑或图形元件。其具体操作如下：

光盘文件
素材\第8章\转换文档.fla
效果\第8章\转换文档.fla
实例演示\第8章\将骨架转换为影片剪辑或图形元件

62
Hours
▲

52
Hours
▲

42
Hours
▲

32
Hours
▲

22
Hours
▲

12
Hours

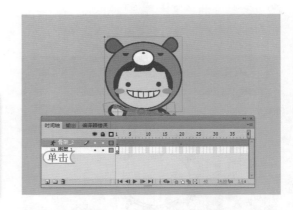

STEP 01： 选择 IK 骨架及关联对象

打开"转换文档 .fla"动画文档，在时间轴中单击姿势图层。

STEP 02： 转换为元件

1. 在所选择的内容上单击鼠标右键，在弹出的快捷菜单中选择"转换为元件"命令。打开"转换为元件"对话框，设置"名称、类型"为"跳舞、影片剪辑"。

2. 单击 确定 按钮。

8.1.5　编辑反向运动动画属性

在反向运动中，可以通过调整运动约束、添加弹簧属性和缓动属性，来实现更加逼真的动画效果。下面分别对这些知识进行讲解。

1．调整IK运动约束

若要为骨架创建更多的逼真运动，可以控制特定骨骼的运动自由度。如可以约束作为胳膊一部分的两个骨骼，以便肘部无法按错误的方向弯曲。也可以限制骨骼的运动速度，在骨骼中创建粗细效果。选择一个或多个骨骼时，可以在"属性"面板中设置属性，其方法如下。

读书笔记

🔑 **启用 X 轴或 Y 轴移动**：在"属性"面板中"联接：X 平移"或"联接：Y 平移"栏中选中 ☑启用 复选框。

🔑 **启用运动量**：在"联接：X 平移"或"联接：Y 平移"栏中选中 ☑约束 复选框，然后输入最小距离和最大距离值。

🔑 **约束骨骼的旋转**：在"属性"面板的"联接：旋转"栏中输入旋转的最小度数和最大度数。

🔑 **限制骨骼的运动速度**：在"属性"面板的"速度"后的文本中输入一个值，对骨骼运动速度进行限制。

▌经验一箩筐——使用骨骼旋转的注意事项

默认情况下，启用骨骼旋转，而禁用 X 轴和 Y 轴运动。启用 X 轴或 Y 轴运动时，骨骼可以不限度数地沿 X 轴或 Y 轴移动，而且父级骨骼的长度将随之改变以适应运动。

2. 向骨骼中添加弹簧属性

两个骨骼属性可用于将弹簧属性添加到骨骼中——骨骼的"强度"和"阻尼"属性通过将动态物理集成到骨骼系统中，使骨骼体现真实的物理移动效果。向骨骼中添加弹簧属性的方法如下。

62
Hours
▲

52
Hours
▲

42
Hours
▲

32
Hours
▲

22
Hours
▲

12
Hours
▲

🔑 应用强度：弹簧强度值越高，创建的弹簧效果越强。选择骨架，然后在"属性"面板中拖动强度值文本设置强度值。

🔑 应用阻尼：弹簧效果的衰减速率值越高，弹簧属性减小得越快。如果值为0，则弹簧属性在姿势图层的所有帧中保持其最大强度。

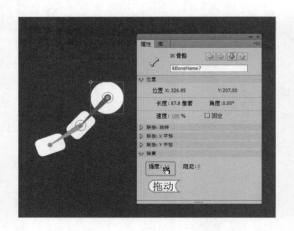 

经验一箩筐——影响弹簧效果的因素

当使用弹簧属性时，下列因素将影响骨骼动画的最终效果。尝试调整其中每个因素以达到所需的最终效果。

🔑 "强度"属性值。

🔑 "阻尼"属性值。

🔑 姿势图层中姿势之间的帧数。

🔑 姿势图层中的总帧数。

🔑 姿势图层中最后姿势与最后一帧之间的帧数。

3. 向IK动画添加缓动

使用姿势向骨架添加动画时，可以调整帧中围绕每个姿势动画的速度。通过调整速度，可以创建更为逼真的运动效果。控制姿势帧附近运动的加速度称为缓动。如在运动开始和结束时胳膊会加速和减速。通过在时间轴中向姿势图层添加缓动，可以在每个姿势帧前后使骨架加速或减速。

若要向姿势图层中的帧添加缓动，需要单击姿势图层中两个姿势帧之间的帧，然后在属性检查器中重新设置缓动效果。其方法分别介绍如下。

读书笔记

🗝 选择缓动类型：选择姿势图层或姿势帧，在"属性"面板中的"缓动"层的"类型"下拉列表框中选择缓动类型。可用的缓动包括4个简单缓动和4个停止并启动缓动。

🗝 设置缓动强度：为缓动强度输入一个值。默认强度是0，即表示无缓动。最大值是100，表示对下一个姿势帧之前的帧应用最明显的缓动效果。最小值是-100，表示对上一个姿势帧之后的帧应用最明显的缓动效果。

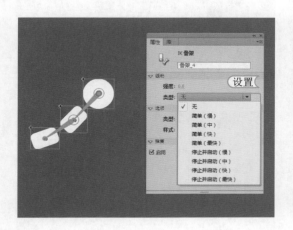
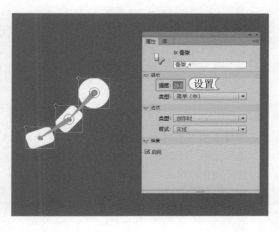

上机1小时 ▶ 制作游戏场景

🔍 巩固为元件添加骨骼的方法。

🔍 进一步掌握制作骨架动画的基本操作方法。

　　本例将新建动画文档，在其中导入素材，并将素材转换为元件。再为元件实例添加骨骼制作反向运动动画，最后为动画角色制作补间动画，制作角色在场景中跳跃的效果，最终效果如下图所示。

光盘
文件
素材＼第8章＼游戏场景
效果＼第8章＼游戏场景.fla
实例演示＼第8章＼制作游戏场景

62
Hours

52
Hours

42
Hours

32
Hours

22
Hours

12
Hours

STEP 01： 新建文档

新建一个尺寸为 **1200×750** 像素，颜色为 **#339999** 的空白动画文档，将"游戏背景"文件夹中的所有文件导入到库中。从"库"面板将"背景 .jpg"图像移动到舞台中间。

提个醒　本例会将骨骼动画制作为影片剪辑，以便在后面制作的补间动画中调用。

STEP 02： 新建影片剪辑

1. 选择【插入】/【新建元件】命令，打开"创建新元件"对话框。在其中设置"名称、类型"为"角色动作、影片剪辑"。
2. 单击 确定 按钮。

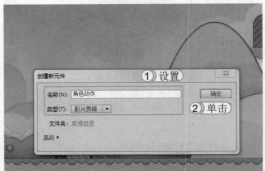

组合

STEP 03： 组合对象

从"库"面板中将"翅膀 .png、腿 .png、尾巴 .png、身体 .png、喇叭 .png"图像拖动到舞台上。缩放大小后，调整各图像位置，组成小鸟的形状。

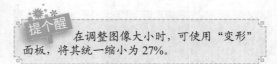

提个醒　在调整图像大小时，可使用"变形"面板，将其统一缩小为 27%。

STEP 04： 转换为元件

1. 选择"身体 .png"图像，按 **F8** 键。打开"转换为元件"对话框，在其中设置"名称、类型"为"身体、图形"。
2. 单击 确定 按钮。使用相同的方法，将"翅膀 .png"、"腿 .png"、"尾巴 .png"、"喇叭 .png"图像等都转换为元件，并以图像名称命名。

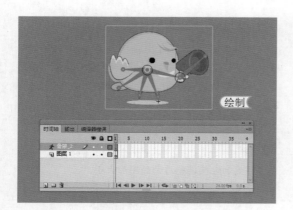

绘制

STEP 05： 创建骨架

选择所有的元件，再选择"骨骼工具" ✎ 。使用鼠标在元件上拖动绘制骨骼。

提个醒 由于鸟尾的存在，在绘制骨架时，可以呈网状绘制骨骼。

STEP 06： 调整骨骼动作

1. 选择第 30 帧，按 F6 键，插入姿势。
2. 使用"选择工具" ➤ 调整骨架位置。在第 60 帧插入姿势，并调整其位置。

① 插入

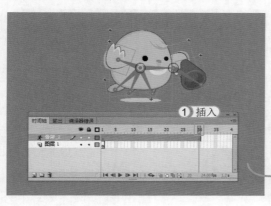

② 调整

62
Hours
▲

STEP 07： 为骨骼设置约束

1. 由于右翅膀移动得太夸张，需要对骨骼进行约束。选择连着右翅膀的骨骼。
2. 打开"属性"面板，在"联接：X 平移"栏中选中 ☑启用 和 ☑约束 复选框，设置"最小、最大"为"-32.0、3.0"。
3. 在"联接: Y 平移"栏中选中 ☑启用 和 ☑约束 复选框，设置"最小、最大"为"-16.1、21.0"。

① 选择 ② 设置 ③ 设置

52
Hours
▲

42
Hours
▲

STEP 08： 设置缓动类型

选择姿势图层，打开"属性"面板。在其中设置"类型"为"简单（最快）"。

32
Hours
▲

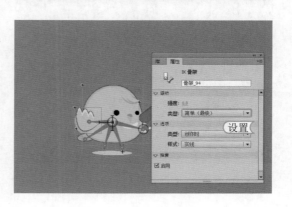

设置

提个醒 若想将动画设置得更加细腻，可对每个姿势帧设置不同的缓动类型。

22
Hours
▲

12
Hours
▲

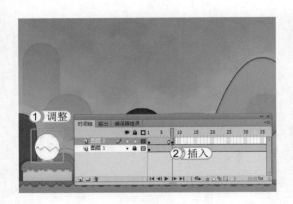

STEP 09： 编辑图像

1. 返回主场景，在第 120 帧插入关键帧。新建"图层 2"，选择第 1 帧，将"鸡蛋 1.png"图像移动到舞台左下角，并调整其大小。

2. 在第 8 帧插入关键帧。

提个醒　最好使用"变形"面板调整大小，这样更加方便调整后面的图形大小。

STEP 10： 编辑第 9 帧

1. 在第 9 帧插入关键帧，并单击"绘图纸外观"按钮圖。

2. 将"鸡蛋 2.png"、"鸡蛋 3.png"图像移动到舞台上，缩放大小，并与第 8 帧的图形重叠起来。

提个醒　使用绘图纸能更方便地重叠图形。

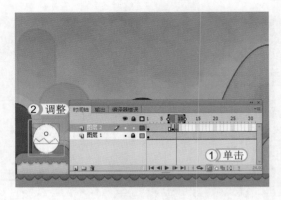

STEP 11： 新建元件

1. 选择"鸡蛋 3.png"图像，按 F8 键。打开"转换为元件"对话框，在其中设置"名称、类型"为"蛋壳、图形"。

2. 单击 确定 按钮。

提个醒　将"鸡蛋 3"转换为元件，是为了制作小鸡破壳而出的效果。

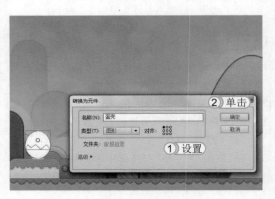

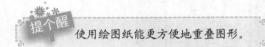

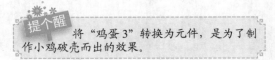

STEP 12： 插入关键帧

1. 在舞台上选择"蛋壳"元件，选择【插入】/【补间动画】命令。创建"图层 3"补间动画图层。

2. 单击"绘图纸外观"按钮圖，关闭绘图纸功能，在第 20 帧插入关键帧，将"蛋壳"元件翻转后移动到地面上。

3. 在"图层 2"的第 20 帧插入关键帧。

STEP 13: 设置补间路径

在"图层2"的第21帧插入关键帧。从"库"面板中将"鸡蛋3.png"、"鸡蛋4.png"图像移动到舞台中,缩放大小并与上一帧中的蛋壳位置重合。在第20帧插入关键帧。

提个醒 在重合图形时,最好暂时打开绘图纸功能。

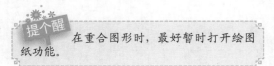

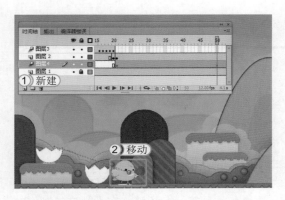

STEP 14: 创建补间动画

1. 在"图层1"上方新建"图层4",在第21帧插入空白关键帧。
2. 从"库"面板中将"角色动作"元件移动到舞台中左边的蛋壳中,并缩放大小。选择【插入】/【补间动画】命令,插入补间动画。在第50帧插入属性关键帧,将小鸡移动到地面上。

STEP 15: 调整补间动画路径

分别在"图层4"的第65、72、100、114帧插入属性关键帧,并移动小鸡的位置。使用"选择工具" ▶ 调整补间路径。

提个醒 在调整补间路径时,一定要使跳跃路径看起来合理。

STEP 16: 调整骨骼动画长度

在"时间轴"面板中将"帧率"设置为"12.00fps"。按 Ctrl+Enter 组合键测试动画。发现动画中小鸡的动作过于缓慢,不易发现有变化。关闭测试对话框,双击"角色动作"元件,进入元件编辑窗口。在时间轴上,使用鼠标拖动第60帧,向第24帧移动。

读书笔记

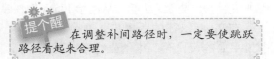

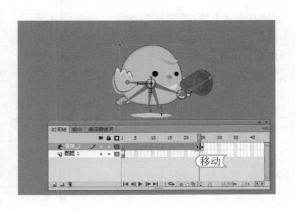

201

72☑
Hours

62
Hours

52
Hours

42
Hours

32
Hours

22
Hours

12
Hours

8.2　3D 动画的制作

在观看一些 Flash 网页时，往会被其中精妙的 3D 效果震撼。其实，在 Flash 中制作 3D 效果很简单，只需使用 3D 平移工具以及 3D 旋转工具，就能将 2D 图形、图像转换为 3D 效果，通过 3D 效果的使用能让网页和一些 Flash 特效变得更加炫丽，从而吸引浏览者的注意，并留下印象。

学习 1 小时

🔍 快速了解 Flash 3D 动画。

🔍 熟练掌握 Flash 创建 3D 动画的方法。

🔍 进一步掌握 3D 工具和动画编辑器在创建 3D 动画中的应用。

8.2.1　认识 Flash 3D 动画

3D 动画也叫三维动画。三维动画软件在计算机中首先建立一个虚拟的世界，设计师在这个虚拟的三维世界中按照要表现的对象的形状尺寸建立模型以及场景，再根据要求设定模型的运动轨迹、虚拟摄影机的运动和其他动画参数，最后按要求为模型应用特定的材质，并打上灯光，当这一切完成后就可以让计算机自动运算，生成最后的画面。

3D 动画技术模拟真实物体的方式，使其成为一个有用的工具。由于其精确性、真实性和无限的可操作性，目前被广泛应用于医学、教育、军事和娱乐等诸多领域。在影视广告制作方面，这项新技术能够给人耳目一新的感觉，因此，受到了众多用户的欢迎。

在如今这个数字时代，随着多媒体技术的发展，3D 技术也越来越多地被应用于广告和电影电视剧的特效制作（如爆炸、烟雾、下雨、光效等）、广告产品展示、片头飞字等。3D 动画和 3D 制作软件也在各个领域蓬勃发展，并且在未来的发展中会变得越来越重要。

在众多 3D 动画制作软件发展的今天，Flash 也不甘落后，早在 CS4 版本就开始尝试在 2D 动画中引入一些 3D 功能，从而给 Flash 软件带来更多的 3D 效果。

在 Flash 以往的版本中，舞台的坐标体系是平面的，只有二维的坐标轴，即水平方向（X）和垂直方向（Y），用户只需确定 X、Y 的坐标即可确定对象在舞台上的位置。Flash 在上个版本中就引入了三维定位系统，增加一个坐标轴 Z，那么在 3D 定位中要确定对象的位置，就需要通过 X、Y、Z 这 3 个坐标确定。

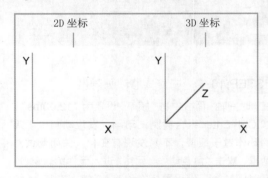

读书笔记

8.2.2 3D 动画元素

3D 动画在补间动画中创建，并且是通过 3D 空间对影片剪辑实例创建 3D 动画效果。因此，3D 动画的重要元素包括 3D 空间、影片剪辑和补间动画。下面分别对其作用进行讲解。

🔑 3D 空间：Flash 在每个影片剪辑实例的属性中用 Z 轴表示 3D 空间，3D 空间包括全局 3D 空间和局部 3D 空间。全局 3D 空间即为舞台空间，全局变形和平移与舞台相关；局部 3D 空间即为影片剪辑空间，局部变形和平移与影片剪辑空间相关。

🔑 影片剪辑：影片剪辑拥有各自独立于主时间轴的多帧时间轴。可以将多帧时间轴看作是嵌套在主时间轴内创建影片剪辑实例。影片剪辑实例是 3D 动画中重要的元素，只能使用影片剪辑创建 3D 动画，Flash 允许用户通过在舞台的 3D 空间中移动和旋转影片剪辑来创建 3D 效果。

🔑 补间动画：补间动画功能强大且易于创建 3D 动画。用户对补间后的 3D 动画进行最大程度的控制，通过为一个帧中的 3D 对象属性指定一个值并为另一个帧中的同一 3D 对象属性指定另一个值创建动画。

▌经验一箩筐——使用 3D 的注意事项

若要使用 Flash 的 3D 功能，FLA 文件的发布设置必须同时选择 Flash Player 10 和 ActionScript 3.0。

读书笔记

203

72图
Hours

62
Hours

52
Hours

42
Hours

32
Hours

22
Hours

12
Hours

8.2.3 3D 编辑工具

Flash 3D 动画是创建在补间动画的基础上，并对影片剪辑实例应用的 3D 效果。因此，Flash 中的 3D 工具主要是对影片剪辑实例的操作。

1. Flash 中的 3D 图形

Flash 通过在每个影片剪辑实例的属性中包括 Z 轴来表示 3D 空间。在 3D 空间中移动一个对象称为平移，旋转一个对象称为变形。将这两种效果中的任意一种应用于影片剪辑后，Flash 会将其视为一个 3D 影片剪辑，每当选择该影片剪辑时就会显示一个重叠在其上面的彩轴指示符。3D 平移和 3D 旋转工具都允许在全局 3D 空间或局部 3D 空间中操作对象，全局 3D 空间或局部 3D 空间的切换方法如下。

🔑 全局 3D 空间：全局 3D 空间为舞台空间，3D 平移和旋转工具的默认模式是全局 3D 空间。

🔑 局部 3D 空间：局部 3D 空间为影片剪辑空间，在"选项"区域单击"全局转换"按钮 切换为局部模式。

> ▌经验一箩筐——快速切换 3D 模式的方法
>
> 在使用 3D 平移工具进行拖动的同时按住 D 键，可以临时从全局模式切换到局部模式。

2. 3D 旋转对象

使用"3D 旋转工具" 可以在 3D 空间中旋转影片剪辑元件。3D 旋转控件出现在舞台上的选定对象之上。X 轴控件为红色、Y 轴控件为绿色、Z 轴控件为蓝色。使用橙色的自由旋转控件可同时绕 X 轴、Y 轴和 Z 轴旋转。

3D 旋转工具的默认模式为全局，在全局 3D 空间中旋转对象与相对舞台旋转对象等效。在局部 3D 空间中旋转对象与相对父影片剪辑（如果有）移动对象等效。使用 3D 旋转工具旋转对象的方法如下。

🔑 X 轴旋转：将鼠标光标移动到红色控件上，当鼠标光标变成 形状时，拖动鼠标以 X 轴为对称轴旋转影片剪辑元件。

🔑 Y 轴旋转：将鼠标光标移动到绿色控件上，当鼠标光标变成 形状时，拖动鼠标以 Y 轴为对称轴旋转影片剪辑元件。

■ 经验一箩筐——设置排序方式

可以使用"变形"面板中的 3D 旋转功能精确地旋转影片剪辑对象。该功能也可在全局 3D 空间或局部 3D 空间中进行，具体取决于"工具"面板中 3D 旋转工具的当前模式。

🔑 **Z轴旋转**：将鼠标光标移动到蓝色控件上，当鼠标光标变成 ▶z 形状时，拖动鼠标以 Z 轴为对称轴旋转影片剪辑元件。

🔑 **自由旋转**：将鼠标光标移动到最外圈的橙色控件上，当鼠标光标变成 ▶ 形状时，拖动鼠标一次性旋转 X 轴、Y 轴和 Z 轴。

🔑 **"变形"面板**：用"部分选取工具" ▶ 选择影片剪辑元件，打开"变形"面板，设置 3D 旋转栏中的 X、Y、Z 值。

🔑 **旋转多个对象**：按住 Shift 键，用 3D 旋转工具选择多个对象，然后拖动鼠标可以旋转多个对象。

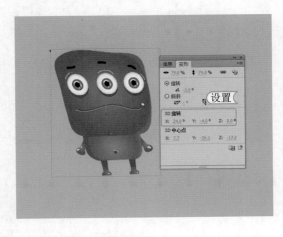

3. 3D 平移对象

可以使用"3D 平移工具" ⅄ 在 3D 空间中移动影片剪辑元件。在使用该工具选择影片剪辑元件后，影片剪辑元件的 X 轴、Y 轴和 Z 轴将显示在舞台对象的顶部。X 轴为红色、Y 轴为绿色，而 Z 轴为蓝色。

3D 平移工具的默认模式是全局。在全局 3D 空间中移动对象与相对舞台移动对象等效，在局部 3D 空间中移动对象与相对父影片剪辑（如果有）移动对象等效。在 Flash 中使用 3D 平移工具平移影片剪辑的方法如下。

62
Hours

52
Hours

42
Hours

32
Hours

22
Hours

12
Hours

🔑 X 轴平移: 将鼠标光标移动到红色控件上，当鼠标光标变成▶x形状，拖动鼠标沿 X 轴方向平移影片剪辑元件。

🔑 Y 轴平移: 将鼠标光标移动到绿色控件上，当鼠标光标变成▶y形状，拖动鼠标沿 Y 轴方向平移影片剪辑元件。

🔑 Z 轴平移: 将鼠标光标移动到蓝色控件上，当鼠标光标变成▶z形状，拖动鼠标沿 Z 轴方向平移影片剪辑元件。

🔑 平移多个对象: 在选择多个影片剪辑时，使用 3D 平移工具移动其中一个对象，其他对象将以相同的方式移动。

读书笔记

8.2.4　创建 3D 动画

使用 3D 工具可以在补间动画中对影片剪辑实例创建 3D 动画，让图像看起来更加立体。

本例首先需要对舞台中的影片剪辑实例创建补间动画，然后才能在时间轴的补间范围中应用 3D 补间，制作翻转效果。其具体操作如下：

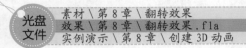

光盘文件
素材 \ 第 8 章 \ 翻转效果
效果 \ 第 8 章 \ 翻转效果.fla
实例演示 \ 第 8 章 \ 创建 3D 动画

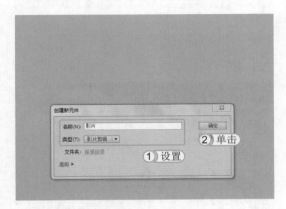

STEP 01： 新建文档

1. 新建一个尺寸为 1000×650 像素，颜色为 #33CCCC 的空白动画文档。将"翻转效果"文件夹中的文件全部导入到舞台中。然后选择【插入】/【新建元件】命令，在打开的对话框中设置"名称、类型"为"影片、影片剪辑"。

2. 单击 确定 按钮。

STEP 02： 编辑元件

从"库"面板中，将"1.jpg"图像拖动到舞台中，并缩小图像。返回"场景 1"，从"库"面板中将"影片"元件移动到舞台中。

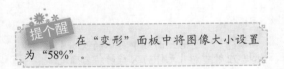

提个醒　在"变形"面板中将图像大小设置为"58%"。

STEP 03： 创建补间动画

1. 选择【插入】/【创建补间动画】命令，在时间轴上创建补间动画。选择第 24 帧，插入属性关键帧。

2. 选择"3D 旋转工具" ，将鼠标光标移动到红色控件上，当鼠标光标变成 形状时，拖动鼠标以 X 轴为对称轴旋转元件。

62
Hours

52
Hours

42
Hours

32
Hours

22
Hours

12
Hours

STEP 04： 编辑关键帧

1. 在第 48 帧插入关键帧，使用 3D 旋转工具，拖动鼠标以 X 轴为对称轴旋转元件。
2. 在第 72 帧插入关键帧，使用 3D 旋转工具，继续拖动鼠标以 X 轴为对称轴旋转元件。
3. 新建"图层 2"。

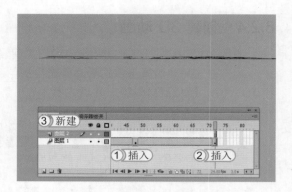

STEP 05： 编辑第 73 帧

1. 使用前面的方法将"2.jpg"图像新建为"影片 1"影片剪辑。在"图层 2"的第 73 帧插入空白关键帧，在舞台中间插入一条辅助线。
2. 将"影片 1"元件拖动到舞台上，并在"变形"面板中设置"缩放宽度、缩放高度"都为"58.0%"，使其与影片元件重合。
3. 设置"旋转"为"180.0°"，反转图像。

> **提个醒** 通过辅助线可以使元件更容易对齐。

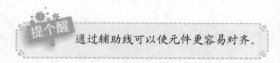

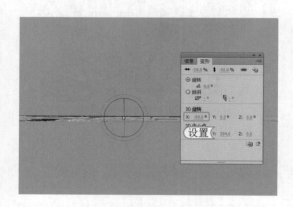

STEP 06： 插入补间动画

选择【插入】/【新建补间动画】命令，新建补间动画。在"变形"面板上设置 X 旋转为"-99.0°"。以制作翻转效果。

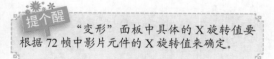

> **提个醒** "变形"面板中具体的 X 旋转值要根据 72 帧中影片元件的 X 旋转值来确定。

STEP 07： 编辑关键帧

1. 在第 96 帧插入关键帧，在"变形"面板中设置 X 旋转为"-124.0°"。
2. 在第 120 帧插入关键帧，在"变形"面板中设置 X 旋转为"-168.0°"。
3. 最后在第 122 帧插入关键帧，以使翻转效果停留得久一些。

STEP 08： 新建图层

在所有图层下方新建"图层 3"，选择"图层 3"的第 1 帧。从"库"面板中将"背景 .jpg"图像拖动到舞台中作为动画背景。

提个醒 辅助线在测试时不会输出，所以制作完成后并不需要对其进行删除。

STEP 09： 测试动画

按 Ctrl+Enter 组合键测试动画，可看到动画中的图像正在翻转显示。

8.2.5 调整透视角度和消失点

在 Flash 动画中若要使用 3D 工具制作一些特效，如翻书效果，或动画中有多个对象需要表现空间关系时，可以考虑通过 3D 工具来调整透视角度和消失点。需要注意的是，设置透视角度和消失点仅仅只会影响影片剪辑的外观。

在一个 Flash 动画文件中，只能有一个视点，即摄像机。而且摄像机视图与舞台视图一致，所以，每个 Flash 动画文件中只能设置一个透视角度和消失点。使用 3D 工具中的任意一种，选择舞台中设置了 3D 效果的影片剪辑。其"属性"面板如下图所示，在其中即可对透视角度和消失点进行设置。

透视角度和消失点的作用分别介绍如下。

🔑 **透视角度**：透视角度属性控制 3D 影片剪辑元件在舞台上的外观视角。其数值范围为 1°~180°，数值越大，可使 3D 对象看起来更加接近浏览者。

🔑 **消失点**：消失点用于控制舞台上 3D 影片剪辑的 Z 轴方向。通过调整消失点的位置，可以精确控制舞台上 3D 对象的外观和动画。消失点的默认位置是舞台中心。

透视角度
消失点

62
Hours

52
Hours

42
Hours

32
Hours

22
Hours

12
Hours

上机 1 小时 ▶ 制作画面飞行效果

🔍 巩固 3D 影片实例的制作。

🔍 进一步掌握运用 3D 工具制作 3D 动画的操作。

　　本例将在舞台上创建一个 3D 视觉空间，并使用 3D 平移工具和 3D 旋转工具为 3D 空间制作画面飞出的效果，最终效果如下图所示。

光盘
文件
素材 \ 第 8 章 \ 飞行效果
效果 \ 第 8 章 \ 飞行效果 .fla
实例演示 \ 第 8 章 \ 制作画面飞行效果

STEP 01：　新建文档

1. 新建一个尺寸为 800×600 像素，颜色为 #3399FF 的空白动画文档。将"飞行效果"文件夹中的文件全部导入到舞台中。选择【插入】/【新建元件】命令，在打开的对话框中设置"名称、类型"为"空间、影片剪辑"。

2. 单击 确定 按钮。

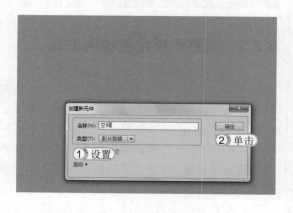

STEP 02：　应用元件

从"库"面板将"背景 .png"图像移动到舞台中，返回主场景。再从"库"面板中将"空间"元件移动到舞台中。选择"3D 旋转工具" 🔧，在"变形"面板中设置"缩放宽度、缩放高度"为"43.0%、43.0%"，设置 X 旋转为"-32.0°"，旋转影片剪辑。

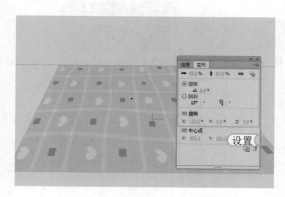

STEP 03： 制作影片元件

新建影片剪辑元件"蛋糕1"，从"库"面板中将"1.png"图像移动到舞台中间。使用这种方法，分别将"2.png"~"8.png"图像创建为影片剪辑，并将其分别命名为"蛋糕2"~"蛋糕8"。

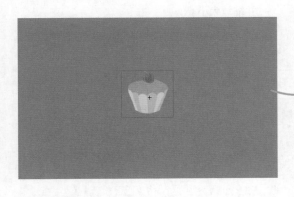

提个醒 将所有图像都统一制作为影片剪辑，这样可以避免之后再反复创建元件，浪费更多的时间。

STEP 04： 创建平移实例

1. 新建影片剪辑元件"平移1"，进入元件编辑窗口，将"蛋糕1"元件移动到舞台中。
2. 选择"3D旋转工具" 。再选择实例，在"属性"面板中设置"透视度、消失点X位置、消失点Y位置"为"70.0、0.0、0.0"。

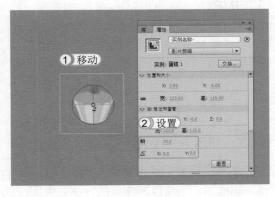

62
Hours

52
Hours

STEP 05： 创建3D补间

1. 在第1帧处创建补间动画，并延长补间范围至第50帧。
2. 在第50帧处插入属性关键帧，选择实例，并对其进行X、Y、Z方向的平移。

提个醒 在创建3D实例或3D动画时，设置透视度和消失点，有利于创建3D效果的视觉角度。

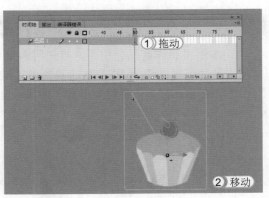

42
Hours

32
Hours

读书笔记

22
Hours

12
Hours

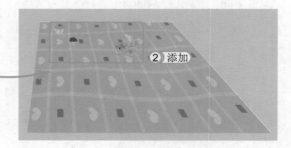

STEP 06： 为"图层 2"添加元件

1. 使用相同的方法，分别编辑"蛋糕 2"~"蛋糕 8"元件。

2. 返回主场景，新建"图层 2"，从"库"面板中拖入"平移 1"~"平移 4"元件到"图层 2"，并缩放大小。

提个醒 为了更好地表现 3D 视觉角度，可以再次更改舞台中 3D 空间的透视度。

STEP 07： 为"图层 3"添加元件

新建"图层 3"，选择第 1 帧。从"库"面板中拖入"平移 5"~"平移 8"元件到"图层 2"，并缩放大小。

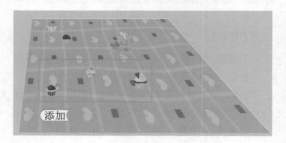

8.3 练习 1 小时

本章主要介绍了骨骼动画和 3D 动画的方法，用户要想在日常工作中熟练使用，还需再进行巩固练习。下面以制作商品介绍页为例，进一步巩固这些知识的使用方法。

制作商品介绍页

本例将制作商品介绍页，首先导入素材，将"蝴蝶"图像分离后，分别为各个部分制作影片剪辑并使用 3D 旋转工具旋转蝴蝶翅膀，最后将背景和制作的影片剪辑添加到舞台中，并输入文本。最终效果如下图所示。

光盘文件

素材＼第 8 章＼商品介绍页
效果＼第 8 章＼商品介绍页.fla
实例演示＼第 8 章＼制作商品介绍页

动画

72 HOURS

声音和视频的加入

第 9 章

学习 2 小时

- 声音的使用
- 视频的使用

使用 Flash 还可以制作多媒体动画，用户可根据需要对制作的动画添加音频和视频。使用动画增加说服力以及动感。本章将讲解插入声音和视频的操作。

上机 4 小时

9.1 声音的使用

　　声音在动画中起着重要的衬托作用，是 Flash 动画的重要组成部分之一，直接关系到动画的表现力和效果。再完美的动画如果没有声音的配合，也会显得苍白无力。可以说声音的添加让一些特殊的动画效果变得更加巧妙。Flash 在声音的控制上越来越强大，不仅可以和动画同时播放，而且还可以在时间轴上连续播放，让动画变得更加完美。

学习 1 小时

🔍 快速了解 Flash 支持的声音格式。　　　🔍 熟练掌握声音的导入、导出及应用。

🔍 灵活运用 Flash 设置并编辑声音。

9.1.1 声音的格式

　　Flash 提供多种使用声音的方式，可以使声音独立于时间轴连续播放，或使用时间轴将动画与音轨保持同步。向按钮添加声音可以使按钮具有更强的互动性，通过淡入淡出声音还可以使音轨更加优美。

　　为了满足不同动画的制作需求，Flash 提供了多种使用声音的方式，可通过如下方法进行使用：

🔑 使用共享库将声音链接到多个文档。

🔑 使用 ActionScript 3.0 根据声音的完成触发事件。

🔑 使用预先编写的行为或媒体组件来加载声音和控制声音播放，后者（媒体组件）还提供了用于停止、暂停、后退等动作的控制器。

🔑 使用 ActionScript 3.0 动态加载声音。

　　在 Flash 中虽然能使用声音，但并不是所有的声音都能被使用。Flash 中可使用的声音文件格式如下表所示。

Flash常用的声音文件格式

格　式	说　明
WAV 格式	WAV 格式是微软公司和 IBM 公司共同开发的 PC 标准声音格式，直接保存对声音波形的采样数据，数据没有经过压缩，所以音质很好，但所占磁盘空间很大
MP3 格式	MP3 是用户熟知的一种数字音频格式，此格式文件体积小、传输方便、拥有较好的声音质量，所以现在大量的计算机音乐都是以 MP3 的形式出现的
AIF/AIFF 格式	AIF/AIFF 格式是苹果公司开发的一种声音文件格式，支持 MAC 平台，支持 16bit 44.1kHz 立体声
AU 格式	SUN 公司的 AU 压缩声音文件格式，只支持 8bit 的声音，是互联网上常用到的声音文件格式，多由 SUN 工作站创建
ASND 格式	ASND 格式是 Adobe Soundbooth 的本机音频文件格式，具有非破坏性。ASND 文件可以包含应用了效果的音频数据（稍后可对效果进行修改）、Soundbooth 多轨道会话和快照

■ 经验一箩筐——声音的使用技巧

MP3 声音数据经过了压缩，比 WAV 或 AIFF 声音数据小。 通常，使用 WAV 或 AIFF 文件时，最好使用 16~22kHz 单声（立体声使用的数据量是单声的两倍），但是 Flash 可以导入采样比率为 11kHz、22 kHz 或 44kHz 的 8 位或 16 位的声音。 当将声音导入到 Flash 时，如果声音的记录格式不是 11kHz 的倍数（如 8kHz、32kHz 或 96kHz），将会重新采样。Flash 在导出时，会把声音转换成采样比率较低的声音。

9.1.2　声音的导入

要想使用声音，还需要先将声音导入到库中，再从库中调用到时间轴或按钮上。导入声音的方法和导入图像的方法基本相同，其方法是：选择【文件】/【导入】/【导入到库】命令，打开"导入到库"对话框，在其中选择声音文件，然后单击 打开(O) 按钮，导入声音到库中。

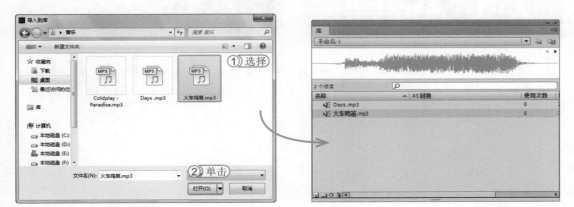

■ 经验一箩筐——Flash 中声音的类型

Flash 中有两种声音类型：事件声音和音频流。事件声音必须完全下载后才能开始播放，除非明确停止，否则将一直连续播放。音频流在前几帧下载了足够的数据后就开始播放，音频流要与时间轴同步，以便在网站上播放。

9.1.3　使用声音

Flash 可以在主场景、图形、影片剪辑和按钮元件中使用声音。不管在哪里使用声音都可以从库中将声音添加到时间轴中来实现。下面讲解将声音添加到时间轴和向按钮添加声音的方法。

1. 将声音添加到时间轴

根据实际情况，用户可以将库中的音频通过"库"面板和属性检查器添加到时间轴中。添加声音后时间轴上添加了声音的帧将会出现音频波浪的视觉效果。将声音添加到时间轴的方法如下。

215

72图
Hours

62
Hours

52
Hours

42
Hours

32
Hours

22
Hours

12
Hours

🔑 使用"库"面板：保存在库中的声音可以与元件一样，通过拖动到舞台的方式添加到时间轴中。在时间轴中选择一个关键帧，然后从"库"面板中选择声音，拖动到舞台上释放即可。

🔑 使用属性检查器：也可通过属性检查器向时间轴添加声音。在时间轴中选择需要添加声音文件的第一个帧，然后在"属性"面板"声音"栏中的"名称"下拉列表框中选择需要的声音文件。

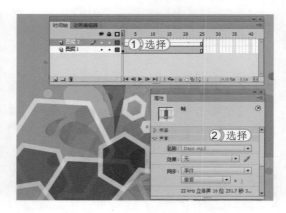

读书笔记

2. 向按钮添加声音

可以将声音和一个按钮元件的不同状态关联起来。因为声音和元件存储在一起，可以用于元件的所有实例。在按钮中也是将声音添加到按钮的默认帧中，最佳做法是创建用于放置声音的图层。

本例将新建空白动画文档，为其添加背景，并制作一个按钮元件，为其设置单击按钮时发出声音的效果。其具体操作如下：

光盘文件
素材\第9章\进入按钮
效果\第9章\儿童网站进入界面.fla
实例演示\第9章\向按钮添加声音

STEP 01： 导入素材

新建一个尺寸为1000×700像素的空白动画文档。将"进入按钮"文件夹中的所有文件都导入到"库"面板中，再从"库"面板中将"背景.jpg"图像拖动到舞台中作为背景。

STEP 02: 新建元件

1. 选择【插入】/【新建元件】命令，打开"创建新元件"对话框，在其中设置"名称、类型"为"按钮、按钮"。
2. 单击 确定 按钮，进入元件编辑窗口。

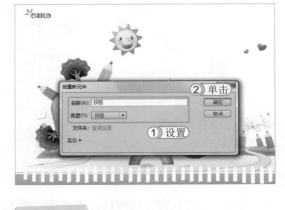

STEP 03: 编辑弹起帧

1. 从"库"面板中将"按钮 2.jpg"图像移动到舞台中间。
2. 按 F6 键插入关键帧。

> **提个醒** 在拖动图形时，可以将图形的中心点和舞台中间的十字符号对齐，确保图形是在舞台中心。

STEP 04: 编辑单击帧

1. 从"库"面板中将"按钮 1.jpg"图像移动到舞台中间。
2. 按 F6 键插入关键帧。

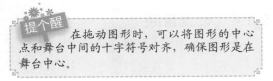

> **提个醒** 本例中通过图像是否有阴影表现按钮是弹起还是被单击。

STEP 05: 为帧添加声音

1. 新建"图层 2"，选择"点击"帧，按 F6 键插入关键帧。
2. 选择【窗口】/【属性】命令，打开"属性"面板。在"声音"栏中的"名称"下拉列表框中选择"单击 .mp3"选项。

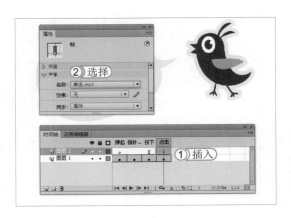

62
Hours

52
Hours

42
Hours

32
Hours

22
Hours

12
Hours

STEP 06： 将元件拖入舞台

返回 "场景1"，从 "库" 面板中将按钮拖动到舞台右上角，并缩放其大小。按 **Ctrl+Enter** 组合键测试动画，当单击按钮时，会发出使用鼠标的单击声。

经验一箩筐——在时间轴上插入声音的技巧

可以把多个声音放在一个图层上，或放在包含其他对象的多个图层上，但是，建议将每个声音放在一个独立的图层上。每个图层都作为一个独立的声道，播放 SWF 文件时，会混合所有图层上的声音。

9.1.4　设置音频

在时间轴中添加的声音可以通过属性检查器进行设置和编辑。如设置音量、播放起始点，也可删除音频中不需要的部分以减小文件大小。下面讲解常用的设置音频的方法。

1. 设置声音属性

在 Flash 中用户可以通过两种方法来设置声音的属性，一种是在 "库" 面板中，在需要设置属性的音频文件上单击鼠标右键，在弹出的快捷菜单中选择 "属性" 命令；另一种是双击 "库" 面板中音频文件前的 ◀ 按钮，打开如右图所示的 "声音属性" 对话框。

"声音属性" 对话框中主要选项作用如下。

🔑 名称：用于显示选择音频文件的名称，若用户在其中输入新的名称，该音频文件即被重命名。

🔑 压缩：用于设置音频文件在 Flash 中的压缩格式，用户可以根据实际情况选择压缩格式，不同的格式压缩强度和效果都有所不同。

🔑 导入：单击 导入(I)... 按钮，新导入的文件将替换原始的文件。被替换文件的文件名不会被修改。

🔑 测试：单击 测试(T) 按钮，该音频文件将被播放，以方便用户试听音频是否合适。

🔑 停止：单击 停止(S) 按钮，将停止播放正在测试的音频。

2. 将声音与动画同步

制作 Flash 时，很多都要求声音与动画同步，如制作 MV、制作播放器等。若要将声音与动画同步，则需要进行相应设置，其方法是：导入声音到动画文档中，并在时间轴中添加声音，在声音图层要停止播放声音处插入关键帧。选择该帧，在"属性"面板的声音"名称"下拉列表框中选择同一声音，在"同步"下拉列表框中选择"停止"选项，如右图所示。在播放 SWF 文件时，声音会在结束关键帧处停止播放。

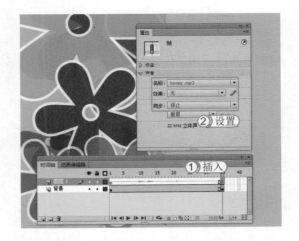

> **经验一箩筐——"同步"下拉列表框中各选项的含义**
>
> 在制作 Flash 时，使用合适的同步选项能更好地使声音为 Flash 动画服务。"同步"下拉列表框中各选项含义如下。
>
> 🔑 **事件**：选择该选项，会将声音和一个事件的发生过程同步。事件声音在显示其起始关键帧时开始播放，并独立于时间轴完整播放，即使 SWF 文件停止播放也会继续。当播放发布的 SWF 文件时，事件声音会混合在一起。如果事件声音正在播放，而声音再次被实例化（如用户再次单击按钮），则第一个声音实例继续播放，另一个声音实例同时开始播放。
>
> 🔑 **开始**：该选项与"事件"选项的功能相近，但是如果声音已经在播放，则新声音实例不会播放。
>
> 🔑 **停止**：选择该选项，使指定的声音停止播放。
>
> 🔑 **数据流**：选择该选项，将同步声音，以便在网站上播放。Flash 强制动画和音频流同步。如果 Flash 不能足够快地绘制动画的帧，就会跳过帧。与事件声音不同，音频流随着 SWF 文件的停止而停止。而且，音频流的播放时间绝对不会比帧的播放时间长。当发布 SWF 文件时，音频流混合在一起。

3. 设置声音重复

默认情况下，被插入到动画中的声音只会被播放一次。如果需要循环播放或者播放几次，可通过"属性"面板进行设置。设置声音重复的方法是：选择添加音频文件的帧，在"属性"面板的"声音循环"下拉列表框中选择"重复"选项，再在其后方的文本框中输入播放次数，如右图所示。

> **经验一箩筐——设置声音循环播放**
>
> 设置声音循环播放只需在"属性"面板的"声音循环"下拉列表框中选择"循环"选项即可。

4. 编辑声音

在 Flash 中，可以定义声音的起始点，或在播放时控制声音的音量，还可以改变声音开始播放和停止播放的位置。这对于通过删除声音文件无用部分，减小文件的大小是很有用的。

本例将打开"明信片.fla"动画文档，编辑其中的背景音乐文档，先设置声音的起始和结束位置，然后修改声音音量。其具体操作如下：

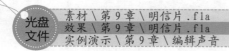

光盘文件
素材 \ 第 9 章 \ 明信片 .fla
效果 \ 第 9 章 \ 明信片 .fla
实例演示 \ 第 9 章 \ 编辑声音

STEP 01： 导入素材

打开"明信片.fla"动画文档，在"时间轴"面板中选择"图层 2"的第 1 帧，选择【窗口】/【属性】命令，打开"属性"面板，在其中单击 ✐ 按钮。

提个醒　"图层 2"的第 1 帧是放置音频文件的空白关键帧。

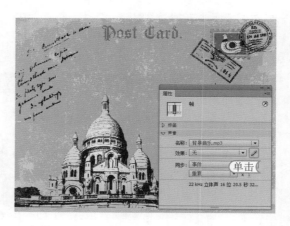

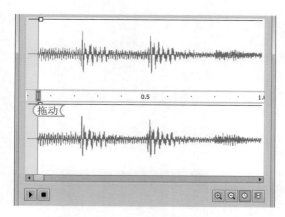

STEP 02： 设置播放起始位置

打开"编辑封套"对话框，在左边标尺处拖动滑条，调整音频的起点位置。将对话框下方的滚动条滑动到最右边显示音频的终点位置，使用相同的方法将重点标尺移动到 6.5 秒的位置。

提个醒　单击"编辑封套"对话框下方的 ▶ 按钮可试听编辑效果，单击 ■ 按钮可终止试听效果。

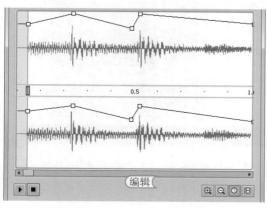

STEP 03： 更改音量

在音频波段处单击添加几个封套手柄，分别调整手柄位置，控制声音播放时音量的大小。向上即为增大音量，向下即为减小音量。完成后单击 确定 按钮。

提个醒　在对话框中标尺以上为左声道，标尺以下为右声道，都能单独设置不同的音量。

STEP 04： 设置声音循环

在"属性"面板中的"声音循环"下拉列表框中选择"循环"选项。

提个醒 由于音乐重新被编辑后，音频和时间轴上的图片时间长度不匹配，可能会出现有段图像没有声音的情况，为解决这种情况，需要将"声音循环"设置为循环。

5. 为声音添加效果

编辑好声音后，用户还可通过一些简单的操作为声音添加效果，如设置声音的淡入、淡出等。其方法是：选中插入音频的帧后，在"属性"面板的"效果"下拉列表框中选择需要的效果，如右图所示。

"效果"下拉列表框中各选项的作用如下。

🔑 无：不对音频进行任何设置。

🔑 左声道：只播放左声道。

🔑 右声道：只播放右声道。

🔑 向右淡出：在播放时控制声音，从左声道慢慢切换到右声道。

🔑 向左淡出：在播放时控制声音，从右声道慢慢切换到左声道。

🔑 淡入：在播放时音量逐渐增加。

🔑 淡出：在播放时音量逐渐减小。

🔑 自定义：用户自行编辑声音，选择该选项，将打开"编辑封套"对话框。

9.1.5 压缩并导出声音

想要压缩并导出声音，用户可以选择单个事件声音的压缩选项，然后用这些设置导出声音。也可以给单个音频流选择压缩选项。需注意的是，文档中的所有音频流都将导出为一个流文件，而且所用的设置是所有应用于单个音频流的设置中的最高级别。该导出设置包括视频对象中的音频流。

如果在"发布设置"对话框中为事件声音或音频流选择了全局压缩设置，并且没有在"声音属性"对话框中为声音选择压缩设置，则这些设置会应用于单个事件声音或所有音频流。

此外，用户还可以通过选择"发布设置"对话框的"覆盖声音设置"覆盖在"声音属性"对话框中指定的导出设置。如果要创建一个较大的高保真音频文件以供本地使用，并创建一个较小的低保真版本以供在 Web 上使用，则此选项非常有用。

采样比率和压缩程度会造成导出的 SWF 文件中声音的品质和大小有很大的不同。声音的压缩倍数越大，采样比率越低，声音文件就越小，声音品质也越差。在实际压缩时，应当通过实验找到声音品质和文件大小的最佳平衡。在处理导入的 MP3 文件时，可以使用导入文件时的相同设置将文件导出为 MP3 格式。

62
Hours
▲

52
Hours
▲

42
Hours
▲

32
Hours
▲

22
Hours
▲

12
Hours

1. 压缩声音

在导出或发布动画时，通过设置压缩声音可以更加有效地减小文件大小，且通过适当的压缩设置还可以减小音质的损伤。

本例将打开"压缩明信片.fla"动画文档，为声音设置压缩。其具体操作如下：

光盘文件
素材 \ 第 9 章 \ 压缩明信片.fla、背景音乐.mp3
效果 \ 第 9 章 \ 压缩明信片.fla
实例演示 \ 第 9 章 \ 压缩声音

STEP 01： 设置压缩格式

1. 在"库"面板中选择"背景音乐.mp3"音频文件，然后单击鼠标右键，在弹出的快捷菜单中选择"属性"命令，打开"声音属性"对话框，在"压缩"下拉列表框中选择"MP3"选项，单击 测试(T) 按钮可以试听效果。
2. 单击 确定 按钮。

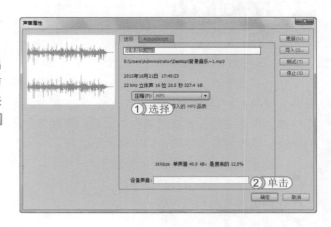

STEP 02： 设置压缩格式

1. 选择【文件】/【发布设置】命令，打开"发布设置"对话框，选中 ☑ Flash (.swf) 复选框。
2. 单击"音频事件"后的文本超级链接。

> **提个醒** 选中 ☑ Flash (.swf) 复选框后，设置其右边选项中的"JPEG 品质"选项也可以压缩文件大小。但设置该选项会影响 Flash 画面。

STEP 03： 设置压缩格式

1. 打开"声音设置"对话框，在其中设置"压缩、比特率、品质"为"MP3、20 kbps、中"。
2. 依次单击 确定 按钮，返回工作界面。

读书笔记

2. 压缩声音选项

在"声音设置"对话框中的"压缩"下拉列表框中提供了 ADPCM、MP3、原始和语音选项，这些选项将直接影响到 Flash 动画的音质和文件大小，选择不同的选项，其压缩设置效果不一样。压缩声音各选项的作用如下。

🔑 "ADPCM"和"原始"压缩选项：ADPCM 压缩用于设置 8 位或 16 位声音数据的压缩。导出较短的事件声音（如单击按钮）时，须使用 ADPCM 设置。原始压缩导出声音时不进行声音压缩。在"声音"设置对话框中选择这两个选项后，选中 ☑将立体声转换为单声(O) 复选框会将混合立体声转换成非立体声。设置"采样率"选项可控制声音保真度和文件大小，较低的采样比率会减小文件大小，但也会降低声音品质。

🔑 "MP3"压缩选项：MP3 压缩可以以 MP3 压缩格式导出声音。当导出像乐曲这样较长的音频流时，须使用 MP3 选项。如果要导出一个以 MP3 格式导入的文件，导出时则无需更改设置。"比特率"选项用于确定已导出声音文件中每秒的位数。Flash 支持 8~160kbps CBR（恒定比特率）。导出音乐时，为获得最佳效果，应将比特率设置为 16 kbps 或更高。"预处理"选项将混合立体声转换成非立体声（单声不受此选项的影响）。"品质"选项决定压缩速度和音声品质。"快速"选项的压缩速度较快，但声音品质较低；"中等"选项的压缩速度较慢，但声音品质较高；"最好"选项的压缩速度最慢，但声音品质最高。

🔑 "语音"压缩选项：语音压缩采用适合于语音的压缩方式导出声音。"采样率"选项用于控制声音保真度和文件大小。较低的采样率可以减小文件大小，但也会降低声音品质。

■ 经验一箩筐——其他选项含义

"采样率"选项对于不同音质需求应该选择不同的采样率。其使用范围如下。

🔑 5 kHz：是语音的最低可接受标准。

🔑 11 kHz：是建议的语音的最低可接受标准。

🔑 22 kHz：对于 Web 上的大多数音乐类型，此采样比率是可接受的。

🔑 44 kHz：是标准的 CD 音频比率。 但是，由于应用了压缩，SWF 文件中的声音就不是 CD 品质了。

"ADPCM 位"下拉列表框中的选项则用于指定声音压缩的位深度，位深度越高，生成的声音品质就越高。

3. 导出 Flash 文档声音的准则

除了采样比率和压缩外，还需要遵循以下几点导出 Flash 文档声音的准则，以保证在文档中有效地使用声音并保持较小的文件大小。

🔑 设置切入和切出点，避免静音区域存储在 Flash 文件中，从而减小文件中的声音数据的大小。

🔑 通过在不同的关键帧上应用不同的声音效果（如音量封套，循环播放和切入/切出点），从同一声音中获得更多的变化，只需一个声音文件就可以得到许多声音效果。

🔑 循环播放短声音作为背景音乐。

🔑 不要将音频流设置为循环播放。

🔑 从嵌入的视频剪辑中导出音频时，须记住音频是使用"发布设置"对话框中所选的全局流设置来导出的。

223
72🕙
Hours

62
Hours

52
Hours

42
Hours

32
Hours

22
Hours

12
Hours

🔑 当在编辑器中预览动画时，使用流同步让动画和音轨保持同步。如果计算机不够快，绘制动画帧的速度跟不上音轨，那么 Flash 就会跳过帧。

上机 1 小时 ▶ 创建有声飞机动画

🔍 巩固在 Flash 中导入和使用声音的方法。

🔍 进一步巩固声音的设置和编辑方法。

　　本例将新建空白动画文档，制作飞机在空中飞行的动画效果，并为飞机飞行添加声音效果，使动画更加生动，最终效果如下图所示。

光盘
文件

素材 \ 第 9 章 \ 飞机
效果 \ 第 9 章 \ 有声飞机 .fla
实例演示 \ 第 9 章 \ 创建有声飞机动画

STEP 01： 导入素材

新建一个尺寸为 1000×680 像素，颜色为 #0066FF 的空白动画文档，将"飞机"文件夹中的所有文件导入到库中，再从"库"面板中将"背景 .jpg"图像拖动到舞台中。

STEP 02： 新建"浮云 1"动画

1. 选择【插入】/【新建元件】命令，打开"创建新元件"对话框，在其中设置"名称、类型"为"浮云 1、影片剪辑"。

2. 单击 确定 按钮。

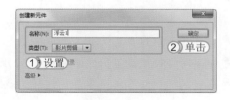

STEP 03： 编辑"浮云 1"动画

在"库"面板中将"云 .png"图像拖入舞台中间并缩小其大小，在第 360 帧插入关键帧，使用选择工具将图像向右边移动。再将第 1~360 帧转换为传统补间动画。

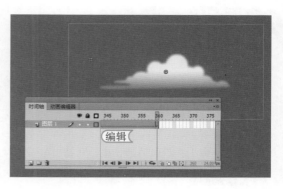

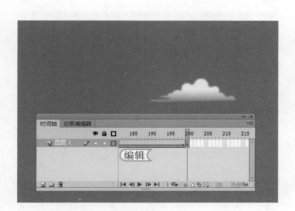

STEP 04： 编辑"浮云 2"动画

新建"浮云 2"影片剪辑，在"库"面板中将"云 .png"图像拖入舞台中间并缩小其大小，在第 200 帧插入关键帧，使用选择工具将图像向右下角移动。再将第 1~200 帧转换为传统补间动画。

提个醒　制作两个影片剪辑元件是为了使云看起来更有层次。

STEP 05： 编辑"图层 2"

1. 返回主场景，在第 360 帧插入关键帧。
2. 新建"图层 2"，将"浮云 1"元件移动到舞台左上角，在第 360 帧插入关键帧。
3. 将元件移动到舞台右边，将第 1~360 帧转换为传统补间动画。

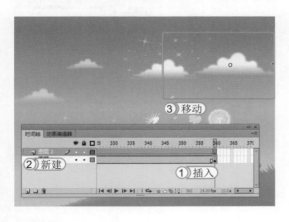

STEP 06： 编辑"图层 3"

1. 新建"图层 3"，将"浮云 2"元件移动到舞台中间上方的位置，在第 360 帧插入关键帧。
2. 将元件移动到舞台右边，将第 1~360 帧转换为传统补间动画。

提个醒　将"浮云 2"元件移动到舞台上时，需再将其缩小一些。

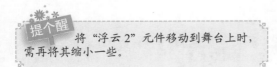

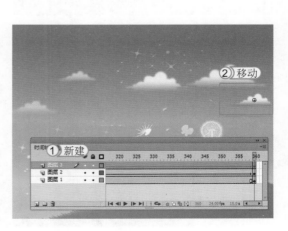

225

72☒
Hours

62
Hours

52
Hours

42
Hours

32
Hours

22
Hours

12
Hours

STEP 07: 编辑飞机元件

新建"飞机"影片剪辑，在元件编辑窗口中将"飞机 .png"图像从"库"面板中移动到舞台中。

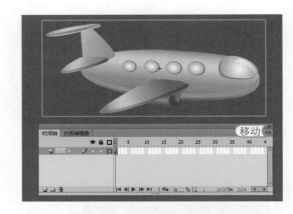

> **提个醒** 由于在后面的操作中，会将飞机图像制作为补间动画。所以这里需要先将飞机图像制作为元件。

STEP 08: 添加补间动画

1. 返回场景 1，新建"图层 4"。将"飞机"元件移动到舞台的左下角处，并旋转元件。
2. 打开"属性"面板，设置"飞机"元件的"缩放宽度、缩放高度"都为"45.0%"。将"图层 4"转换为补间动画。

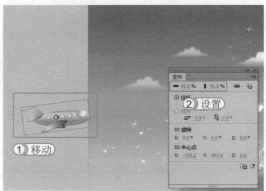

STEP 09: 编辑补间动画

1. 在"时间轴"面板中选择第 360 帧，使用鼠标将飞机元件向舞台右上角移动，并旋转元件。
2. 在"属性"面板中设置"飞机"元件的"缩放宽度、缩放高度"都为"30.0%"。

STEP 10: 添加声音

新建图层，并重命名为"声音"。选择"声音"图层，从"库"面板中将"背景音乐 .mp3"音频拖动到舞台中。

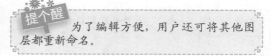

> **提个醒** 为了编辑方便，用户还可将其他图层都重新命名。

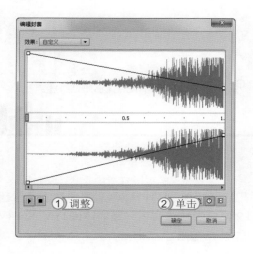

STEP 11： 编辑声音

1. 在"属性"面板中，单击 ✎ 按钮打开"编辑封套"对话框，在音频波段处单击添加几个封套手柄，分别调整手柄位置。
2. 单击 确定 按钮。

> **提个醒** 在"编辑封套"对话框中设置封套手柄的位置，是为了制作出飞机从左边向右边飞行的声音效果。

STEP 12： 调整补间动画的位置

1. 在"图层4"的第100帧插入关键帧。沿运动路径向右上角移动飞机。
2. 在第130帧插入关键帧。继续沿运动路径向右上角移动飞机。

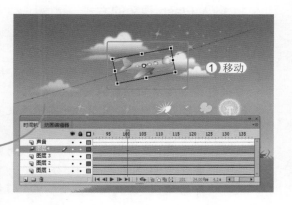

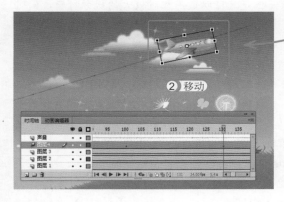

> **提个醒** 进行本步操作是为了使动画效果与音频的速度配合，以使动画效果更加完美。

问题小贴士

问：为什么在 Flash 中导入 MP3 音频文件会失败呢？

答：并不是所有的 MP3 音频文件都能导入到 Flash 中，如果遇到 Flash 可使用的音频文件无法导入到 Flash 中时，用户可使用格式工厂或是其他编辑音频的软件，将音频的比特率提高或降低。

9.2 视频的使用

　　Flash 是很人性化的软件，不但允许用户在动画中插入音乐，还允许用户在动画中插入视频。Flash 提供了多种播放视频的方式，但并不是所有的视频都能被导入到 Flash 中使用。在一些 Flash 网站中经常都会使用视频展示商品、活动，这是因为使用视频能给人更加直观的冲击力。下面讲解 Flash 中视频的相关操作方法。

62
Hours

52
Hours

42
Hours

32
Hours

22
Hours

12
Hours

🔍 了解 Flash 和视频的一些相关知识。　　🔍 掌握在 Flash 中使用视频的方法。

🔍 学会灵活使用 Flash 创建视频动画。

9.2.1　关于 Flash 和视频

Flash 可将数字视频素材编入基于 Web 的演示中。FLV 和 F4V（H.264）视频格式具有技术和创意优势，允许将视频同数据、图形、声音和交互式控件融合在一起。通过 FLV 和 F4V 视频，可轻松将视频以几乎任何人都可以查看的格式放到网页上。

1. 融入 Flash 视频的方式

选择的部署视频方式决定了创建视频内容和将其与 Flash 集成的方式。常用的方式有如下 3 种。

🔑 **从 Web 服务器渐进式下载视频**：如果无法访问 Flash Media Server 或 FVSS，或者需要来自仅包含有限视频内容的低容量网站的视频，则可以考虑渐进式下载。从 Web 服务器渐进式下载视频剪辑提供的效果比实时效果差；但是，可以使用相对较大的视频剪辑，同时将所发布的 SWF 文件大小保持为最小。

🔑 **在 Flash 文档中嵌入视频**：可以将持续时间较短的小视频文件直接嵌入到 Flash 文档中，然后将其作为 SWF 文件的一部分发布。将视频内容直接嵌入到 Flash SWF 文件中会增加发布文件的大小，因此仅适合于小的视频文件（文件的时间长度通常少于 10 秒）。

🔑 **加载视频**：可以在 Flash Media Server（专门针对传送实时媒体而优化的服务器解决方案）上承载视频内容。Flash Media Server 使用实时消息传递协议（RTMP），该协议设计用于实时服务器应用（如视频流和音频流内容）。可以承载自己的 Flash Media Server 或使用承载的 Flash Video 流服务（FVSS）。Adobe 已经与一些内容传送网络（CDN）提供商建立了合作伙伴关系，可提供能够跨高性能、可靠的网络按需传送 FLV 或 F4V 文件视频的承载服务。FVSS 是使用 Flash Media Server 构建的，而且已直接集成到 CDN 网络的传送、跟踪和报告基础结构中，因此它可以提供一种最有效的方法，向尽可能多的观众传送 FLV 或 F4V 文件，而且还省去设置和维护流服务器硬件和网络的麻烦。

2. 控制视频播放

在 Flash 中，利用 FLVPlayback 组件可以控制视频播放，是编写用于播放外部视频流的自定义 ActionScript，或编写用于在时间轴中控制嵌入视频的视频播放的自定义 ActionScript。控制视频播放的方式有如下 4 种。

🔑 **FLVPlayback 组件**：可以向 Flash 文档快速添加全功能的 FLV 播放控制，并提供对渐进式下载和流式加载 FLV 或 F4V 文件的支持。

🔑 **OSMF**：即为 Open Source Media Framework，借助 OSMF，开发人员可以轻松地选择和合并可插入组件来创建高质量、功能齐全的播放效果。

🔑 **ActionScript 控制外部视频**：运行时使用 NetConnection 和 NetStream ActionScript 对象在 Flash 文档中播放外部 FLV 或 F4V 文件。

🔑 **在时间轴中控制嵌入的视频**：可以在时间轴中控制嵌入的视频文件的播放，但必须编写用于控制包含视频的时间轴的 ActionScript 脚本。

3. 视频导入向导

视频导入向导简化了将视频导入到 Flash 文档中的操作。选择【文件】/【导入】/【导入视频】命令，在打开的如右图所示的对话框中提供了 3 个导入选项。其作用分别如下。

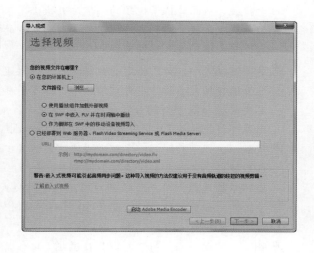

🔑 ⊙ 使用播放组件加载外部视频 **单选按钮**：使用播放组件加载外部视频，导入视频并创建 FLVPlayback 组件的实例以控制视频播放。将 Flash 文档作为 SWF 发布并将其上载到 Web 服务器时，还必须将视频文件上载到 Web 服务器或 Flash Media Server，并按照已上载视频文件的位置配置 FLVPlayback 组件。

🔑 ⊙ 在 SWF 中嵌入 FLV 并在时间轴中播放 **单选按钮**：在 SWF 中嵌入 FLV 并在时间轴中播放，将 FLV 或 F4V 嵌入到 Flash 文档中。这样导入视频时，该视频放置于时间轴中可以看到时间轴帧所表示的各个视频帧的位置。嵌入的 FLV 或 F4V 视频文件成为 Flash 文档的一部分。

🔑 ⊙ 作为捆绑在 SWF 中的移动设备视频导入 **单选按钮**：作为捆绑在 SWF 中的移动设备视频导入，与在 Flash 文档中嵌入视频类似，将视频绑定到 Flash Lite 文档中以部署到移动设备。

4. 视频格式和 Flash

若要将视频导入到 Flash 中，必须使用以 FLV 或 H.264 格式编码的视频。在 Flash 中选择导入的视频文件后，如果视频不是 Flash 可以播放的格式，则会给予提醒。如果视频不是 FLV 或 F4V 格式，则可以使用 Adobe Media Encoder 以适当的格式对视频进行编码。

在使用 Adobe Media Encoder 对视频进行编码时，可以从 3 种不同的视频编解码器中选择一种，用来对 Flash 中使用的视频内容进行编码，各编码器特点如下。

🔑 **H.264 编解码器**：此编解码器的 F4V 视频格式提供的品质比特率之比远远高于以前的 Flash 视频编解码器，但所需的计算量要大于随 Flash Player 7 和 Flash Player 8 发布的 Sorenson Spark 和 On2 VP6 视频编解码器。

🔑 **On2 VP6 编解码器**：是创建在 Flash Player 8 和更高版本中使用 FLV 文件时使用的首选视频编解码器。On2 VP6 编解码器与以相同数据速率进行编码的 Sorenson Spark 编解码器相比，视频品质更高，支持使用 8 位 Alpha 通道来复合视频。

🔑 **Sorenson Spark 视频编解码器**：是在 Flash Player 6 中引入的，如果发布要求与 Flash Player 6 和 Flash Player 7 保持向后兼容的 Flash 文档，则应使用它。如果使用较老的计算机，则应考虑使用 Sorenson Spark 编解码器对 FLV 文件进行编码，原因是在执行播放操作时，Sorenson Spark 编解码器所需的计算量比 On2 VP6 或 H.264 编解码器小。

229

72图
Hours

62
Hours

52
Hours

42
Hours

32
Hours

22
Hours

12
Hours

5. 有关创建 Adobe FLV 和 F4V 视频的提示

为了得到尽可能好的 FLV 或 F4V 视频，用户应该遵循一些准则。其准则如下。

🔑 **以项目的原有格式处理视频**：如果将预压缩的数字视频格式转换为另一种格式（如 FLV 或 F4V），则以前的编码器可能会引入视频杂波。第一个压缩程序已将其编码算法应用于视频，从而降低了视频的品质，并减小了帧大小和帧速率。该压缩可能还会引入数字人为干扰或杂波。这种额外的杂波会影响最终的编码过程，因此，尽可能需要使用较高的数据速率来编码高品质的文件。

🔑 **选择的帧大小**：对于给定的数据速率（连接速度），增大帧大小会降低视频品质。为编码设置选择帧大小时，应考虑帧速率、源资料和个人喜好。若要防止出现邮筒显示效果，一定要选择与源素材的长宽比相同的帧大小。如果将 NTSC 素材编码为 PAL 帧大小，则会出现邮筒显示效果。利用 Adobe Media Encoder，可以使用多项 Adobe FLV 或 F4V 视频预设。

🔑 **了解渐进式下载时间**：了解渐进式下载方式下载视频所需的时间，以便能够播放完视频而不用暂停来完成下载。在下载视频剪辑的第一部分内容时，用户可能希望显示其他内容来掩饰下载过程。对于较短的剪辑，可使用公式：暂停 ＝ 下载时间 - 播放时间 ＋ 10% 的播放时间。如剪辑的播放时间为 30 秒而下载时间为 1 分钟，则应为该剪辑提供 33 秒的缓冲时间（60 秒 - 30 秒 ＋ 3 秒 ＝ 33 秒）。

🔑 **删除杂波和交错**：为了获得最佳编码，可能需要删除杂波和交错。原始视频的品质越高，最终的效果就越好。 虽然 Internet 视频的帧频和帧大小通常都小于在电视上看到的，但是计算机显示器比传统的电视机具有更好的颜色保真度、饱和度、清晰度和分辨率。即使是显示在小窗口中，图像品质对于数字视频的重要性也比对于标准模拟电视的重要性高。

🔑 **力求简洁**：避免使用复杂的过渡，这是因为它们的压缩效果并不好，并且可能使最终压缩的视频在画面过渡时显得"矮胖"。硬切换（相对于溶解）通常具有最佳效果。尽管有一些视频序列的画面可能很吸引人（如一个物体从第一条轨道后面由小变大并呈现"页面剥落"效果），但其压缩效果欠佳，因此应少用。

🔑 **了解观众的数据速率**：当通过 Internet 传送视频时，请以较低数据速率来生成文件。具有高速 Internet 连接的用户几乎不用等待载入即可查看该文件，但是拨号用户必须等待文件下载。缩短剪辑以使下载时间限制在拨号用户能够接受的范围内。

🔑 **选择适当的帧频**：帧频表明每秒钟播放的帧数（fps）。 如果剪辑的数据速率较高，则较低的帧速率可以改善通过有限带宽进行播放的效果。如压缩几乎没有运动的剪辑，将帧速率降低一半可能只会节省 20% 的数据速率。但是，如果压缩高速运动的视频，降低帧频会对数据速率产生显著的影响。

🔑 **进行流处理以获得最佳性能**：若要减少下载时间、提供深入的交互性和导航功能或监视服务质量，请使用 Flash Media Server 流式传输 Adobe FLV 或 F4V 视频文件，或使用 Adobe 的一个 Flash Video Streaming Service 合作伙伴通过 Adobe 网站提供的承载服务。

9.2.2　向 Flash 添加视频

Flash 提供了多种将视频合并到 Flash 文档并为用户播放的方法，主要使用的方法有嵌入视频、加载外部视频。下面对这两种添加视频的方法进行讲解。

1. 嵌入视频

用户可以导入本地存储的视频文件，然后再将该视频文件导入 FLA 文件后，将其上传到服务器。也可导入已经上传到标准 Web 服务器、Adobe Flash Media Server 或 Flash Video Streaming Service 的视频文件。在 Flash 中，当导入渐进式下载的视频时，实际上仅添加对视频文件的引用。

对于嵌入视频时，所有视频文件数据都将添加到 Flash 文件中。这会导致 Flash 文件和随后生成的 SWF 文件体积较大，不易于传播。视频被放置在时间轴中，可以在此查看在时间轴帧中显示的单独视频帧。由于每个视频帧都由时间轴中的一个帧表示，因此，视频剪辑和 SWF 文件的帧速率必须设置为相同的速率。如果对 SWF 文件和嵌入的视频剪辑使用不同的帧速率，视频播放将不一致。

对于播放时间少于 10 秒的较小视频剪辑，嵌入视频的效果最好。如果正在使用播放时间较长的视频剪辑，用户可以考虑使用渐进式下载的视频，或者使用 Flash Media Server 传送视频流。

> **经验一箩筐——嵌入视频的局限**
>
> 为了让嵌入的视频不因为视频本身的原因出现播放异常的情况，用户在操作时需要记住以下几点要求：
>
> - 如果生成的 SWF 文件过大，可能会遇到问题。下载和尝试播放包含嵌入视频的大 SWF 文件时，Flash Player 会保留大量内存，这可能会导致 Flash Player 失败。
> - 较长的视频文件（长度超过 10 秒）通常在视频剪辑的视频和音频部分之间存在同步问题。一段时间以后，音频轨道的播放与视频的播放之间开始出现差异，导致不能达到预期的收看效果。
> - 若要播放嵌入在 SWF 文件中的视频，必须先下载整个视频文件，然后再开始播放该视频。如果嵌入的视频文件过大，则可能需要很长时间才能下载完整个 SWF 文件，然后才能开始播放。
> - 导入视频剪辑后，便无法对其进行编辑。用户必须重新编辑和导入视频文件。
> - 在通过 Web 发布 SWF 文件时，必须将整个视频都下载到观看者的计算机上，然后才能开始视频播放。
> - 在运行时，整个视频必须放入播放计算机的本地内存中。
> - 导入的视频文件的长度不能超过 16000 帧。
> - 视频帧速率必须与 Flash 时间轴帧速率相同。设置 Flash 文件的帧速率以匹配嵌入视频的帧速率。

本例将新建一个空白文档用于制作一个宣传界面，并在其中嵌入视频短片，增加 Flash 的动感。其具体操作如下：

光盘文件
素材 \ 第 9 章 \ 片头 .flv、动画背景 .jpg
效果 \ 第 9 章 \ 喷溅动画 .fla
实例演示 \ 第 9 章 \ 嵌入视频

62
Hours

52
Hours

42
Hours

32
Hours

22
Hours

12
Hours

STEP 01： 导入素材

新建一个尺寸为 1000×665 像素的空白动画文档，将"动画背景 .jpg"图像导入到库中，并从"库"面板中将其拖动到舞台中。然后锁定"图层 1"，新建"图层 2"。

> **提个醒**
> 一般制作视频动画背景时，都会使用模糊的图像作为背景，这样能突出显示视频效果。

STEP 02： 导入视频

1. 选择【文件】/【导入】/【导入视频】命令，打开"导入视频"对话框，在其中单击 浏览... 按钮。
2. 在打开的"打开"对话框中选择"片头 .flv"视频文件，单击 打开(O) 按钮。

STEP 03： 导入视频

1. 返回"导入视频"对话框，在其中选中 ⊙在 SWF 中嵌入 FLV 并在时间轴中播放 单选按钮。
2. 单击 下一步> 按钮。

读书笔记

> **提个醒**
> 在"导入视频"对话框中单击 启动 Adobe Media Encoder 按钮，将自动打开"Adobe Media Encoder"，在该软件中用户可对视频进行裁剪、格式转换、添加提示点等操作。

STEP 04： 选择元件类型

1. 在打开的对话框中的"符号类型"下拉列
   表框中选择用于视屏嵌入到 SWF 文件的元
   件类型，这里选择"嵌入的视频"选项，
   并取消选中 □包括音频 复选框。
2. 单击 下一步 > 按钮。

提个醒　　如果导入的视频中有声音，而在"嵌
入"对话框中没有选中 □包括音频 复选框，则导
入的视频在播放时将不会有声音。

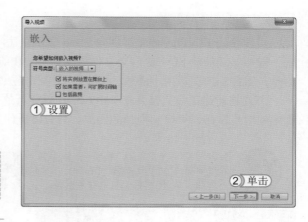

STEP 05： 完成导入

1. 在打开的窗口中，单击 完成 按钮。稍等
   片刻视频就将被导入到舞台中，时间轴将
   自动延长到播放视频需要的全部帧数。
2. 在"图层 1"的第 1473 帧插入关键帧。

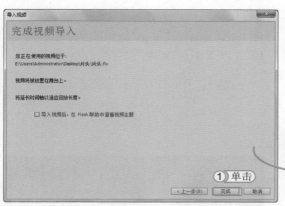

STEP 06： 测试动画

在"时间轴"面板中设置帧速率为"50.00fps"，
按 Ctrl+Enter 组合键测试动画效果。可看到动画
中间被插入的视频正在播放。

▌经验一箩筐——嵌入的元件类型

嵌入的元件类型有如下几种。

🔑 **嵌入的视频**：如果要使用在时间轴上线性播放的视频剪辑，那么最合适的方法就是将该视
频导入到时间轴。

🔑 **影片剪辑**：良好的习惯是将视频置于影片剪辑实例中，这样可以获得对内容的最大控制，
视频的时间轴独立于主时间轴进行播放。

🔑 **图形**：将视频剪辑嵌入为图形元件时，无法使用 ActionScript 与该视频进行交互。通常，图
形元件用于静态图像以及用于创建一些绑定到主时间轴的可重用的动画片段。

233

72☒
Hours

62
Hours

52
Hours

42
Hours

32
Hours

22
Hours

12
Hours

2. 加载外部视频

可以使用 FLVPlayback 组件向 Flash 文档快速添加全功能的 FLV 播放控制，并提供对渐进式下载和流式加载 FLV 或 F4V 文件的支持。FLVPlayback 组件包含 FLV 自定义用户界面控件，这是一组控制按钮，用于播放、停止、暂停和播放视频。

下面将新建空白文档并在其中加载车辆穿行的视频，将其制作为播放器效果。通过单击动画中的对应按钮，可控制视频的播放。其具体操作如下：

> **光盘文件**
> 素材 \ 第 9 章 \ 车辆.flv、车辆动画背景.jpg
> 效果 \ 第 9 章 \ 播放器.fla
> 实例演示 \ 第 9 章 \ 加载外部视频

STEP 01： 导入素材

新建一个尺寸为 1000×665 像素的空白动画文档，将"车辆动画背景.jpg"文件导入到舞台中。并锁定"图层 1"，新建"图层 2"。

STEP 02： 添加组件

1. 打开【窗口】/【组件】命令，打开"组件"面板，展开 Video 文件夹。
2. 选择 FLVPlayback 组件，单击或拖动添加到舞台。

> **提个醒** 使用 FLVPlayback 组件加载外部视频，会在"库"面板下添加组件文件。

STEP 03： 设置组件路径

1. 选择组件，在"属性"面板中单击"source"选项后的 按钮。
2. 打开"内容路径"对话框，单击 按钮。在打开的"浏览源文件"对话框中选择"车辆.flv"视频文件。
3. 返回"内容路径"对话框，在其中单击 确定 按钮。

> **提个醒** 加载的外部视频保存路径必须与"内容路径"对话框中设置的路径相同才能正常播放。如果要在其他计算机中播放动画中导入的视频，需将视频文件放置在设置的路径中。

STEP 04： 测试动画

使用选择工具将组件移动到舞台中间并使用"任意变形工具" ▣ 放大视频。单击 ▮▮ 按钮，播放视频，单击 ▮▮ 按钮，暂停视频播放。

9.2.3 编辑使用视频

在 Flash 中嵌入视频或加载外部视频后，为了使视频在动画中更加美观，用户可以对视频进行播放及编辑。

1. 更改视频剪辑属性

利用属性检查器可以更改舞台上嵌入的视频剪辑实例的属性，为实例分配一个实例名称，并更改此实例在舞台上的宽度、高度和位置。还可以交换视频剪辑的实例，即为视频剪辑实例分配一个不同的元件。其操作方法分别如下。

🔑 编辑视频实例属性：在舞台上选择嵌入视频剪辑或链接视频剪辑的实例。在"属性"面板的"名称"文本框中输入实例名称。在"位置和大小"栏中输入宽和高值更改视频实例的尺寸，输入 X 和 Y 值更改实例在舞台上的位置。

🔑 查看视频剪辑属性：在"库"面板中选择一个视频剪辑，在"库"面板的视频文件上单击鼠标右键，在弹出的快捷菜单中选择"属性"命令，或单击位于"库"面板底部的"属性"按钮 ⑥，将打开"视频属性"对话框，在其中可查看视频的位置、像素等属性。

读书笔记

235

72 🕘
Hours

62
Hours

52
Hours

42
Hours

32
Hours

22
Hours

12
Hours

🔑 使用 FLV 或 F4V 文件替换视频：打开"视频属性"对话框，单击 [导入...] 按钮，在打开的"打开"对话框中选择 FLV 或 F4V 文件，然后单击 [打开(O) ▼] 按钮即可替换。

🔑 更新视频：在"库"面板中选择视频剪辑，单击"属性"按钮 🗊，在打开的"视频属性"对话框中单击 [更新] 按钮，即可更新当前视频。

2. 编辑 FLVPlayback 组件

使用 FLVPlayback 组件加载外部视频时，可以通过对该组件的参数进行更改来编辑视频。在舞台中选择 FLVPlayback 组件，在"属性"面板中可以打开组件参数。其操作方法如下。

🔑 选择外观：在 skin 选项后单击 🖉 按钮，打开"选择外观"对话框，在其中可以选择外观和颜色。

🔑 更改参数：在"属性"面板中的"组件参数"列表中可以对组件的播放方式、控件显示等参数进行设置。

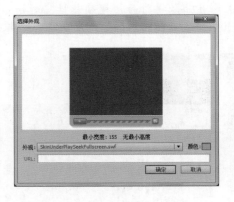

3. 使用时间轴控制视频播放

可以通过控制包含该视频的时间轴来控制嵌入的视频文件的播放。如要暂停在主时间轴上播放的视频，可以调用将该时间轴作为目标的 stop 动作。同样，可以通过控制某个影片剪辑元件的时间轴的播放来控制该元件中的视频对象。

可以对影片剪辑中导入的视频对象应用以下语句：goTo、play、stop、toggleHighQuality、stopAllSounds、getURL、FScommand、loadMovie、unloadMovie、ifFrameLoaded 和 onMouseEvent。关于这些语句的使用方法，将在第 10、11 章中进行具体讲解。

4. 使用视频提示点

使用视频提示点以允许事件在视频中的特定时间触发。在 Flash 中可以对 FLVPlayback 组件加载的视频使用两种提示点。其操作分别如下。

🔑 编码提示点：即在使用 Adobe Media Encoder 编码视频时添加的提示点。打开"导出设置"对话框，选择时间点，单击 🔲 按钮添加提示点。

🔑 ActionScript 提示点：即在 Flash 中使用属性检查器添加到视频中的提示点。单击 ➕ 按钮，添加提示点，并可以更改提示点的名称和时间。

上机1小时 ▶ 制作电视节目预告

🔍 巩固图片的导入和编辑方法。

🔍 进一步掌握 FLVPlayback 组件添加视频和参数设置的方法。

本例将新建空白动画文档，再利用 FLVPlayback 组件制作一个"家庭影院"，用于播放视频，完成后的效果如下图所示。

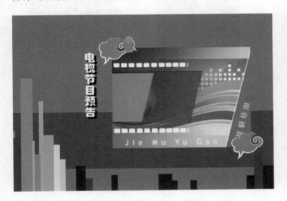

光盘
文件
素材 \ 第9章 \ 电视节目预告
效果 \ 第9章 \ 电视节目预告.fla
实例演示 \ 第9章 \ 制作电视节目预告

STEP 01： 导入素材

新建一个尺寸为 1000×651 像素的空白动画文档，将"背景.jpg"图像文件导入到舞台中，并锁定"图层 1"，新建"图层 2"。

> 提个醒
> 在制作视频动画时，需要先对视频素材进行编辑和裁剪，以达到 Flash 要求的格式和效果。

62
Hours

52
Hours

42
Hours

32
Hours

22
Hours

12
Hours

STEP 02： 导入视频

1. 选择【文件】/【导入】/【导入视频】命令，打开"导入视频"对话框，单击 浏览... 按钮。在打开的"打开"对话框中选择"电视节目预告 .flv"。
2. 单击 下一步＞ 按钮。

> **提个醒**　　在"导入视频"对话框中选中 ⊙ 已经部署到 Web 服务器、Flash Video Streaming Service 或 Flash Media Server: 单选按钮，可在 Flash 中加载其他计算机中的视频。使用这种方法的好处在于可以有效减小文件大小，但很可能因为网络问题造成视频无法播放。

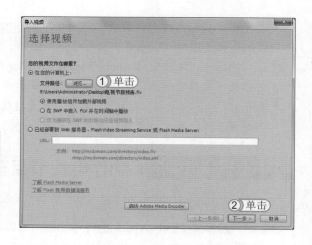

STEP 03： 设置外观

1. 在打开的对话框中设置"外观、颜色"为 "SkinOverPlayStopSeekMuteVol.swf、#009999"。
2. 单击 下一步＞ 按钮，在打开的对话框中单击 完成 按钮。

> **提个醒**　　在"外观"下拉列表框中，有多种播放器外观，用户可以根据具体想实现的功能对外观进行选择。

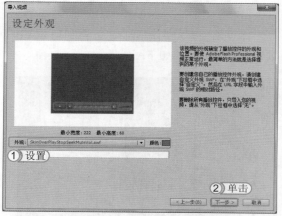

STEP 04： 调整视频大小

1. 使用鼠标将导入的视频移动到舞台右边。
2. 选择插入的视频，在"属性"面板中设置"宽、高"为"490.00、367.50"。
3. 展开"组件参数"选项，选中"skinAutoHide"后的复选框，隐藏播放时间轴。

> **提个醒**　　由于电视节目预告是用于电视上播放的，所以并不需要播放时间轴。选中"skinAutoHide"后的复选框后，在计算机上播放，用户只需将鼠标移动到视频上，就可显示播放时间轴。

▌经验一箩筐——电视节目预告背景的选择技巧

一般电视节目预告背景应该和电视节目预告片的主色调相匹配，应选择令人愉悦、轻松的颜色搭配。切勿追求颜色夸张，而造成视觉上的窘迫感。

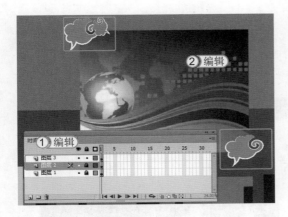

STEP 05： 添加图像

1. 锁定"图层 2"，新建"图层 3"。
2. 将"边框 .png"图像导入到舞台中，并将其缩小后，复制两个边框图像，将其分别放置在视频左上角和右下角，装饰视频。

提个醒 为了避免影响用户对时间轴的操作，所以装饰使用的图像应该放置在视频的左上角和右下角。

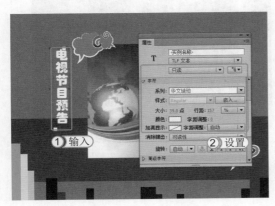

STEP 06： 输入文本

1. 选择"文本工具" T，在视频左边绘制一个文本容器，在其中输入"电视节目预告"文本。
2. 在"属性"面板中设置"改变文本方向、系列、大小、颜色"为"垂直、华文琥珀、39.0 点、#FFFFFF"。

62
Hours

STEP 07： 为文本设置滤镜效果

1. 在"属性"面板中展开"滤镜"选项，单击其下方的按钮，在弹出的下拉列表中选择"投影"选项。
2. 在"属性"栏中设置"距离"为"10 像素"。

提个醒 为字体添加滤镜能使文本在动画中比较突出，让用户能第一时间注意到现在播出的是什么内容。

52
Hours

42
Hours

32
Hours

读书笔记

22
Hours

9.3 练习 2 小时

　　本章主要介绍了声音和视频的使用方法，用户要想在日常工作中熟练使用，还需再进行巩固练习。下面以制作情人节贺卡和制作风景视频为例，进一步巩固这些知识的使用方法。

⒈ 练习 1 小时：制作情人节贺卡

　　本例将制作情人节贺卡，首先导入素材，制作元件并为元件设置混合效果，然后编辑时间轴，将元件放入时间轴中。最后插入声音，并将音乐声音音量调小后循环播放。其最终效果如下图所示。

光盘
文件

素材 \ 第 9 章 \ 情人节贺卡
效果 \ 第 9 章 \ 情人节贺卡 .fla
实例演示 \ 第 9 章 \ 制作情人节贺卡

⒉ 练习 1 小时：制作风景视频

　　本例将制作风景视频，首先导入素材，再新建两个图层，分别将两段风景视频嵌入时间轴中，绘制边框，为边框设置发光滤镜，添加说明文字，最后为视频添加循环背景音乐。其最终效果如下图所示。

光盘
文件

素材 \ 第 9 章 \ 风景
效果 \ 第 9 章 \ 风景 .fla
实例演示 \ 第 9 章 \ 制作风景视频

动画

72 HOURS

ActionScript 在动画中的应用（一）

第 **10** 章

学习 **2** 小时

- ActionScript 的基础知识
- ActionScript 3.0 的应用

　　在浏览一些网页时，用户可以发现其中的 Flash 动画可以随意地进行操作控制。这是由于在制作 Flash 动画时，在动画中添加了 ActionScript 语句造成的。为动画添加 ActionScript 语句可以让动画自由度更高，本章简单讲解在动画中应用 ActionScript 的方法。

上机 **3** 小时

10.1 ActionScript 的基础知识

ActionScript 是一种脚本语言，动画制作者可以通过它制作出具有交互性的动画效果。正是由于拥有 ActionScript 脚本语言，使 Flash 有别于其他动画软件，从众多动画软件中脱颖而出，使得许多非动画制作的程序员也对它着迷。因为它不仅可以制作交互动画，更可以制作许多特效动画。下面对 ActionScript 的基础知识进行讲解。

学习 1 小时

- 了解 ActionScript 各版本。
- 熟练掌握脚本助手和 "代码片断" 面板的使用。
- 学会添加 ActionScript 脚本的方法。
- 掌握 "动作" 面板的使用方法。

10.1.1 关于 ActionScript 1.0 和 ActionScript 2.0

随着动画制作要求的不断变化，为了加强动画的可编辑性，ActionScript 也在不断变化并推出新的版本。其中，ActionScript 1.0 是最开始同时也是最简单的 ActionScript，其功能简单，目前使用较少，但仍然有部分 Flash Lite Player 在使用。

ActionScript 2.0 在 ActionScript 1.0 的基础上做了不少改进，其最大的特点就是出现了对象的概念，这从根本上使动画特效变得更加轻松、随意。此外，ActionScript 1.0 和 ActionScript 2.0 可同时出现在同一个动画文档中，且 ActionScript 2.0 比 ActionScript 3.0 容易学习，这是动画制作者在制作小型的 Flash 动画时更加偏爱于使用 ActionScript 2.0 的原因。

10.1.2 认识 ActionScript 3.0

ActionScript 3.0 是 ActionScript 脚本语言中最新的一个版本，也是目前 Flash 动画中较常使用的脚本语言。使用它运行编译代码能得到最快的速度，简单说来能得到更加流畅的画面、更加迅速的动画响应。ActionScript 3.0 并不能单纯认为是 ActionScript 2.0 的升级版本，因为二者的理念并不相同，ActionScript 3.0 是完全面向对象的脚本语言，而 ActionScript 2.0 则是部分面向对象的脚本语言。

10.1.3 "动作" 面板的使用

编辑 ActionScript 脚本语言的主要操作基本都是在 "动作" 面板中进行的，所以在学习 ActionScript 语言前最好先认识其编辑的场所。选择【窗口】/【动作】命令或按 F9 键，打开如右图所示的 "动作" 面板，通过 "动作" 面板对 ActionScript 语句进行编写。下面对各组成部分和按钮的作用进行讲解。

动作工具箱　　　　　工具栏

脚本导航器　　　　　脚本编辑窗口

1. 动作工具箱

用于存放 ActionScript 可用的所有元素分类，使用鼠标单击动作工具箱中的类、方式、属性等，可轻松地将其加入程序段，这是编程新手经常使用编辑方法。此外，使用鼠标单击■按钮，将打开隐藏的类、方式、属性集合。

2. 脚本编辑窗口

用于存放已编辑的 ActionScript 语句。若需添加或修改 ActionScript 语句，只需选中帧后，打开"动作"面板，在脚本编辑窗口中输入或修改 ActionScript 语句即可。

3. 工具栏

为了提高编辑速度，工具栏集合了编写脚本经常使用的工具按钮，工具栏中各工具按钮的作用如下。

- "添加"按钮:用于添加脚本。单击该按钮，在弹出的下拉列表中可将选择的新属性、事件、方法添加到语句中。
- "查找"按钮:单击该按钮，在打开的"查找和替换"对话框中可以设置需要查找和替换的函数、变量等。
- "插入"按钮:单击该按钮，在打开的"插入目标路径"对话框中可以设置调用的影片剪辑或其变量。
- "语法检查"按钮:单击该按钮，可检查输入的表达式是否有问题。检测出的结果会显示在"编译器错误"面板中。
- "自动套用格式"按钮:单击该按钮，可以对程序代码段格式进行规范，规范程序代码段可以使输入的程序段更易阅读。
- "显示代码提示"按钮:选择函数时单击该按钮，将显示对代码的提示信息，在阅读代码时时常会使用到。
- "调试"按钮:单击该按钮，可插入或改变断点。
- "折叠"按钮:单击该按钮，可将程序代码段中大括号中的所有内容折叠起来。
- "折叠所选"按钮:单击该按钮，可将所选的程序代码段折叠起来，这样能更有针对性地对代码进行编辑。
- "展开"按钮:单击该按钮，将折叠的程序段展开。
- "应用块注释"按钮:单击该按钮，可注释多行代码，添加注释能便于人员学习、维护程序代码。
- "应用行注释"按钮:单击该按钮，可注释单行代码。
- "删除注释"按钮:单击该按钮，可删除程序段中的注释。
- "显示/隐藏工具箱"按钮:单击该按钮，可显示或隐藏动作工具箱。
- "代码片断"按钮:单击该按钮，将打开"代码片断"面板，在其中可以添加 Flash 中已集成的代码片断。
- "脚本助手"按钮:单击该按钮，打开脚本助手功能，帮助初学者编辑程序代码。

4. 脚本导航器

用于标注显示当前 Flash 动画中哪些动画帧添加了 ActionScript 脚本，通过脚本导航器可以方便地在动画中添加了 ActionScript 脚本的动画帧之间切换，在调试脚本时经常使用。

243

72☐
Hours

62
Hours

52
Hours

42
Hours

32
Hours

22
Hours

12
Hours

10.1.4 脚本助手的使用

很多初学者都不知道 ActionScript 语句的语法，此时便可通过脚本助手来进行输入。使用脚本助手的方法是：选择【窗口】/【动作】命令，打开 "动作" 面板，在其上单击 "脚本助手" 按钮 ✎ 切换到脚本助手模式。在脚本工具箱中找到需要输入的函数，双击或直接将其拖动到脚本编辑窗口中，再在参数栏中输入参数即可，如右图所示。

经验一箩筐——脚本助手模式下各工具按钮的作用

脚本助手模式下 "动作" 面板中的按钮会发生变化，各按钮的作用如下。

- 🔑 "添加" 按钮 🔂：单击该按钮，可将新的属性、事件或方法添加到脚本中。
- 🔑 "删除" 按钮 ➖：单击该按钮，可将选择的脚本进行删除。
- 🔑 "查找" 按钮 🔎：单击该按钮，可查找和替换内容。
- 🔑 "插入" 按钮 ⊕：单击该按钮将显示当前舞台中所有的相对路径和绝对路径，可方便插入目标路径。
- 🔑 "移动" 按钮 △ ▽：将选择的脚本向上移动或向下移动。
- 🔑 显示 / 隐藏工具箱 ⊞：单击该按钮，可打开或关闭动作工具箱。

读书笔记

10.1.5 "代码片断" 面板的使用

为了更快地使初学者通过 ActionScript 脚本制作出需要的简单动画效果，Flash 添加了 "代码片断" 面板，在该面板中集成了很多常用的代码片断。用户只需稍微对 ActionScript 脚本的语法有所了解，就能快速地使用 "代码片断" 面板制作出各种动画效果。此外，使用 "代码片断" 面板输入的脚本下方都有注释语句，用户可以观察代码片断进一步地了解 ActionScript 脚本的语法规则。

本例将新建一个空白动画文档，在其中导入素材，并将素材转换为影片剪辑元件。使用 "代码片断" 面板为元件插入代码，制作秒表转动的效果。其具体操作如下：

素材 \ 第 10 章 \ 秒表
效果 \ 第 10 章 \ 秒表 .fla
实例演示 \ 第 10 章 \ "代码片断" 面板的使用

STEP 01： 新建文档

新建一个尺寸为 1000×770 像素的空白动画文档。将"时钟"文件夹中的所有图像导入到库中。并从"库"面板中将"时钟 .png"图像移动到舞台中间。

提个醒 使用"代码片断"面板前，需要将要添加代码的图像或图形转换为影片剪辑。

STEP 02： 新建图层

1. 新建"图层 2"，选择第 1 帧。
2. 从"库"面板中将"秒钟"图像移动到时钟中间，并设置其大小。

提个醒 缩放"秒针"图像时，注意不要将秒针调整到比分针短。

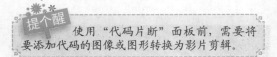

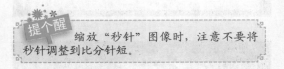

STEP 03： 转换元件

1. 选择"秒针 .png"图像，打开"转换为元件"对话框，设置"名称、类型"为"秒针、影片剪辑"。
2. 单击 确定 按钮。

STEP 04： 应用代码片断

1. 在舞台中选择"秒表"元件。
2. 选择【窗口】/【代码片断】命令，打开"代码片断"面板，展开"动画"文件夹，双击"不断旋转"选项。
3. 在打开的"设置实例名称"对话框中单击 确定 按钮。

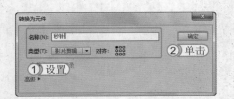

245
72 ☒ Hours
62 Hours
52 Hours
42 Hours
32 Hours
22 Hours
12 Hours

STEP 05： 调整旋转点

1. 在"库"面板中双击"秒针"元件。
2. 打开元件编辑窗口，使用鼠标将秒针元件向左上方拖动。使原本位于元件左上方的黑色十字移动到秒针柄的右下方。

> **提个醒** 元件左上方的黑色十字是元件的旋转中心点，为了在添加脚本后出现秒针旋转的效果，就一定要将旋转点移动到秒针柄的右下方。

STEP 06： 插入关键帧

1. 返回"场景1"，将"秒针"元件向左下移动，使元件的旋转点位于时钟中心。
2. 在"图层1"、"图层2"的第60帧插入关键帧。
3. 将帧速率设置为"1.00fps"。

> **提个醒** 将帧速率设置为"1.00fps"是为了实现秒针1秒转动一次的效果。在第60帧插入关键帧是为了保证时针能完整转动一圈。

STEP 07： 测试动画

按 **Ctrl+Enter** 组合键测试动画。可见秒针正在随着时间的变化转动。

10.1.6 ActionScript 3.0 的层次结构

复杂的动画效果往往需要大量的脚本程序实现，而为了方便编辑、管理这些脚本程序。动画制作者往往会将素材一个个互相嵌套起来实现特殊功能，要想制作复杂的动画效果，动画制作者一定要了解 ActionScript 3.0 的层次结构。在动画中层次结构通常由绝对路径、相对路径以及外部文件的引用组成，下面分别对其具体使用方法进行讲解。

1. 绝对路径和相对路径的使用

在 Flash 中路径分为绝对路径和相对路径，其作用和使用方法都有所不同，在 Flash 中路径并没有常用和不常用的区别，用户在选择使用路径时只需根据实际情况进行选择。其中，绝对路径用于对象位置固定不变的情况；而相对路径则用于对象位置可以随意改变的情况。下面讲解绝对路径和相对路径的使用方法。

（1）绝对路径

ActionScript 3.0 都是在主场景即 _root 中进行的，_root 是 Flash 中的固定关键字。假设 "_root" 是房子，桌子是其中定义的一个 MovieClip 实例名称 "MC"。要想表现房子里面的桌子就可以使用绝对路径 "_root.MC;"。需要注意的是，ActionScript 3.0 是面向对象的语言，所以其中有很多对象名称，为了分割这些名称，用户就需要使用 "." 作为分隔符，相关语法将在下节中进行讲解。

用户在表达出需要的对象，如上面所述的房间里的桌子后，才能对对象执行方法。如 "房间 . 粉刷 ();"，之所以在粉刷后要加 "()" 是为了说明这是一个方法，并非是一个名称。如果用户想将之前定义的 MC 实例停止就可以执行 "_root.MC.stop();"。

> **经验一箩筐——ActionScript 3.0 输入时的注意事项**
>
> 在 ActionScript 3.0 中输入标点时，必须以英文输入，否则会出现错误。在输入完每行操作后必须输入 ";"，以说明该行命令行已经结束。

（2）相对路径

和绝对路径相比，相对路径拥有更大的自由度，但其表现方式就显得复杂一些。如想表示将书房中的一本书放回书柜，那么将不能确定到底是想将哪本书放回书柜，因为书房中有很多书。所以这时可以重新指定是将手中拿着的书放回书柜。使用相对路径表示："手中的书 . 放回书柜 ();"；如果此时，用户想使用 "书房 . 手中的书 . 放回书柜 ();" 来执行这条命令，就会出现错误。因为此时拿着书的位置可能并不是书房，有可能在客厅。

在 ActionScript 中，用户想停止主时间轴上放置的 MC 影片剪辑播放，如果只是在存放 MC 的帧中输入 "_root.MC.stop();"，这种表达方法是正确的，但如果 MC 在下一帧中改变了名称。用户就需要修改语句，这样操作起来会很复杂。为了解决这个问题，用户不妨先找到要编辑的对象，即打开 MC 影片剪辑，然后在其第 1 帧输入 "this.stop();"，这样无论如何该影片剪辑都将停止，需要注意的是 "this" 在这里是相对路径的 Flash 关键词。

> **经验一箩筐—— "_parent" 的使用**
>
> 在 ActionScript 3.0 中除可使用 "this" 表达相对路径外，还经常使用 "_parent" 表达路径。如桌子（_root）、书（mc_shu）、文字（mc_wenzi），关系为桌子 . 书 . 文本（_root.mc_shu. mc_wenzi）。在 mc_shu 的时间轴中输入 "_parent. 打扫 ();"，意思是打扫桌子；在 mc_wenzi 的时间轴中输入 "_parent. 看 ();"，意思是看书。_parent 就是父级，书的父级是桌子，文字的父级是书。

62
Hours

52
Hours

42
Hours

32
Hours

22
Hours

12
Hours

2. 引用外部文件

有些商业 Flash 为了更新、维护的方便，往往会在动画文档中插入一些外部文件，如 MP3、SWF 文件等。下面讲解其引用方法。

（1）加载 MP3 文件

为了不增大动画文档的大小，用户有时并不会将 MP3 音频文件置入到动画中，而且通过引用的方法加载音频文件。加载 MP3 文件一般会使用 "_sound.load" 命令，如需在主场景中加载一个名为 "muisc" 的外部 MP3 文件。则需输入一段 "_sound.load (new URLRequest("muisc.mp3"));" 命令，但在输入前还需对相关的变量进行定义，相关定义方法将在下一节中进行讲解。

（2）加载 SWF 文件

为了方便后期维护或快速更新动画文档内容，动画制作者在 Flash 动画中嵌入 SWF 文档时，通常会采用引用外部 SWF 文件的方式加载 SWF 文档。加载 SWF 文件一般会使用 "_loader.load" 命令，如需在主场景中加载一个名为 "yp" 的外部 SWF 文件，则需输入一段 "loader.load(new URLRequest("yp.swf"));" 命令。

> ▌经验一箩筐——引用不同文件夹中的外部文件
>
> 在加载外部文件时，若外部文件与 Flash 动画文档在同一文件夹下只需输入文件名称，若不在同一文件夹中则需要输入文件路径，如 "音乐 /muisc.mp3"。

10.1.7 ActionScript 3.0 语句基础

在学习使用 ActionScript 3.0 的相关语句实现动画效果前，用户还需要对 ActionScript 3.0 语法基础有深入的了解才能在以后的学习中少出现问题。

1. 基本语法

在使用 ActionScript 3.0 时，一定要注意其中最基础的基本语法，如果连 ActionScript 语句最简单的语法都不清楚，即使整个脚本程序段没问题，基本语句段同样无法运行。ActionScript 语句的基本语法包括点语法、分号和括号、区分大小写、关键字以及注释等。下面对它们进行详细的讲解。

（1）点语法

在 ActionScript 语句中，点语句是最基础的语法。使用点语法，可以使用运算符和属性名（或方法名）的实例名来引用类的属性或方法。如下所示代码即表示通过创建的实例名来访问 prop1 属性和 method1() 方法：

```
var myDotEx:DotExample = new DotExample();
myDotEx.prop1 = "hello";
myDotEx.method1();
```

（2）分号

可以使用分号字符（ ; ）来终止语句。如果省略分号字符，则编译器假设一行代码代表一条语句，在程序中使用分号来终止语句，可使代码易于阅读。

（3）括号

在 ActionScript 中，括号主要包括大括号 {} 和小括号 () 两种。大括号用于将代码分成不同的块，而小括号通常用于放置使用动作时的参数。在定义一个函数以及调用该函数时，都需要使用到小括号。

（4）区分大小写

ActionScript 3.0 是一种区分大小写的编程语言。大小写不同的标识符会被视为不同。如下面的代码将创建两个不同的变量：

```
var num1:int;
var Num1:int;
```

（5）关键字

在 ActionScript 中，具有特殊含义能被脚本调用的特定单词被称为"关键字"。在编写语句时一定要注意不要使用 Flash 预留的关键字，如果在 Flash 中使用了关键字则会使程序无法运行。在 ActionScript 中，常用的关键字如下表所示。

ActionScript常用的关键字

as	break	case	catch	false	class	const	continue
default	delete	do	else	extends	finally	for	function
if	implements	import	in	instanceo	interface	Internal	is
native	new	null	package	private	protected	public	return
super	switch	this	throw	to	true	try	typeof
use	var	void	while	with			

（6）注释

为了更快地让浏览者了解脚本程序段的作用，用户可对一些有特殊作用的脚本程序段进行注释。ActionScript 代码支持两种类型的注释：单行注释和多行注释。其使用方法分别如下。

🔑 单行注释：单行注释以两个正斜杠字符（//）开头并持续到该行的末尾。如下面的代码包含一个单行注释："var someNumber:Number = 3; // a single line comment"。

🔑 多行注释：多行注释以一个正斜杠和一个星号（/*）开头，以一个星号和一个正斜杠（*/）结尾。如下面的代码包含一个条行注释："/* This is multiline comment that can span more than one line of code. */"。

2. 变量和常量

动画的特效一般都是通过 ActionScript 内部的值传递实现的，而要进行值的传递就必须通过变量以及常量实现。下面就来对变量和常量进行详细讲解。

（1）变量

变量用来存储程序中使用的值。声明变量时不指定变量的类型是合法的，但在严格模式下，这样做会产生编译器警告。可通过在变量名后面追加一个后跟变量类型的冒号来指定变量类型。如下面的代码声明一个int类型的变量i，并将值20赋给i：

```
var i:int;
i = 20;
var i:int;
```

249

72☒
Hours

62
Hours

52
Hours

42
Hours

32
Hours

22
Hours

12
Hours

250
72 ☑
Hours

> **经验一箩筐——变量的命名规则**
>
> 为了使脚本正常运行，用户在设置变量名时，最好遵循以下规则：
>
> 🔑 变量名必须以英文字母a~z开头，不区分大小写。
>
> 🔑 变量中间不能有空格，但可以使用下划线。
>
> 🔑 变量名不能与关键字相同。

（2）常量

常量是指具有无法改变的固定值的属性。常量只能赋值一次，而且必须在最接近常量声明的位置赋值。

```
public const minMun:int = 0;
public const maxMun:int;
public function A()
{
    maxMun = 20;
}
```

3. 函数

函数是可以向脚本传递值并能将返回值反复使用的代码块。Flash 中能制作出的特效都是通过函数完成的，常用的函数分为 4 类。其作用分别介绍如下。

🔑 **时间轴控制**：用于对时间轴中的播放头进行控制，如播放头的跳转、播放和停止等。

🔑 **浏览器和网络**：对 Flash 在浏览器和网络中的属性和链接等进行设置。

🔑 **影片剪辑控制**：对影片剪辑进行控制。

🔑 **运算函数**：运算函数对影片中的数据进行处理，这类函数包括打印函数、数学函数、转换函数和其他函数 4 种。

4. 数据类型

数据类型用于定义一组值。如 Boolean 数据类型所定义的一组值中仅包含两个值：true 和 false。除了 Boolean 数据类型外，ActionScript 3.0 还定义了其他几个常用的数据类型，如 String、Number 和 Array。可以使用类或接口来自定义一组值，从而定义数据类型。基元数据类型包括 Boolean、int、Null、Number、String、uint、void 和 Object。其作用和值如下表所示。

基元数据类型

数据类型	说　明	举　例
Boolean 类型	对于 Boolean 类型的变量，其他任何值都是无效的。已经声明但尚未初始化的布尔变量的默认值是 false	Boolean 数据类型包含两个值：true 和 false
int 类型	int 数据类型在内部存储为 32 位整数，包含的整数集从 $-2147483648(-2^{31})$ 至 $2147483647(2^{31}-1)$（两端包含在内）	6、8、-56

续表

数据类型	说　明	举　例
Null 类型	是 String 数据类型用来定义复杂数据类型的所有类（包括 Object 类）的默认值。其他基元数据类型（如 Boolean、Number、int 和 uint）均不包含 null 值	Null 数据类型仅包含一个值：null
Number 类型	对于 numeric 型数据，ActionScript 3.0 包含 3 种特定的数据类型：Number、Int、Uint	Number.S_ VALUE==1797
String 类型	String 数据类型表示一个 16 位字符的序列	一个名称或书中某一章的文字
uint 类型	uint 数据类型在内部存储为 32 位无符号整数，包含的整数集介于 0 和 4294967295(2^{32}-1) 之间（包括 0 和 4294967295）	使用 uint 数据类型来表示像素颜色值
void 类型	可以将 void 只用作返回类型注释	void 数据类型仅包含一个值：undefined
Object 类型	Object 数据类型由 Object 类定义，Object 类用作 ActionScript 中的所有类定义的基类	Object 类实例的默认值是 null

5. 类型转换

将某个值转换为其他数据类型的值时，就发生了类型转换。类型转换可以是隐式的，也可以是显式的。隐式转换也称为强制转换，在运行时执行；显式转换又称为转换，在代码指示编译器将一个数据类型的变量视为属于另一个数据类型时发生。如下代码将提取一个布尔值并将其转换为一个整数：

var myBoolean:Boolean = true;

var myINT:int = int(myBoolean);

trace(myINT); // 1

可以将任何数据类型转换为以下 3 种数字类型之一：int、uint 和 Number。如果由于某些原因不能转换数值，则会将默认值 0 赋给 int 和 uint 数据类型，将默认值 NaN 赋给 Number 数据类型。如果将布尔值转换为数字，则 true 变成值 1，false 变成值 0。其他数据类型转换为 Number、int 或 uint 数据类型的结果，如下表所示。

其他数据类型转换为Number、int或uint数据类型的结果

数据类型或值	转换为 Number、int 或 uint 时的结果
Boolean	如果值为 true，则结果为 1，否则为 0
Date	Date 对象的内部表示形式，即从 1970 年 1 月 1 日午夜（通用时间）以来所经过的毫秒数
null	0
Object	如果实例为 null 并转换为 Number，则结果为 NaN，否则为 0
String	如果字符串可以转换为某个数字，则为数字；如果转换为 Number，则为 NaN；如果转换为 int 或 uint，则为 0
undefined	如果转换为 Number，则结果为 NaN；如果转换为 int 或 uint，则结果为 0

251

72 ☒
Hours

62
Hours

52
Hours

42
Hours

32
Hours

22
Hours

12
Hours

■ 经验一箩筐——转换对象类型的使用技巧

要转换对象类型，可用小括号括起对象名，并在其前面加上新类型的名称。

读书笔记

6. 运算符

运算符也叫操作符，其效果与数学中的加减乘除相似，只是在 ActionScript 中其书写方式正好是反过来的，最终的结果放在最左边。在 Flash 中一个表达式是由变量、常量和运算符 3 部分组成。下面就来对运算符进行讲解。

（1）数学运算符

数学运算符是 ActionScript 最简单也是最常见的运算符之一，其使用方法与数学中的完全一致。但如果遇到数据类型是数值型的字符串时，ActionScript 会将其转换成数值后计算。如 "apple" 将被转换为 0。ActionScript 中的数学运算符符号、作用如下表所示。

ActionScript中的数学运算符

运算符号	作 用	举 例	运算符号	作 用	举 例
+	加	a=3+2	%	除	c=100%25
-	减	a=8-7	++	自加	x++
*	乘	c=4*5	--	自减	y--

（2）比较运算符

比较运算符一般用于判断脚本中表达式的值，再根据比较返回一个布尔值，然后再根据后续的语句执行不同的命令，比较运算符在制作游戏这类 Flash 时经常被使用到。

如下面的代码将判断变量 a 是否大于 20，若大于 20 就输出"大于 20"；若小于 20 则输出"小于 20"：

```
if(a>20)
{
trace(大于20);
}
else
{
trace(小于20);
}
```

ActionScript 中的比较运算符和数学中基本相同，但也有几个比较独特的比较运算符，ActionScript 中的比较运算符符号和作用如下表所示。

ActionScript中的比较运算符

运 算 符 号	作　用	运 算 符 号	作　用
>	大于	<=	小于等于
<	小于	==	等于
>=	大于等于	!==	不等于

（3）逻辑运算符

逻辑运算符是一种经常使用的运算符，使用它可计算两个布尔值以返回第 3 个布尔值。使用这种逻辑运算符可以产生很多随机的布尔值，所以很多动画制作师都喜欢使用逻辑运算符制作特效。ActionScript 中的逻辑运算符计算后的返回值如下表所示。

ActionScript中的逻辑运算符

运 算 符 号	返回值 1	返回值 2	计 算 结 果
	T（true）	T	T
&& （and）	F（false）	F	F
	T	F	F
	F	T	F
	T	T	T
|| （or）	F	F	F
	T	F	T
	F	T	T
! （not）	T		F
	F		T

（4）相等运算符

相等运算符用于测试两个表达式是否相等，两边的表达式可以为数字、字符串、布尔值、对象、函数等，而比较返回的结果为布尔值。ActionScript 中的相等运算符符号和作用如下表所示。

ActionScript中的相等运算符

运 算 符 号	作　用	运 算 符 号	作　用
==	等于	!=	不等于
===	全等	!==	不全等

读书笔记

253
72图
Hours
62
Hours
52
Hours
42
Hours
32
Hours
22
Hours
12
Hours

（5）位运算符

在制作动画时，可能因制作特效而需要使用位运算符，将浮点型数字转换为 32 位的整型，再根据整型数字重新生成一个新数字。ActionScript 中的位运算符符号和作用如下表所示。

ActionScript中的位运算符

运　算　符　号	作　　用	运　算　符　号	作　　用
&	按位"与"	<<	左移位
|	按位"或"	>>	右移位
^	按位"异或"	>>>	右移位填零
~	按位"非"		

读书笔记

（6）赋值运算符

在 ActionScript 中赋值运算也是经常使用到的运算符。如 a="day";。除此之外，使用赋值运算符还可以将一个值同时赋给多个变量，如下面就将"23"这个数字同时赋给了 a、b、c:

a=b=c=23;

ActionScript 中的赋值运算符符号和作用如下表所示。

ActionScript中的赋值运算符

运　算　符　号	作　　用	运　算　符　号	作　　用
=	赋值	/=	相除并赋值
+=	相加并赋值	<<=	按位左移动并赋值
-=	相减并赋值	>>=	按位右移动并赋值
*=	相乘并赋值	>>>=	右位移填零并赋值
%=	求模并赋值	^=	按位异或并赋值

（7）运算符的优先级和结合律

运算符的优先级和结合律决定了处理运算符的顺序。虽然对于熟悉算术的用户来说，编译器先处理乘法运算符（＊）后处理加法运算符（＋）是自然而然的事情，但编译器要求指定先处理哪些运算符。此类指令统称为运算符优先级。**ActionScript** 定义了一个默认的运算符优先级，可以使用小括号运算符(**()**)来改变它其优先级。如下面的代码改变上一个示例中的默认优先级，以强制编译器优先处理加法运算符，然后再处理乘法运算符：

var sumNumber:uint = (2 + 3) * 4; // uint == 20

当同一个表达式中出现两个或多个具有相同的优先级的运算符时，编译器使用结合律的规则会确定首先处理哪个运算符。除了赋值运算符和条件运算符（?:）之外，所有二进制运算符都是左结合的，也就是说，先处理左边的运算符然后再处理右边的运算符，而赋值运算符和条件运算符（?:）是右结合。

如小于运算符（<）和大于运算符（>）具有相同的优先级，将这两个运算符用于同一个表达式中，因为这两个运算符都是左结合的，所以首先处理左边的运算符。因此，以下两个语句将生成相同的输出结果：

trace(3 > 2 < 1); // false

trace((3 > 2) < 1); // false

下表按优先级递减的顺序列出了 ActionScript 3.0 中的运算符。在该表中，每一行中包含的运算符优先级相同，每一行运算符的优先级都高于其下面行中的运算符。

运算符的优先级和结合律

组　　合	运算符的优先级和结合律
主要	[] {x:y} () f(x) new x.y x[y] <></> @ :: ..
后缀	x++ x--
一元	++x --x + - ~ ! 删除 typeof 无效
乘性	* / %
加性	+ -
按位移位	<< >> >>>
关系	< > <= >=
等于	== != === !==
按位 AND	&
按位 XOR	^
按位 OR		
逻辑 AND	&&
逻辑 OR	||
条件	?:
赋值	= *= /= %= += -= <<= >>= >>>= &= ^= |=
逗号	,

62
Hours
▲

52
Hours
▲

42
Hours
▲

32
Hours
▲

22
Hours
▲

12
Hours

读书笔记

上机 1 小时 ▶ 制作声音控制效果

🔍 巩固 ActionScript 3.0 的脚本语法。

🔍 进一步掌握在 Flash 中使用 ActionScript 脚本的方法。

　　本例将为动画创建一个按钮，使用代码片断为按钮添加动作脚本，来实现加载外部声音并进行播放和停止控制，最终效果如下图所示。

> **光盘文件**
> 素材 \ 第 10 章 \ 声音控制
> 效果 \ 第 10 章 \ 声音控制.fla、gz.mp3
> 实例演示 \ 第 10 章 \ 制作声音控制效果

STEP 01： 导入素材

新建一个尺寸为 1000×700 像素，颜色为 #999999 的 ActionScript 3.0 空白动画文档，将"声音控制"文件夹中，除"gz.mp3"音频文件以外的所有文件导入到库中，并从"库"面板中将"背景.jpg"图像拖动到舞台中。

STEP 02： 新建影片剪辑

1. 选择【插入】/【新建元件】命令，打开"创建新元件"对话框，在其中设置"名称、类型"为"按钮外围、影片剪辑"。

2. 单击 确定 按钮。

STEP 03： 转换为新元件

1. 进入元件编辑窗口，从"库"面板中将"按钮外围"图像移动到舞台中，并使其中心点与舞台中心对齐。
2. 选择图像，按 F8 键，打开"转换为元件"对话框，在其中设置"名称、类型"为"图片、影片剪辑"。
3. 单击 确定 按钮。

> **提个醒** 由于之后要创建补间动画，所以这里必须先将图像转换为元件。

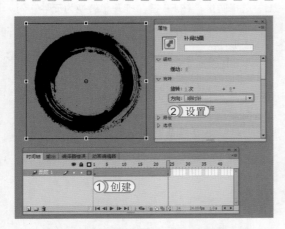

STEP 04： 设置补间动画

1. 在第 1 帧上单击鼠标右键，在弹出的快捷菜单中选择"创建补间动画"命令，创建补间动画。
2. 选择所有的补间范围，在"属性"面板中设置"方向"为"顺时针"。

> **提个醒** 因为在主时间轴上制作该补间动画会影响到脚本的运行，所以就将该旋转补间动画放到了影片剪辑中。

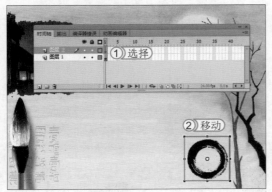

STEP 05： 应用元件

1. 新建"图层 2"，选择第 1 帧。
2. 从"库"面板中将"按钮外围"元件拖动到舞台右下方，并缩放大小。

> **提个醒** "按钮外围"元件不宜过于缩小，因为之后会在其中放置"按钮"元件。

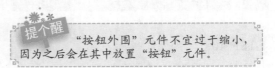

STEP 06： 新建元件

1. 选择【插入】/【新建元件】命令，打开"创建新元件"对话框，在其中设置"名称、类型"为"按钮、按钮"。
2. 单击 确定 按钮。

STEP 07： 插入关键帧

1. 新建元件编辑窗口，将"按钮 .png"图像移动到舞台中间。
2. 按两次 F6 键，插入两个关键帧。

提个醒　　本例不需要编写脚本，而是直接使用 Flash 中的代码片断。

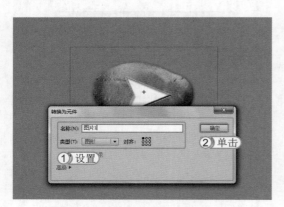

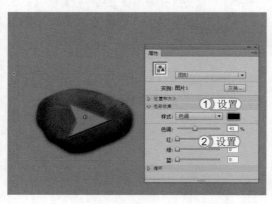

STEP 08： 新建元件

1. 选择图像，按 F8 键，打开"转换为元件"对话框，在其中设置"名称、类型"为"图片 1、图形"。
2. 单击 确定 按钮。

提个醒　　为了设置按钮按下时的图像效果，需要将图像转换为元件。

STEP 09： 设置元件属性

1. 在"属性"面板中单击"样式"后的色块，在弹出的选择框中设置颜色为"#000000"。
2. 设置"色调"为"41%"，按 F6 键插入关键帧。

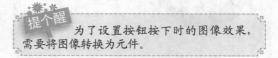

STEP 10： 为元件命名

1. 新建"图层 3"，选择第 1 帧。
2. 从"库"面板中将"按钮"元件拖动到舞台右下角，并将其缩小。
3. 在"属性"面板中设置"实例名称"为"btnplay"。

提个醒　　为元件命名，是为了方便调用代码片断。

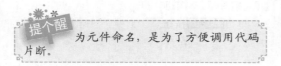

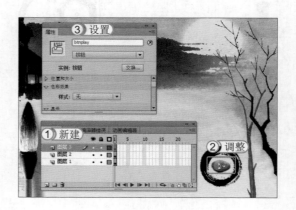

STEP 11： 为元件添加脚本片断

1. 在舞台中选择"按钮"元件。
2. 选择【窗口】/【代码片断】命令，打开"代码片断"面板，展开"音频和视频"文件夹。双击其下方的"单击以播放/停止声音"选项。此时，将自动打开"动作"面板，其中将会显示添加的脚本片断。

提个醒 在为元件添加脚本片断后，Flash
将会自动新建一个"Actions"图层，用于
显示放置脚本。

STEP 12： 修改脚本

将素材文件夹中的"gz.mp3"音频文件复制到保存本动画文档的文件夹中。在"动作"面板中，将第21行程序中的文本"http://www.helpexamples.com/flash/sound/song1.mp3"修改为"gz.mp3"。

提个醒 这里的声音文件 URL 地址为相对
路径，因此，需要将 gz.mp3 文件保存在动
画文档相同的目录下。

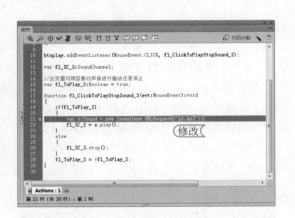

读书笔记

62
Hours

52
Hours

42
Hours

32
Hours

22
Hours

12
Hours

10.2 ActionScript 3.0 的应用

ActionScript 是一种方便的脚本语句，使用它可以在时间轴的关键帧上，或是外部的类文件中进行编辑。下面对不同对象添加 ActionScript 3.0 以及经常使用的 Action 函数语句进行具体讲解。

学习 1 小时

🔍 快速掌握在不同对象中添加 ActionScript 3.0 的方法。

🔍 熟练使用常用的 Action 函数编辑动画文档。

10.2.1　为不同对象添加 ActionScript 3.0

为了编辑方便，并满足制作动画的各种需要，用户可在如时间轴的关键帧上、外部类文件等对象中添加 ActionScript 3.0 脚本语句。下面讲解添加方法。

1. 在时间轴上添加

在时间轴上添加脚本语句是最常使用也是最简单的方法，但这种添加方法一般用于添加较简单且较短的脚本。其添加方法是：在时间轴中选择需要添加脚本的关键帧，若没有关键帧时可新建关键帧。选择关键帧后，打开"动作"面板，在该面板中直接输入脚本。此时，即可看到该关键帧上将会出现一个 a 符号，如右图所示。

2. 在外部类文件中编写

为增强 Flash 中重要脚本的安全性，有时需要将 ActionScript 脚本存放在外部的类文件中，然后再将外部的类文件导入动画中进行应用。

使用外部类文件编写 ActionScript 脚本的方法是：选择【文件】/【新建】命令，打开"新建文档"对话框，在其中的"类型"列表框中选择"ActionScript 文件"选项，单击 确定 按钮。此时会直接显示一个纯文本格式的面板。使用类文件的好处在于，用户可以使用任何的纯文本编辑器对其进行编辑。

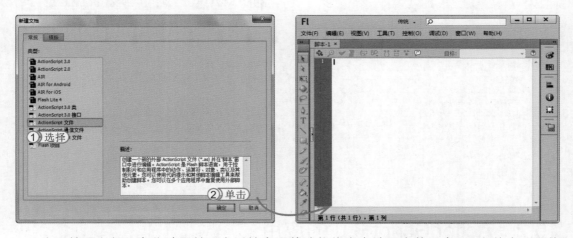

为了管理方便，有些动画甚至会以帧实现的功能将脚本放置在若干个 AS 文件中，再使用 include 命令将脚本应用于当前帧，如 include"[path]list.as";。用户不但能在帧脚本中使用 include 命令，在 AS 文件中通常也可以使用 include 命令。需注意的是，类文件不能使用该命令。

▌经验一箩筐——使用 include 命令的技巧

使用 include 命令时，调用一些外部文件仍然需要自定文件路径，若不想通过绝对路径和相对路径制定路径，则需要满足以下任意 3 条原则之一：

🔑 和动画文档位于同一个文件夹下。

🔑 位于全局 include 文件夹（C:\Documents and Settings\ 用户 \Local Settings\Application Data\ Adobe\Flash CS6\ 语言 \Confinguration\Include ）下。

🔑 位于 "C:\Program File\Adobe\Flash CS6\ 语言 \Frist Run\Include" 文件夹下。

问题小贴士

问：可以在元件上添加脚本吗？

答：在 ActionScript 3.0 中不可以，但在 ActionScript 2.0 中可以。为元件添加脚本的方法是：在舞台中选择需要添加脚本的元件，打开"动作"面板，在面板中直接输入脚本即可。

10.2.2 常用的 Action 函数语句

为了实现各种各样的效果，Flash 的开发者们为 ActionScript 制作了很多函数语句。使用 Action 函数编辑动画是为了得到某种效果，所以在制作动画时不可能将所有的函数语句都一次用完，为了更好地让初次接触 ActionScript 的用户在通过学习后能使用 ActionScript 制作一些简单的交互动画，下面对常用的 Action 函数语句进行讲解。

1. 播放控制语句

播放控制就是在动画播放时对动画的播放头进行控制。如"播放（Play）"、"停止（Stop）"等。这类语句是制作交互式动画最常使用到的语句，且该类语句可作用于动画中的所有对象。

下面将新建一个空白动画文档，在其中制作一个影片剪辑和两个按钮。使用户通过单击按钮控制动画的播放和停止。其具体操作如下：

光盘文件
素材 \ 第 10 章 \ 播放控制
效果 \ 第 10 章 \ 播放控制 .fla
实例演示 \ 第 10 章 \ 播放控制语句

STEP 01： 导入素材

新建一个尺寸为 1000×680 像素，颜色为 #00CC99 的 ActionScript 2.0 空白动画文档，将"播放控制"文件夹中的所有文件导入到库中。并从"库"面板中将"背景"图像拖动到舞台中。将帧率设置为 12.00fps。

62
Hours

52
Hours

42
Hours

32
Hours

22
Hours

12
Hours

STEP 02: 编辑图层

1. 选择第 6 帧，按 F6 键插入关键帧。
2. 新建"图层 2"，在其第 1~6 帧上插入关键帧。

提个醒　因为这里有 6 张需要播放的图片，所以插入了 6 个关键帧。

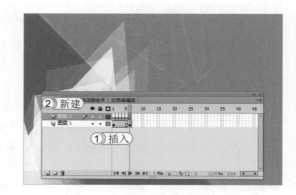

STEP 03: 向关键帧中添加图像

1. 选择"图层 2"中的第 1 帧，将"库"面板中的"1.png"图像拖动到舞台右边，并缩放其大小。
2. 分别选择第 2~6 帧，使用相同的方法将"2.png"~"6.png"图像拖动到舞台中与"1.png"图像重合。

提个醒　可以使用绘图纸功能对齐图像。

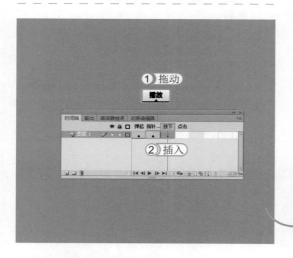

STEP 04: 新建元件

1. 新建一个"播放"按钮元件，从"库"面板中将"播放"图像移动到舞台中。
2. 按两次 F6 键，插入两个关键帧。
3. 选择"按下"帧中的图像，按 F8 键，在打开的对话框中设置"名称、类型"为"图片 1、图形"，单击 确定 按钮。

STEP 05: 设置元件属性

1. 在舞台中选择"图片 1"元件。
2. 在"属性"面板中设置"着色"为"#000000"。
3. 设置"色调"为"40%"。按 F6 键插入关键帧。

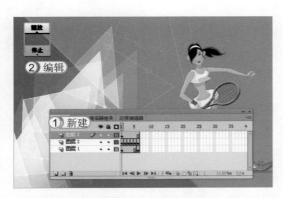

STEP 06： 应用元件

1. 使用相同的方法制作"停止"元件。返回主场景，新建"图层3"。
2. 从"库"面板中将"播放"、"停止"元件，移动到舞台左上方，并缩放其大小。

提个醒　　为确保两个按钮大小相同，最好使用"变形"面板进行缩放。

STEP 07： 输入控制播放的脚本

1. 在舞台中选择"播放"元件。
2. 选择【窗口】/【动作】命令，打开"动作"对话框，在其中输入控制播放的脚本。

提个醒　　在"动作"面板中输入函数时，函数为蓝色显示时，才是正确的状态。

STEP 08： 输入控制停止的脚本

1. 在舞台中选择"停止"元件。
2. 在打开"动作"对话框中输入控制播放的脚本。

提个醒　　按 F9 键，也可打开"动作"面板。

STEP 09： 测试动画

按 **Ctrl+Enter** 组合键测试动画。可见单击"停止"按钮时，动画将停止。当单击"播放"按钮时，动画又将播放。

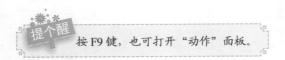

2. 播放跳转命令

播放跳转命令可将播放头强行跳转到规定的帧数，常用于根据浏览者的选择跳转到某些特定页面的情况。常用的播放跳转命令有"继续播放（goto And Play）"和"跳转到第几帧并停止播放（goto And Stop）"。如想表示跳转到第 20 帧并继续播放，可输入：

goto And Play(20);

默认情况下，如果用户没有直接对帧设置实例名称，那么帧的实例名称为帧数的阿拉伯数字，所以上面的表达式中需要跳转到第 20 帧，直接设置 goto And Play 的参数为 20。

3. 条件语句

条件语句在动画中起到判断条件是否达成的效果，当开始进入脚本运行范围时，脚本将会判断当前正在执行的操作是否满足编写脚本时设置的条件。如果达到条件就执行满足条件的语句，否则执行不满足条件的语句。下面将分别对条件语句进行讲解。

（1）if...else

该语句可以理解为"如果……就……否则就……"的命令。使用 if...else 条件语句可以测试一个条件，如果该条件存在，则执行 else 前的代码块，如果该条件不存在，则执行 else 后的代码块。

如下面的代码是测试变量 x 的值是否超过 20，如果是，则生成一个 trace() 函数，如果不是，则生成另一个 trace() 函数：

```
if (x > 20)
{
    trace("x is > 20");
}
else
{
    trace("x is <= 20");
}
```

本例将新建一个空白动画文档，在其中绘制一个形状，将其转换为一个影片剪辑后。通过添加条件语句，使绘制的形状追随着用户的鼠标移动，并留下运动轨迹的残影。其具体操作如下：

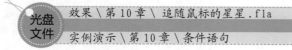

光盘
文件

效果 \ 第 10 章 \ 追随鼠标的星星 . fla

实例演示 \ 第 10 章 \ 条件语句

STEP 01： 新建文档

新建一个尺寸为 1000×580 像素，颜色为 #FFCC00 的 ActionScript 2.0 空白动画文档，选择【插入】/【新建元件】命令，在打开的"创建新元件"对话框中设置"名称、类型"为"形状、影片剪辑"，单击 确定 按钮。

STEP 02： 设置工具属性

1. 选择"多角星形工具" 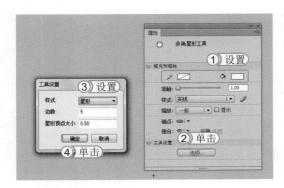，打开"属性"面板。在其中设置"笔触颜色、填充颜色"为"无、#FFFFFF"。
2. 单击 选项... 按钮。
3. 打开"工具设置"对话框，设置"样式"为"星形"。
4. 单击 确定 按钮。

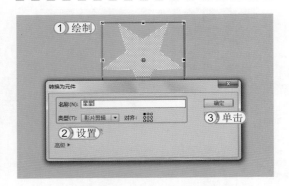

STEP 03： 编辑图形

1. 使用鼠标在舞台中绘制一个五角星，并使其中心位于舞台中心。
2. 按 F8 键，打开"转换为元件"对话框，在其中设置"名称、类型"为"星星、影片剪辑"。
3. 单击 确定 按钮。

STEP 04： 编辑补间动画

1. 选择【插入】/【补间动画】命令，创建补间动画。在第 40 帧插入属性关键帧。使用鼠标将五角星缩小。
2. 选择所有的补间范围，在"属性"面板中设置"方向"为"顺时针"。

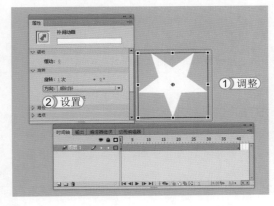

提个醒　　缩小后的五角星中心点，也应该在舞台中心。

STEP 05： 新建元件

1. 选择【插入】/【新建元件】命令，打开"创建新元件"对话框，在其中设置"名称、类型"为"移动轨迹、影片剪辑"。
2. 单击 确定 按钮。

读书笔记

265

72图
Hours

62
Hours

52
Hours

42
Hours

32
Hours

22
Hours

12
Hours

STEP 06: 编辑元件

1. 将"形状"元件拖入舞台中间，使其与舞台中心对齐。
2. 按 F5 键，为第 2 帧插入关键帧。
3. 新建"图层 2"，选择第 1 帧。

提个醒   下面将为关键帧插入脚本，所以需要新建"图层 2"，用于放置脚本。

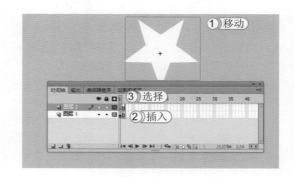

STEP 07: 输入脚本

1. 打开"动作"面板，在其中输入脚本。
2. 选择"图层 2"的第 2 帧，插入关键帧。选择第 2 帧，在其中输入脚本。

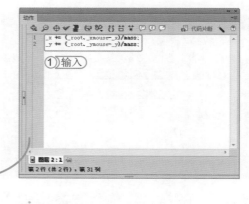

提个醒   第 1 帧的脚本是为了控制位移效果，第 2 帧的脚本是将播放头强行返回第 1 帧。

STEP 08: 为实例命名

1. 返回主场景，从"库"面板中将"移动轨迹"元件移动到舞台中间，并将其缩小。然后选择元件。
2. 打开"属性"面板，在其中设置"实例名称"为"removal0"。

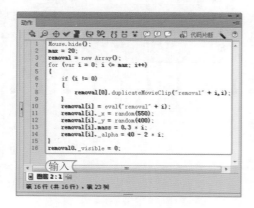

STEP 09: 输入脚本

新建"图层 2"，选择第 1 帧，打开"动作"面板，在其中输入脚本。

提个醒   该脚本将调用之前制作的"移动轨迹"元件，并通过 if 语句判断当前操作是否满足，要求若满足，则执行"移动轨迹"元件中的操作。

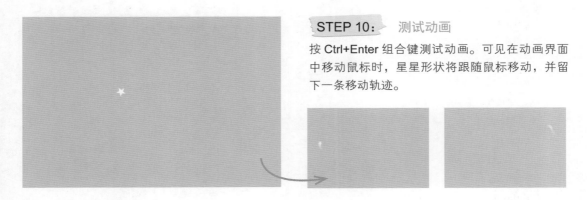

STEP 10： 测试动画

按 **Ctrl+Enter** 组合键测试动画。可见在动画界面中移动鼠标时，星星形状将跟随鼠标移动，并留下一条移动轨迹。

（2）if...else if

使用 **if...else if** 条件语句可以测试多个条件。如下面的代码不仅测试变量 x 的值是否超过 20，还测试变量 x 的值是否为负数：

```
if (x > 20)
{
    trace("x is > 20");
}
else if (x < 0)
{
    trace("x is 负数 ");
}
```

（3）switch

如果多个执行路径依赖于同一个条件表达式，则可以使用 switch 语句。该语句的功能与一长段 if...else if 语句类似，但是更易于阅读。switch 语句不是对条件进行测试以获得布尔值，而是对表达式进行求值并使用计算结果来确定要执行的代码块。代码块以 **case** 语句开头，以 **break** 语句结尾。如下面的 switch 语句基于由 **Date.getDay()** 方法返回的日期值输出星期日期：

```
var someDate:Date = new Date();
var dayNum:uint = someDate.getDay();
switch(dayNum)
{
    case 0:
        trace(" 星期天 ");
        break;
    case 1:
        trace(" 星期一 ");
        break;
    case 2:
        trace(" 星期二 ");
        break;
    case 3:
        trace(" 星期三 ");
        break;
```

267

72☑
Hours

62
Hours

52
Hours

42
Hours

32
Hours

22
Hours

12
Hours

```
case 4:
    trace(" 星期四 ");
    break;
case 5:
    trace(" 星期五 ");
    break;
case 6:
    trace(" 星期六 ");
    break;
default:
    trace(" 溢出 ");
    break;
}
```

4. 循环语句

循环语句是使用一系列值或变量来反复执行一个特定的代码块。为了便于脚本的整齐。通常会使用大括号（{}）将代码块括起来。使用循环语句时，同样需要先设置条件，当条件为真时，被指定的一个或多个语句将被反复执行，直到条件不能被满足为止。当条件一开始就为假，或因为执行循环的原因条件为假后，将退出循环执行后续的语句。下面将分别对循环语句进行讲解。

（1）for

使用 for 循环可以循环访问某个变量以获得特定范围的值，但是必须在 for 循环语句中提供 3 个表达式：一个用于设置了初始值的变量，另一个用于确定循环何时结束的条件语句，还有一个用于在每次循环中更改变量值的表达式。例如，下面的代码循环 5 次。变量 i 的取值从 0~4，输出结果是从 0~4 的这 5 个数字，每个数字各占一行。

```
var i:int;
for (i = 0; i < 5; i++)
{
    trace(i);
}
```

本例将新建一个空白动画文档，在其中添加背景，并制作一个雨滴下落的影片剪辑元件，为影片剪辑添加循环语句，使雨滴影片剪辑在动画的不同位置不断播放，从而制作出下雨的效果。其具体操作如下：

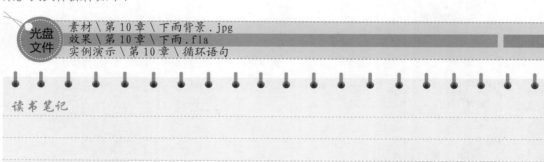

光盘
文件

素材 \ 第 10 章 \ 下雨背景 .jpg
效果 \ 第 10 章 \ 下雨 .fla
实例演示 \ 第 10 章 \ 循环语句

读书笔记

STEP 01: 新建文档

新建一个尺寸为 1000×670 像素，颜色为 #000000 的 ActionScript 3.0 空白动画文档。设置其帧率为"12.00 fps"。按 Ctrl+R 组合键，将"下雨背景 .jpg"图像导入到舞台中。

STEP 02: 新建元件

1. 选择【插入】/【新建元件】命令，打开"创建新元件"对话框，在其中设置"名称、类型"为"雨点、影片剪辑"。
2. 单击 确定 按钮。

STEP 03: 绘制直线

1. 选择"刷子工具" ✏，在"属性"面板下方设置其填充颜色为"白色（#FFFFFF）"，颜色不透明度为"80%"，将铅笔工具移动到舞台中，绘制一条斜线。
2. 在"变形"面板中设置"旋转"为"50.0°"，并将线条移动到舞台右上角。

STEP 04: 创建传统补间动画

1. 在第 15 帧插入关键帧，将线条的右端移动到舞台中心点上。
2. 选择第 1~15 帧，单击鼠标右键，在弹出的快捷菜单中选择"创建传统补间"命令。为第 1~15 帧创建传统补间动画。

▌经验一箩筐——编辑雨点形状的技巧

在编辑雨点时，用户还可使用"矩形工具" ▭ 绘制一个无边框的形状，再对该形状进行编辑，这样制作的雨点将更加逼真。

62
Hours
▲

52
Hours
▲

42
Hours
▲

32
Hours
▲

22
Hours
▲

12
Hours
▲

STEP 05: 输入脚本

返回主场景。新建"图层 2",选择第 1 帧,打开"动作"面板,在其中输入脚本。

输入

提个醒　该脚本主要用于控制雨点出现的横纵坐标位置,并定义一个名称为 rain 的类。

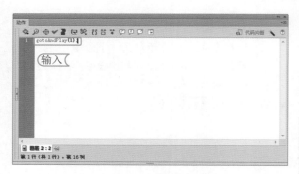

输入

STEP 06: 输入控制"播放"脚本

分别在"图层 1"、"图层 2"的第 2 帧中插入帧,选择"图层 2"的第 2 帧。在"动作"面板中输入脚本。

提个醒　该脚本主要用于强制将播放头跳转到第 1 帧,添加该脚本后将反复运行第 1 帧中的脚本。

STEP 07: 设置元件属性

1. 在"库"面板的"雨点"元件上单击鼠标右键,在弹出的快捷菜单中选择"属性"命令。在打开的"元件属性"对话框中展开"高级"栏,选中☑ 为 ActionScript 导出(X) 复选框。
2. 在"类"文本框中输入"rain",单击 确定 按钮。
3. 在打开的"ActionScript 类警告"对话框中,单击 确定 按钮。

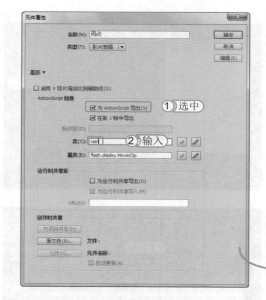

STEP 08: 测试动画

按 Ctrl+Enter 组合键测试动画,即可在动画中看到下雨的效果。

经验一箩筐——脚本中常使用的属性

在脚本语句中，用户经常需要对一些属性进行定义和设置。常用的属性选项含义如下。

- x：用于设置对象在舞台中的水平坐标。
- y：用于设置对象在舞台中的垂直坐标。
- scaleX：用于设置对象的水平缩放比例，其默认值为1，表示按100%缩放。
- scaleY：用于设置对象的垂直缩放比例，其默认值为1，表示按100%缩放。
- alpha：用于设置对象的透明度属性。其有效值为0（完全透明）~1（完全不透明），其默认值为1。
- rotation：用于设置对象的旋转角度，其取值范围以度为单位，从0~180的值表示顺时针方向旋转；从-180~0的值表示逆时针方向旋转。对于此范围之外的值，可以通过加上或减去360获得该范围内的值。
- visible：用于设置对象的可见属性，该属性有两个值true和false，默认值为true，表示显示对象；false表示隐藏对象。
- height：用于设置对象的高度，以像素为单位。这里的高度是根据显示对象内容的范围来计算的。如果设置了height属性，则scaleY属性会自动做相应的调整。
- width：用于设置对象的宽度，以像素为单位。这里的宽度是根据显示对象内容的范围来计算的。如果设置了width属性，则scaleX属性会自动做相应的调整。

（2）for...in

for...in循环访问对象属性或数组元素。如使用for...in循环可以循环访问通用对象的属性：

```
var myObj:Object = {x:20, y:30};
for (var i:String in myObj)
{
   trace(i + ": " + myObj[i]);
}
// output:
// x: 20
// y: 30
```

（3）for each...in

for each...in循环用于循环访问集合中的项。如下面这段代码所示，使用for each...in循环来循环访问通用对象的属性，但是与for...in循环不同的是，for each...in循环中的迭代变量只包含属性所保存的值，而不包含属性的名称：

```
var myObj:Object = {x:20, y:30};
for each (var num in myObj)
{
   trace(num);
}
// output:
// 20
```

// 30

（4）while

while 循环与 for 语句相似，只要条件值为 true，就会反复执行语句块。如下面的代码与 for 循环示例生成的输出结果相同：

```
var i:int = 0;
while (i < 5)
{
    trace(i);
    i++;
}
```

（5）do...while

do...while 循环是一种 while 循环，该循环至少要执行一次代码块，这是因为在执行代码块后才会检查条件。下面的代码显示了 do...while 循环的一个简单示例，该示例在条件不满足时也会生成输出结果：

```
var i:int = 5;
do
{
    trace(i);
    i++;
} while (i < 5);
// output: 5
```

5．影片剪辑控制语句

在制作复杂的交互式动画时，用户不但需要对时间轴等进行控制。为了获得更加丰富的效果，还需要对影片剪辑进行控制。下面将对常用的影片剪辑控制语句进行讲解。

（1）loadMovie( )

loadMovie() 用于将外部的 SWF 文件或 JPG 格式的图像导入到当前动画中，在制作视频播放器时经常会使用到。如想在释放按钮时自动将一个外部 sport.swf 文件夹包含在当前动画中，可使用如下表达式表示：

```
on(release){
clipTarget.loadMovie("sport.swf");
}
```

（2）removeMovieClip( )

removeMovieClip() 用于删除影片剪辑。如想删除当前动画中的 z1 影片剪辑，可使用如下表达式：

```
removeMovieClip(z1);
```

（3）setProperty( )

setProperty() 用于在动画播放时修改影片剪辑的属性，是常使用的一种影片剪辑控制语句。如想将当前动画中的 colud 影片剪辑的水平位置移动到 200 的位置，可以输入如下所示的表达式：

```
setProperty("colud",x,"200");
```

（4）duplicateMovieClip( )

duplicateMovieClip() 用于复制场景中的影片剪辑，再对新复制的影片剪辑赋予新名称以及新的堆放次序，堆放次序也可被称为深度。在 Flash 中深度高的对象可以遮盖住深度低的对象。若想复制一个名为 flower 的影片剪辑，并将复制的影片剪辑重新命名为 tree，深度为 1，可以输入如下所示的表达式：

```
duplicateMovieClip("flower","tree",1);
```

本例将使用多个影片剪辑元件，再通过使用 duplicateMovieClip 命令制作云在空中飘动的效果。其具体操作如下：

光盘文件　素材 \ 第 10 章 \ 云朵飘动
　　　　　效果 \ 第 10 章 \ 云朵飘动 .fla
　　　　　实例演示 \ 第 10 章 \ 影片剪辑控制语句

273

72☑
Hours

62
Hours

52
Hours

42
Hours

32
Hours

22
Hours

12
Hours

STEP 01： 新建文档

新建一个尺寸为 1000×725 像素，颜色为 #00CC99 的 ActionScript 2.0 空白动画文档。设置其帧率为 "6.00 fps"。将 "云朵飘动" 文件夹中的所有文件导入到 "库" 中，再将 "背景 .jpg" 图像导入到舞台中。

STEP 02： 新建 "云朵" 元件

新建一个 "云朵" 影片剪辑元件，从 "库" 面板中将 "云朵 .png" 图像拖入影片剪辑编辑窗口中的舞台中间，并将其缩小。

STEP 03： 编辑 "流云" 元件

1. 新建一个 "流云" 影片剪辑元件，从 "库" 面板中将 "云朵" 元件拖动到舞台中间。
2. 在第 15 帧插入关键帧，将 "流云" 元件放大。

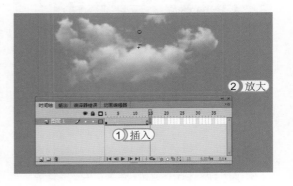

读书笔记

STEP 04: 设置元件属性

1. 选择舞台中的元件，将其向右上方移动。
2. 打开"属性"面板，在其中展开"色彩效果"，在"样式"下拉列表框中选择"Alpha"选项，设置"Alpha"为"80%"。

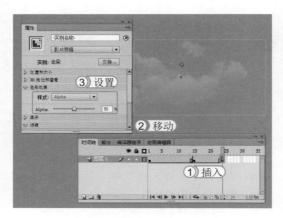

STEP 05: 编辑第 24 帧

1. 选择第 24 帧，插入关键帧。
2. 选择舞台中的元件，将其放大，并向右上角移动。
3. 在"属性"面板中设置"Alpha"为"50%"。

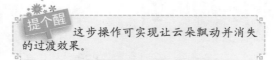

提个醒　这步操作可实现让云朵飘动并消失的过渡效果。

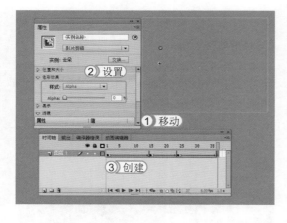

STEP 06: 编辑第 37 帧

1. 选择第 37 帧，插入关键帧。选择舞台中的元件，将其放大并向右上角移动。
2. 在"属性"面板中设置"Alpha"为"0%"。
3. 选择第 1~37 帧，单击鼠标右键，在弹出的快捷菜单中选择"创建传统补间"命令，为第 1~37 帧创建传统补间动画。

STEP 07: 输入脚本

选择第 1 帧，打开"动作"面板，在其中输入脚本。

提个醒　该段脚本是为了控制云运动的路径。

① 移动
② 输入

STEP 08： 新建"飘动"元件

1. 新建一个"飘动"影片剪辑，从"库"面板中将"流云"影片剪辑拖动到舞台中间。
2. 打开"属性"面板，设置"实例名称"为"yun"。

STEP 09： 输入脚本

选择第1帧，打开"动作"面板，在其中输入脚本。

```
i = 1;
onEnterFrame = function () {
    if (i<=20) {
        duplicateMovieClip("yun", "yun"+i, i);
        i++;
    } else {
        i = 0;
    }
};
```

输入

提个醒　　该段脚本将复制"流云"影片剪辑元件，并调整其堆放次序。

STEP 10： 应用元件

1. 返回主场景，新建"图层2"，选择第1帧。
2. 从"库"面板中将"飘动"影片剪辑元件移动到舞台中，再复制两个"飘动"影片剪辑元件。缩放其大小，将其分别放置在左边中间、左上角、右上角的位置。

① 选择
② 调整

STEP 11： 测试动画

按 **Ctrl+Enter** 组合键测试动画。可见动画播放时，云慢慢从左边飘到了右边。

62
Hours

52
Hours

42
Hours

32
Hours

22
Hours

12
Hours

上机 1 小时 ▶ 制作花瓣飘落效果

🔍 巩固在帧中输入 ActionScript 脚本的方法。

🔍 进一步掌握使用条件语句制作动画的方法。

　　本例将新建一个空白动画文档，在其中绘制图像，并将其编辑为影片剪辑，最后使用条件语句制作花瓣飘落的效果，最终效果如下图所示。

光盘文件

素材 \ 第 10 章 \ 花瓣飘落背景 .jpg、花瓣飘动 .wav
效果 \ 第 10 章 \ 花瓣飘落 .fla
实例演示 \ 第 10 章 \ 制作花瓣飘落效果

STEP 01： 导入素材

新建一个尺寸为 1000×735 像素，颜色为 #00CC66 的 ActionScript 2.0 空白动画文档，按 Ctrl+R 组合键，将 "花瓣飘落背景 .jpg" 图像导入到舞台中，并将帧率设置为 "12.00 fps"。

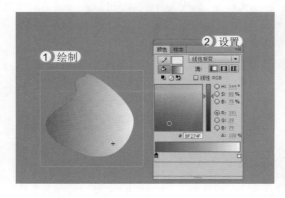

STEP 02： 新建元件

1. 新建一个花瓣图形元件，在元件编辑窗口中绘制一个花瓣。
2. 选择【窗口】/【颜色】命令，打开 "颜色" 面板，为花瓣填充白色到粉红色的线性渐变色。

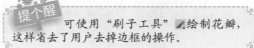

提个醒　　可使用 "刷子工具" ✐ 绘制花瓣，这样省去了用户去掉边框的操作。

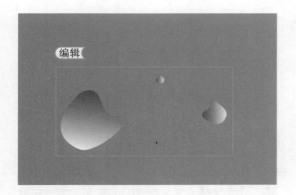

STEP 03： 新建"花瓣2"元件

新建一个"花瓣2"图形元件，在元件编辑窗口中执行3次将"花瓣"图形元件拖入舞台的操作，并将其呈三角形状排列，旋转并缩放"花瓣"元件。

> **提个醒** 该步将制作动画播放飘落时，显示的一组花瓣数量，用户可根据喜好拖入相应的花瓣数，但最好控制在2~4个之间。

STEP 04： 新建"花瓣3"元件

1. 新建一个"花瓣3"影片剪辑元件，在元件编辑窗口中将"花瓣2"元件拖入舞台中。
2. 在第6、12、18、24、30、36帧中分别插入关键帧。在"变形"面板中分别为第6、12、18、24、30、36帧中的图形元件设置旋转度数为"20°"、"50°"、"80°"、"90°"、"120°"、"170°"，并将1~36帧转换为传统补间动画。

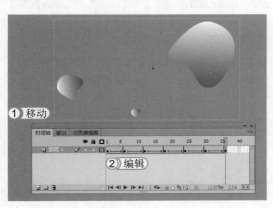

STEP 05： 新建"飘落"影片剪辑元件

1. 新建一个"飘落"影片剪辑元件，在元件编辑窗口中将"花瓣3"元件拖入舞台中。
2. 在"变形"面板中将其宽和高分别设置为"20.0%"。
3. 新建"图层2"。

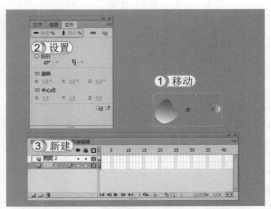

STEP 06： 编辑引导动画

1. 在"图层2"中使用"铅笔工具" ✐ 绘制一条引导线。在"图层1"、"图层2"的第35帧插入帧使其延长。
2. 选择"图层1"的第1帧，将"花瓣3"图像移动到线条的右边引导线上。再选择第35帧，将"花瓣3"图像移动到线条的右边引导线上。

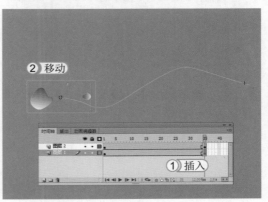

62
Hours
▲

52
Hours
▲

42
Hours
▲

32
Hours
▲

22
Hours
▲

12
Hours

STEP 07： 编辑引导动画

1. 选择"图层 2"，单击鼠标右键，在弹出的快捷菜单中选择"引导层"命令。将"图层 2"转换为引导层，将"图层 1"转换为被引导图层。
2. 在"图层 1"中将第 1~35 帧转换为传统补间动画。

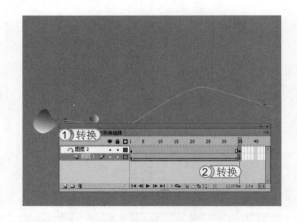

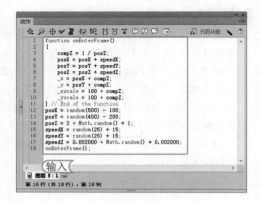

STEP 08： 输入脚本

新建"图层 3"，选择【窗口】/【动作】命令，打开"动作"面板，在其中输入脚本。

> 提个醒　　该脚本用于控制花瓣出现的坐标，即计算运行轨迹。

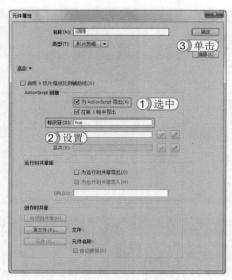

STEP 09： 设置元件属性

1. 在"库"面板中的"飘动"影片剪辑元件上单击鼠标右键，在弹出的快捷菜单中选择"属性"命令，在打开的"元件属性"对话框中，展开"高级"栏，选中 ☑ 为 ActionScript 导出(X) 复选框。
2. 在"标识符"文本框中输入"hua"。
3. 单击 确定 按钮。

> 提个醒　　本例将先为元件的标识符命名，然后在主时间轴的脚本中定义并调用。

读书笔记

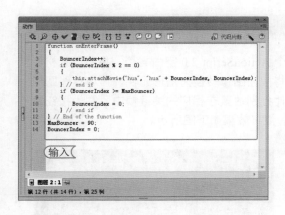

输入

STEP 10： 输入脚本

返回主场景，新建"图层2"。打开"动作"面板，在其中输入脚本。

提个醒　该脚本用于复制"飘动"影片剪辑元件，并设置深度。

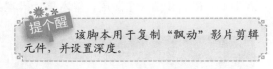

STEP 11： 设置声音属性

1. 将"花瓣飘动.wav"音频导入到"库"面板中，新建"图层3"，选择第1帧。
2. 在"属性"面板的"声音"栏中设置"名称"为"花瓣飘动.wav"。
3. 设置"声音循环"为"重复"。

提个醒　如果是用脚本将声音应用到动画文档中，用户将无法对声音进行细致的编辑。

STEP 12： 裁剪声音

1. 在"属性"面板中，单击"效果"后的按钮。打开"编辑封套"对话框，设置"效果"为"淡出"。
2. 使用鼠标将声音编辑区中的滑块拖动到22.5的位置。
3. 单击确定按钮。

提个醒　编辑完成后，最好单击对话框下方的"播放"按钮▶，试听播放效果。

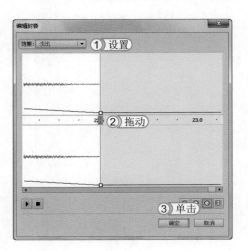

10.3 练习1小时

本章主要介绍了ActionScript在动画中的应用，用户要想在日常工作中熟练使用，还需再进行巩固练习。下面以制作动态风光相册为例，进一步巩固ActionScript在动画中的应用的相关知识。

制作动态风光相册

　　本例将制作动态风光相册，首先新建一个 ActionScript 2.0 空白文档，将所有素材导入到库中。将图片一张张拖入关键帧中，并将按钮图像转换为图形元件，再将这些图形元件制作为按钮元件。新建图层，将按钮元件分别放置在相应的关键帧中，并为按钮输入脚本。最后新建一个图层，输入停止脚本。最终效果如下图所示。

光盘文件

素材 \ 第 10 章 \ 相册
效果 \ 第 10 章 \ 动态风光相册 .fla
实例演示 \ 第 10 章 \ 制作动态风光相册

读书笔记

72 HOURS

ActionScript 在动画中的应用（二）

第 **11** 章

学习 2 小时

- 面向对象编辑行为
- 组件应用

为了使浏览者得到更自由的动画体验，用户在制作动画时，最好对 Flash 动画中的对象以及事件进行编辑。此外，在 Flash 中使用组件，还可进行一些信息的调查。本章将讲解 ActionScript 的一些高级应用。

上机 3 小时

11.1　面向对象编辑行为

要想制作让人记忆深刻且可操作性强的交互动画，只使用控制影片剪辑、播放头的脚本并不能完成。要完成一个完整的交互动画，用户还需要对鼠标、键盘、声音等进行控制，下面讲解如何对对象编辑行为。

学习 1 小时 - - - - - - -

🔍 了解 ActionScript 对象。

🔍 掌握使用 ActionScript 面向对象进行编程的方法。

11.1.1　认识对象

ActionScript 是一种面向对象的编程语言。组织程序中脚本的方法只有一种，即使用对象。假如定义了一个影片剪辑元件，并已在舞台上放置了该元件，从严格意义上来说，该影片剪辑元件也是 ActionScript 中的一个对象，任何对象都可以包含 3 种类型的特性：属性、方法和事件。这 3 种特性的含义如下。

🔑 **属性**：属性表示某个对象中绑定在一起的若干数据块中的一个。可以像使用各变量那样使用属性。如 song 对象可以包含名为 artist 和 title 的属性；MovieClip 类具有 rotation、x、width、height 和 alpha 等属性。

🔑 **方法**：方法是对象可执行的动作。如影片剪辑可以播放、停止或根据命令将播放头移动到特定帧。

🔑 **事件**：事件是确定计算机执行哪些指令以及何时执行的机制。本质上，事件就是所发生的、ActionScript 能够识别并可响应的事情。许多事件与用户交互相关联，如用户单击某个按钮或按键盘上的某个键。如使用 ActionScript 加载外部图像，有一个事件可以让用户知道图像何时加载完毕。当 ActionScript 程序运行时，从概念上讲，它只是坐等某些事情发生。发生这些事情时，为这些事件指定的特定 ActionScript 代码将运行。

读书笔记

■ 经验一箩筐——编辑事件的注意事项

用于指定为响应特定事件而执行的特定操作的技术称为事件处理。在编写执行事件处理的 ActionScript 代码时，需要识别如下 3 个重要元素。

🔑 **事件源**：发生该事件的是哪个对象。如单击了哪个按钮，或哪个 Loader 对象正在加载图像。

🔑 **事件**：将要发生什么事情。希望响应什么事情。

🔑 **响应**：当事件发生时，希望执行哪些步骤。

11.1.2 鼠标事件

用户可以使用鼠标事件来控制影片的播放、停止以及 x、y、alpha 和 visible 属性等。在 ActionScript 中用 MouseEvent 表示鼠标事件，而鼠标事件包括单击、跟随、经过和拖曳等。常用的鼠标事件如下。

🔑 **鼠标单击**：常使用单击按钮来控制影片的播放、属性等，用 CLICK 表示鼠标单击。下面语句表示通过单击按钮 btnmc 来响应影片 mc 的属性。

```
1  import flash.events.MouseEvent;
2  mc.stop();
3
4  function mcx(event:MouseEvent):void
5  {
6      mc.visible = true;
7      mc.play();
8  }
9  btnmc.addEventListener(MouseEvent.CLICK,mcx);
```

🔑 **鼠标跟随**：可以通过将实例 x、y 属性与鼠标坐标绑定来实现让文字或图形实例跟随鼠标移动。定义函数 txt，值为一串文字，然后让其跟随鼠标。

```
1   var arr=new Array();
2   var txt = "WLCOME";
3   var len = txt.length;
4   for (var j=0; j<len; j++)
5   {
6       var mc=new txtmc();
7       arr[j] = addChild(mc);
8       arr[j].txt.text = txt.substr(j,1);
9       arr[j].x = 0;
10      arr[j].y = 0;
11  }
12  addEventListener(Event.ENTER_FRAME,run);
13  function run(evt)
14  {
15      for (var j=0; j<len; j++)
16      {
17          arr[j].x=arr[i]+(mouseX-arr[j].x)/(1+j)+10;
18          arr[j].y=arr[i]+(mouseY-arr[j].y)/(1+j);
19      }
20  }
```

🔑 **鼠标经过**：常使用鼠标经过来制作一些特效动画，用 MOUSE_MOVE 表示鼠标经过。下面语句用于鼠标经过时添加并显示实例 paopao。

```
1   var i = 0;
2   var k = 0;
3   var del = false;
4   var pao:Array=new Array();
5   //定义pao为数组对象;
6   function run(evt)
7   {
8       K++;
9       if (k == 10)
10      {
11          var pp=new paopao();
12          pao[i] = addChild(pp);  //添加并显示实例
13          pao[i].x = mouseX;
14          pao[i].y = mouseY;
15          i++;
16          if (i == 10)
17          {
18              i = 0;
19              del = true;
20          }
21          k = 0;
22      }
23  }
24  addEventListener(MouseEvent.MOUSE_MOVE,run);
```

🔑 **鼠标拖曳**：可以使用鼠标来拖曳实例对象，startDrag 表示开始拖曳，stopDrag 表示停止拖曳。下面为对实例对象 ball 进行拖曳。

```
1   ball.addEventListener(MouseEvent.MOUSE_DOWN,run);
2   function run(evt)
3   {
4       ball.startDrag();
5   }
6   ball.addEventListener(MouseEvent.MOUSE_UP,run);
7   function run(evt)
8   {
9       ball.stopDrag();
10  }
```

283

72☑
Hours

62
Hours

52
Hours

42
Hours

32
Hours

22
Hours

12
Hours

11.1.3　键盘事件

在玩一些 Flash 小游戏时，玩家往往需要使用键盘来操作。其实这是通过键盘事件编辑完成的，用户可以按下键盘的某个键来响应事件。

本例新建空白动画文档，新建影片剪辑，再为影片剪辑输入脚本。动画在运行时，可以通过按键盘上的方向键，在屏幕上移动飞机元件。其具体操作如下：

光盘文件
素材 \ 第 11 章 \ 飞机移动
效果 \ 第 11 章 \ 飞机移动.fla
实例演示 \ 第 11 章 \ 键盘事件

STEP 01：　导入素材

新建一个尺寸为 1000×1075，颜色为 #FFCC00 的 ActionScript 3.0 空白动画文档，将"飞机移动"文件夹中的所有图像都导入到库中。再将"背景.jpg"图像拖动到舞台中。

提个醒　要获得键盘上的按键操作，需要设置焦点为键盘，可以使用 stage 对象的 focus 属性设置，其格式为"stage.focus= 实例名称"。

STEP 02：　新建元件

1. 选择【插入】/【新建元件】命令，打开"创建新元件"对话框。在其中设置"名称、类型"为"飞机、影片剪辑"。
2. 单击 ___确定___ 按钮，进入元件编辑窗口。
3. 从"库"面板中将"飞机.png"图像拖动到舞台中间。

STEP 03：　新建元件

1. 返回主场景，将"飞机"元件拖动到舞台中，并缩小图像。
2. 选择"飞机"元件，在"属性"面板中设置"实例名称"为"fly"。

STEP 04： 输入脚本

新建"图层2"，将其重命名为actions，选择第1帧。选择【窗口】/【动作】命令，打开"动作"面板，在其中输入脚本。

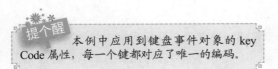

提个醒　　本例中应用到键盘事件对象的key Code属性，每一个键都对应了唯一的编码。

▌经验一箩筐——"actions"图层第1帧中脚本的含义

　　"stage.focus = this"用于定义焦点为当前场景；addEventListener用于定义事件为键盘事件KeyboardEvent；keydown用于定义事件响应；evt用于接收事件对象；if语句用于判断按下的是否为方向键。

STEP 05： 测试动画

按 **Ctrl+Enter** 组合键测试动画。在键盘上按方向键，可见飞机在屏幕上跟着按键情况移动。

11.1.4　处理声音

　　在 ActionScript 中处理声音时，可能会使用 Flash.media 包中的某些函数。加载声音文件或对声音数据进行采样的事件分配函数，然后开始播放。开始播放声音后，Flash Player 和 AIR 提供对 SoundChannel 对象的访问。Flash.media 中常用的函数如下。

🔑 Sound：Sound 类处理声音加载、管理基本声音属性以及启动声音播放。

🔑 SoundChannel：当应用程序播放 Sound 对象时，将创建一个新的 SoundChannel 对象来控制播放。SoundChannel 对象可控制声音的左、右播放声道的音量。

🔑 SoundLoaderContext：指定在加载声音时使用的缓冲秒数，SoundLoaderContext 对象用作 Sound.load() 方法的参数。

🔑 SoundMixer：可控制与应用程序中的所有声音有关的播放和安全属性。该 SoundMixer 对象中的属性值将影响当前播放的所有 SoundChannel 对象。

🔑 SoundTransform：包含控制音量和声相的值。可以将 SoundTransform 对象应用于单个 SoundChannel 对象、全局 SoundMixer 对象或 Microphone 对象等。

🔑 Microphone：表示连接到用户计算机上的麦克风或其他声音输入设备。可以将来自麦克风的音频输入传送到本地扬声器或发送到远程服务器。

Flash 用户不但能通过 ActionScript 语句引用外部的视频，还可对引用的视频进行控制，如处理声音流、播放声音、暂停和恢复播放声音等。下面讲解具体实现方法。

1．处理声音流

如果在加载声音文件或视频文件数据的同时需要播放该文件，则认为是流式传输。通常，对从远程服务器加载的外部声音文件进行流式传输，以使用户不必等待加载完所有声音数据再收听声音。

SoundMixer.bufferTime 属性表示 Flash CS6 Player 或 AIR 在允许播放声音之前应收集多长时间的声音数据（以毫秒为单位）。通过在加载声音时显示地指定新的 bufferTime 值，应用程序可以覆盖单个声音的全局 SoundMixer.bufferTime 值。要覆盖默认缓冲时间，需要先创建一个新的 SoundLoaderContext 函数实例，设置其 bufferTime 属性，然后将其作为参数传递给 Sound.load() 方法，其表达式如下：

```
var context:SoundLoaderContext = new SoundLoaderContext(8000, true);
s.load(req, context);
```

2．播放声音

播放加载的声音非常简单，只需为 Sound 对象调用 Sound.play() 方法。如要加载一个外部音频文件并播放音频，其表达式如下：

```
var snd:Sound = new Sound(new URLRequest("smallSound.mp3"));
snd.play();
```

使用 ActionScript 3.0 播放声音时，可以执行以下操作：

🔑 从特定起始位置播放声音。

🔑 暂停声音并稍后从相同位置恢复播放。

🔑 准确了解何时播放完声音。

🔑 跟踪声音的播放进度。

🔑 在播放声音的同时更改音量或声相。

若要在播放期间执行上述操作，可以使用 SoundChannel、SoundMixer 和 SoundTransform 类。SoundChannel 函数控制一种声音的播放。可以将 SoundChannel.position 属性视为播放头，以指示所播放的声音数据中的当前位置。

当应用程序调用 Sound.play() 方法时，将创建一个新的 SoundChannel 函数实例来控制播放。通过将特定起始位置（以毫秒为单位）作为 Sound.play() 方法的 startTime 参数进行传递，应用程序可以从该位置播放声音。也可以通过在 Sound.play() 方法的 loops 参数中传递一个数值，指定快速且连续地将声音重复播放固定的次数。

使用 startTime 参数和 loops 参数调用 Sound.play() 方法时，每次将从相同的起始点重复播放声音，如以下代码将从声音开始后的 1 秒起连续播放声音 3 次：

```
var snd:Sound = new Sound(new URLRequest("repeatingSound.mp3"));
snd.play(1000, 3);
```

3. 暂停和恢复播放声音

通常用户在播放声音时需要进行暂停和恢复播放。实际上无法在 ActionScript 中的播放期间暂停声音，而只能将其停止，但是可以从任何位置开始播放声音。记录声音停止时的位置，并随后从该位置开始重放声音。加载并播放一个声音文件的表达式如下：

```
var snd:Sound = new Sound(new URLRequest("bigSound.mp3"));
var channel:SoundChannel = snd.play();
```

在播放声音时，SoundChannel.position 属性指示当前播放到的声音文件位置。应用程序可以在停止播放声音之前存储位置值，其表达式如下：

```
var pausePosition:int = channel.position;
channel.stop();
```

传递以前存储的位置值，以便从声音以前停止的相同位置重新启动声音。其表达式如下：

```
channel = snd.play(pausePosition);
```

4. 控制音量和声相

单个 SoundChannel 对象可控制声音的左立体声声道和右立体声声道。通过 SoundChannel 对象的 leftPeak 和 rightPeak 属性来查明所播放的声音的每个声道的波幅。这些属性显示声音波形本身的峰值波幅，并不表示实际播放音量。实际播放音量是声音波形的波幅以及 SoundChannel 对象和 SoundMixer 类中设置的音量值的函数来决定的。

在播放期间，可以使用 SoundChannel 对象的 pan 属性为左声道和右声道分别指定不同的音量级别。pan 属性可以具有范围从 -1 ~ 1 的值，其中，-1 表示左声道以最大音量播放，而右声道处于静音状态；1 表示右声道以最大音量播放，而左声道处于静音状态。介于 -1 ~ 1 之间的数值为左和右声道值设置一定比例的值，值 0 表示两个声道以均衡的中音量级别播放。

下面的代码示例使用 volume 值 0.6 以及 pan 值 -1 创建一个 SoundTransform 对象，将 SoundTransform 对象作为参数传递给 play() 方法，此方法将该 SoundTransform 对象应用于为控制播放而创建的新 SoundChannel 对象。

```
var snd:Sound = new Sound(new URLRequest("bigSound.mp3"));
var trans:SoundTransform = new SoundTransform(0.6, -1);
var channel:SoundChannel = snd.play(0, 1, trans);
```

可以在播放声音的同时更改音量和声相控制，其方法是：设置 SoundTransform 对象的 pan 或 volume 属性，然后将该对象作为 SoundChannel 对象的 soundTransform 属性进行应用。

也可以通过使用 SoundMixer 类的 soundTransform 属性，同时为所有声音设置全局音量和声相值，其表达式如下：

```
SoundMixer.soundTransform = new SoundTransform(1, -1);
```

5. SoundMixer.stopAll() 方法

SoundMixer.stopAll() 方法用于将当前播放的所有 SoundChannel 对象中的声音静音。SoundMixer.stopAll() 方法还会阻止播放头继续播放从外部文件加载的所有声音。但是，如果动画移动到一个新帧，FLA 文件中嵌入的声音以及使用 Flash CS6 创作工具附加到时间轴中的帧上的声音可能会重新开始播放。

11.1.5 处理日期和时间

ActionScript 3.0 的所有日期和时间管理函数都集中在顶级 Date 函数中。Date 函数包含一些方法和属性，这些方法和属性按照本地时间来处理日期和时间。下面讲解处理日期和时间的具体实现方法。

1. 创建 Date 对象

Date 函数是所有核心类中构造函数方法形式最为多变的类之一。如果未给定参数，则 Date 构造函数将按照所在时区的本地时间返回包含当前日期和时间的 Date 对象。如：

var now:Date = new Date();

可以将单个字符串参数传递给 Date 构造函数。该构造函数将尝试把字符串分析为日期或时间部分，然后返回对应的 Date 对象。Date 构造函数可接受多种不同的字符串格式，以下语句使用字符串值初始化一个新的 Date 对象：

var nextDay:Date = new Date("Mon May 1 2010 11:30:00 AM");

2. 获取时间单位值

可以使用 Date 函数的属性或方法从 Date 对象中提取各种时间单位的值。Date 对象中的属性选项作用分别介绍如下。

🔑 fullYear 属性：获得年份。

🔑 month 属性：以数字格式表示，分别以 0 ~ 11 表示一月到十二月。

🔑 date 属性：表示月中某一天的日历数字，范围为 1 ~ 31。

🔑 day 属性：以数字格式表示一周中的某一天，其中 0 表示星期日。

🔑 hours 属性：获得时间中的小时，范围为 0 ~ 23。

🔑 minutes 属性：获得时间中的分。

🔑 seconds 属性：获得时间中的秒。

本例将新建一个空白动画文档，并使用动态文本和 ActionScript 来编辑一个时钟，编辑完成后，可在钟面上看到年、月、日和时间等。其具体操作如下：

光盘文件
素材 \ 第 11 章 \ 动态时钟
效果 \ 第 11 章 \ 动态时钟.fla
实例演示 \ 第 11 章 \ 获取时间单位值

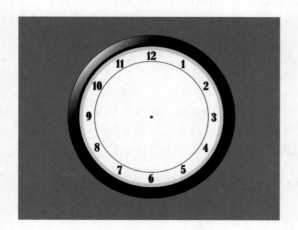

STEP 01： 导入素材

新建一个尺寸为 1000×800 像素，颜色为 #CC0066 的 ActionScript 2.0 空白动画文档，将"动态时钟"文件夹中的所有图像都导入到库中。再将"钟面.png"图像拖动到舞台中。

读书笔记

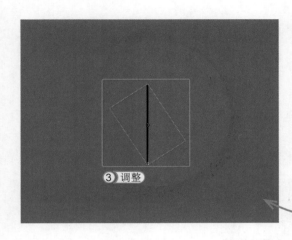

③ 调整

1. 从"库"面板中将"时针.png"图像移动到舞台中，缩放其大小。按 F8 键打开"转换为元件"对话框，在其中设置"名称、类型"为"时针、影片剪辑"。
2. 单击 确定 按钮。
3. 进入元件编辑窗口，将时针的尾部对准舞台中心。

① 设置 ② 单击

289

72☒
Hours

1. 返回主场景，移动"时针"元件，使指针指向钟面上的数字 12。
2. 选择元件，打开"属性"面板，设置"实例名称"为"时针"。

提个醒　在元件编辑窗口，将时针的尾部对准舞台中心，是为了在运动动画时，时针将围绕钟面中心旋转。

使用相同的方法，依次编辑分针、秒针图形，并将其转换为"分针"、"秒针"影片剪辑。

提个醒　将所有指针都指向钟面上的 12，是因为动画时钟的初始位置在 0 点。

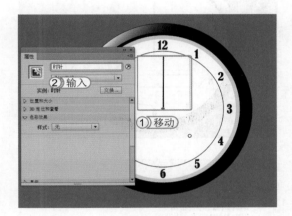

① 移动　② 输入

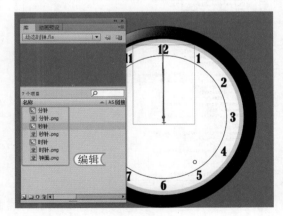

编辑

62
Hours

52
Hours

42
Hours

32
Hours

22
Hours

12
Hours

读书笔记

STEP 05： 绘制文本框

1. 新建"图层 2"，将其重命名为"日期"。使用"文本工具" **T** 在钟面上绘制一个文本框。

2. 在"属性"面板中设置"文本引擎、文本类型、变量"为"传统文本、动态文本、日期"。

> **提个醒** 这里定义的"变量"将在后面的脚本中进行调用。

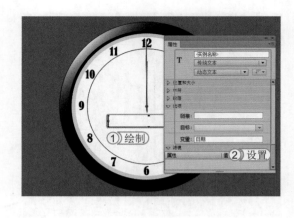

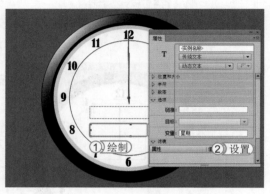

STEP 06： 编辑星期文本框

1. 新建"图层 3"，将其重命名为"星期"。使用"文本工具" **T** 在钟面上绘制一个文本框。

2. 在"属性"面板中设置"文本引擎、文本类型、变量"为"传统文本、动态文本、星期"。

```
1  function ClockFun() {
2  time = new Date();
3  hour = time.getHours()*30;
4  minute = time.getMinutes()*6;
5  second = time.getSeconds()*6;
6  minute += time.getSeconds()/10;
7  hour += time.getMinutes()/2;
8  秒针._rotation = second;
9  分针._rotation = minute;
10 时针._rotation = hour;
11 months = time.getMonth();
12 if (length(months) == 1) {
13 months = "0"+months;
14 }
15 dates = time.getDate();
16 if (length(dates) == 1) {
17 dates = "0"+dates;
18 }
19 日期 = time.getFullYear()+"."+months+"."+dates;
20 days = new Array("星期日","星期一","星期二","星期三","星期四","星期五","星期六");
21 day = time.getDay();
22 星期 = days[day];
23 hours = time.getHours();
24 minutes = time.getMinutes();
25 seconds = time.getSeconds();
26 hours = (time.getHours()==0)?
27 "0"+hours:
28 time.getHours();
29 minutes = (length(minutes) == 1)?
30 "0"+time.getMinutes():
31 time.getMinutes();
32 seconds = (length(seconds) == 1)?
33 "0"+seconds:
34 time.getSeconds();
35 }
36 setInterval(ClockFun, 1000);
```

STEP 07： 输入脚本

1. 新建"图层 4"，将其重命名为"AS"，再选择第 1 帧。

2. 选择【窗口】/【动作】命令，打开"动作"面板。在其中输入脚本。

> **提个醒** 用户若想得到更加真实的效果，可以找一些时针走动的音频文件，将其插入到动画中。

▌ 经验一箩筐——脚本的作用

该脚本用于从计算机系统中调用系统时间，再将其显示到文本框中，并通过函数将时间转换为旋转度，以控制时针的旋转度。该脚本在一些 Flash 网站上经常被用于显示当前的系统日期和时间。

STEP 08： 测试动画

按 Ctrl+Enter 组合键测试动画。可见动画中时钟将显示当前的时间，秒针正在走动。

  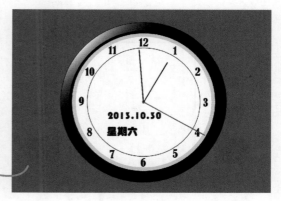

上机 1 小时 ▶ 制作音乐播放器

🔍 巩固按钮事件脚本的编写方法。

🔍 进一步掌握 ActionScript 脚本对声音的操作方法。

本例将制作一个音乐播放器，通过 ActionScript 脚本添加按钮事件，实现加载外部 MP3，并对音乐进行播放控制的效果，最终效果如下图所示。

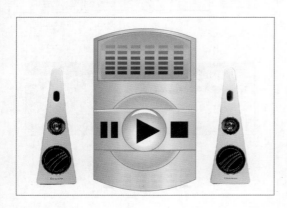 

光盘
文件
素材 \ 第 11 章 \ 音乐播放器
效果 \ 第 11 章 \ 音乐播放器.fla
实例演示 \ 第 11 章 \ 制作音乐播放器

STEP 01： 新建文档

新建一个尺寸为 550×400 像素的 ActionScript 3.0 空白动画文档，将"音乐播放器"文件夹中的所有文件都导入到库中。从"库"面板中将"音响"图像拖动到舞台中。

291

72 ⏰
Hours

62
Hours
▲

52
Hours
▲

42
Hours
▲

32
Hours
▲

22
Hours
▲

12
Hours

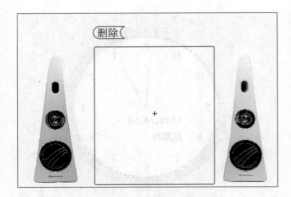

STEP 02： 处理位图

按 F8 键，打开 "转换为元件" 对话框，在其中设置 "名称、类型" 为 "音响、图形"。进入元件编辑窗口，按 Ctrl+B 组合键分离位图，然后删除不需要的部分。

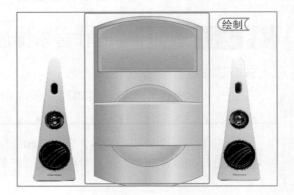

STEP 03： 绘制并填充音响

使用绘图工具在舞台中间绘制一个音响图形，并为其填充渐变颜色。然后锁定 "图层 1"。

> **提个醒**　如果觉得绘制起来不方便，可先锁定 "图层 1"，新建 "图层 2"，在 "图层 2" 上进行绘制。

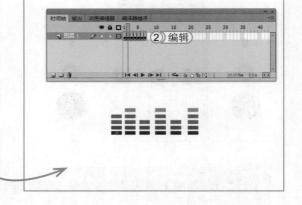

STEP 04： 新建 "节奏" 影片剪辑元件

1. 新建一个 "节奏" 影片剪辑元件，进入元件编辑窗口。使用绘图工具绘制节奏音量表示的格子，并对其进行渐变添加。
2. 按 F6 键插入关键帧，删除部分格子。制作出节奏音量在改变的效果。使用相同的方法在第 3~7 帧插入关键帧，并编辑节奏音量格子。

STEP 05： 制作按钮

新建 "按钮" 元件。使用绘图工具分别制作用于控制音乐播放的 "播放按钮"、"暂停按钮" 和 "停止按钮" 按钮元件。

> **提个醒**　在制作按钮元件时，也需要根据实际需要对不同的按钮动作帧分别进行制作。

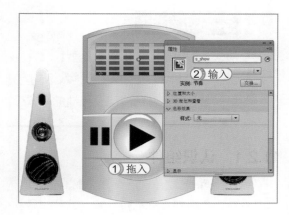

STEP 06： 为实例命名

1. 新建图层，将其重命名为"节奏"。从"库"
   面板中将"节奏"元件拖动到舞台中。
2. 选择拖动的元件，打开"属性"面板，设置"实
   例名称"为"s_show"。

> **提个醒** 为了方便编辑实例名称，一般情况
> 下都会设置为英文名。

STEP 07： 为按钮实例命名

新建图层，将其重命名为"按钮"。拖入 3 个按钮，
并分别定义实例名称为"s_pau"、"s_play"和
"s_stop"。

> **提个醒** 在命名实例名称时，最好以实例要
> 实现的相关名称命名，这样后期维护起来比较
> 方便。

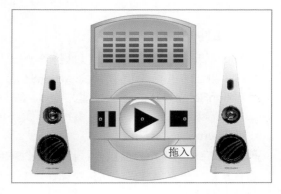

STEP 08： 输入脚本

新建图层，将其重名为"AS"。选择第 1 帧，选
择【窗口】/【动作】命令，打开"动作"面板，
在其中输入脚本。

> **提个醒** SoundChannel 函数的 position 属性用
> 于获取播放声音的位置，其单位为毫秒。同样，
> 使用 position 属性也可以在播放器中显示声音
> 播放的位置和进度。

11.2 组件应用

在 ActionScript 面向对象编程中还有一个重要的内容就是组件。在学习视频应用时接触
过 FLVPlayback 组件，在 Flash 中还有很多功能强大的组件，要使用这些组件，就需要使用
ActionScript 来对组件进行调用，以实现不同的功能。下面讲解组件的应用方法。

293
72图
Hours
62 Hours
52 Hours
42 Hours
32 Hours
22 Hours
12 Hours

🔍 快速了解组件的作用以及类型。

🔍 快速掌握 Flash 中常用的组件及添加方法。

🔍 进一步掌握组件的应用及属性的基本设置方法。

11.2.1 认识组件

组件是 Flash 动画实现交互功能的重要方式之一，通常将组件与 ActionScript 脚本配合使用。通过对组件属性和参数进行设置，并将组件所获取的信息传递给相应的 ActionScript 脚本，就可通过脚本执行相应的操作，从而实现最基本的交互功能。

1. 组件的优点

组件可以将应用程序的设计过程和编码过程分开。通过使用组件，开发人员可以创建设计人员在应用程序中能用到的功能。ActionScript 3.0 组件的一些优点如下。

🔑 **ActionScript 3.0 的强大功能**：提供了一种强大的、面向对象的编程语言，这是 Flash Player 功能发展过程中的重要一步。该语言的设计意图是在可重用代码的基础上构建丰富的 Internet 应用程序。

🔑 **基于 FLA 的用户界面组件**：提供对外观的轻松访问，以便在创作时进行方便的自定义。这些组件还提供样式（包括外观样式），可以利用样式来自定义组件的某些外观，并在运行时加载外观。

🔑 **新的 FVLPlayback 组件**：添加了 FLVPlaybackCaptioning 组件及全屏支持、改进的实时预览、允许用户添加颜色和 Alpha 设置的外观，以及改进的 FLV 下载和布局功能。

🔑 **"属性"检查器和"组件"检查器**：允许在 Flash CS6 中进行创作时更改组件参数。

🔑 **ComboBox、List 和 TileList 组件的新的集合对话框**：允许通过用户界面填充它们的 dataProvider 属性。

🔑 **ActionScript 3.0 事件模型**：允许应用程序侦听事件并调用事件处理函数进行响应。

🔑 **管理器类**：提供了一种在应用程序中处理焦点和管理样式的简便方法。

🔑 **UIComponent 基类**：为扩展组件提供核心方法、属性和事件。

🔑 **在基于 UI FLA 的组件中使用 SWC**：可提供 ActionScript 定义（作为组件的时间轴内部资源），用以加快编译速度。

🔑 **便于扩展的类层次结构**：可以使用 ActionScript 3.0 创建唯一的命名空间，按需要导入类，并且可以方便地创建子类来扩展组件。

2. 组件的类型

在安装 Flash 时会自动安装 Flash 组件，根据其功能和应用范围，主要将其分为 User Interface 组件（以下简称 UI 组件）和 Video 组件两大类。其作用分别如下。

🔑 **UI 组件**：UI 组件即 User Interface 组件，主要用于设置用户交互界面，并通过交互界面使用户与应用程序进行交互操作，在 Flash CS6 中，大多数交互操作都通过这类组件实现。在 UI 组件中，主要包括 Button、CheckBox、ComboBox、RadioButton、List、TextArea 和 TextInupt 等组件。

🔑 Video 组件：Video 组件主要用于对动画中的视频播放器和视频流进行交互操作，主要包括 FLVPlayback、FLVPlaybackCaptioning、BackButton、PlayButton、SeekBar、PlayPause Button 以及 VolumeBar、FullScreenButton 等交互组件。

11.2.2 常用组件

在 Flash 的组件中，Video 组件通常只在涉及视频交互控制时才会应用，除此之外的大部分交互操作都可通过 UI 组件来实现，因而在制作交互动画方面，UI 组件是应用最广、最常用的组件。

1. Button 组件

Button 组件是一个可调整大小的矩形按钮，用户可以用鼠标或空格键将其按下以在应用程序中启动某个操作。Button 是许多表单和 Web 应用程序的基础部分。当需要让用户启动一个事件时可以使用按钮实现。如大多数表单都有的"提交"按钮。

2. CheckBox 组件

CheckBox 是一个可以选中或取消选中的复选框。被选中后，框中会出现一个复选标记，如表单上的兴趣选项。用户可以为 CheckBox 添加一个文本标签，并可以将其放在 CheckBox 的左侧、右侧、上面或下面。

3. ComboBox 组件

ComboBox 组件允许用户从下拉列表中进行单一选择。ComboBox 可以是静态的，也可以是可编辑的。可编辑的 ComboBox 允许用户在列表顶端的文本字段中直接输入文本。如果下拉列表超出文档底部，该列表将会向上打开，而不是向下。ComboBox 由 3 个子组件构成，包括 BaseButton、TextInput 和 List 组件。

4. RadioButton 组件

RadioButton 组件允许用户在一组选项中选择一项。该组件必须用于至少有两个 RadioButton 实例的组。在任何给定的时刻，都只有一个组成员被选择。选择组中的一个单选按钮将取消选择组内当前选择的单选按钮。

5. List 组件

List 组件是一个可滚动的单选或多选列表框。列表框还可显示图形和其他组件。在单击标签或数据参数字段时，会出现"值"对话框，可以使用该对话框添加显示在列表中的项目。也可以使用 List.addItem() 和 List.addItemAt() 方法将项添加到列表。

6. TextArea 组件

TextArea 组件是 ActionScript TextField 对象的包装，可以使用 TextArea 组件显示文本，如果 editable 属性为 true，也可以用 TextArea 组件来编辑和接收文本输入。如果 wordWrap 属性设置为 true，则此组件可以显示或接收多行文本，并将较长的文本行换行。可以使用 restrict 属性限制用户能输入的字符，使用 maxChars 属性指定用户能输入的最大字符数。如果文本超出了文本区域的水平或垂直边界，则会自动出现水平和垂直滚动条，除非其关联的属性 horizontalScrollPolicy 和 verticalScrollPolicy 设置为 off。在需要多行文本字段的任何地方都可使用 TextArea 组件。

295

72☑
Hours

62
Hours

52
Hours

42
Hours

32
Hours

22
Hours

12
Hours

7. TextInput 组件

TextInput 组件是单行文本组件，可以使用 setStyle() 方法来设置 textFormat 属性，以更改 TextInput 实例中所显示文本的样式。TextInput 组件还可以用 HTML 进行格式设置，或用作遮蔽文本的密码字段。

8. DataGrid 组件

DataGrid 组件允许将数据显示在行和列构成的网格中，并将数据从可以解析的数组或外部 XML 文件放入 DataProvider 的数组中。DataGrid 组件包括垂直和水平滚动、事件支持（包括对可编辑单元格的支持）和排序功能。

11.2.3 应用组件

选择【窗口】/【组件】命令，打开“组件”面板。从“组件”面板添加到舞台中的组件都带有参数，通过设置这些参数可以更改组件的外观和行为。参数是组件的类的属性，显示在“属性”检查器和“组件”检查器中。最常用的属性显示为创作参数；其他参数必须使用 ActionScript 来设置。在创作时设置的所有参数都可以使用 ActionScript 来设置。

1. 添加和删除组件

将基于 FLA 的组件从“组件”面板拖到舞台上时，Flash 会将一个可编辑的影片剪辑导入到库中。将基于 SWC 的组件拖到舞台上时，Flash 会将一个已编译的剪辑导入到库中。将组件导入到库中后，可以将组件的实例从“库”面板或“组件”面板拖入到舞台。添加、删除组件的方法如下。

🔑 **添加组件**：从“组件”面板拖动组件或双击组件，可以将组件添加到文档中。在“属性”检查器中或在“组件”检查器的“参数”选项卡中可以设置组件中每个实例的属性。

🔑 **删除组件**：在创作时若要从舞台删除组件实例，只需选择该组件，然后按 Delete 键或单击“删除”按钮 🗑。若要从 Flash 文档删除该组件，必须从库中删除该组件及其关联的资源。

经验一箩筐——删除组件的注意事项

只从舞台上删除组件是不够的，如果组件未从库中删除，那么在编译时该组件会包含在应用程序中。

2. 设置参数和属性

每个组件都带有参数，通过设置这些参数可以更改组件的外观和行为。参数是组件类的属性，显示在"属性"检查器和"组件"检查器中。大多数 ActionScript 3.0 UI 组件都从 UIComponent 类和基类继承属性和方法。可以使用"属性"面板、"值"对话框、"动作"面板设置组件实例的参数。下面介绍参数和属性的一些设置方法。

🔑 **输入组件的实例名称**：在舞台上选择组件的一个实例，在"属性"面板的"实例名称"文本框中输入组件实例的名称。或者在"组件参数"栏中的组件标签中输入名称。

🔑 **输入组件实例的参数**：在舞台上选择组件的一个实例，在"属性"面板的"组件参数"栏中单击"编辑"按钮 ✏️，打开"值"对话框。单击"添加"按钮 ➕ 添加选项，并设置选项的名称和值。设置完成后单击 确定 按钮。

🔑 **设置组件属性**：在 ActionScript 中，应使用点（.）运算符（点语法）访问属于舞台上的对象或实例的属性或方法。点语法表达式以实例的名称开头，后面跟着一个点，最后以要指定的元素结尾。

🔑 **调整组件大小**：组件不会自动调整大小以适合其标签，可以使用"任意变形工具" 或 setSize() 方法调整组件实例的大小。

3. 处理事件

每一个组件在用户与其交互时都会广播事件。如当用户单击一个Button按钮时，会调用MouseEvent.CLICK事件；当用户选择List中的一个项目时，List会调用Event.CHANGE事件。当组件发生重要事情时也会引发事件，如当UILoader实例完成内容加载时，会生成一个Event.COMPLETE事件。若要处理事件，需要编写在该事件被触发时需要执行的ActionScript代码。

62 Hours
52 Hours
42 Hours
32 Hours
22 Hours
12 Hours

🔑 关于事件侦听器：所有事件均由组件类的实例广播。通过调用组件实例的 addEventListener() 方法，可以注册事件的"侦听器"，可以是一个组件，也可以是多个。

🔑 关于事件对象：事件对象继承 Event 对象类的一些属性，包含了有关所发生事件的信息，其中包括提供事件基本信息的 target 和 type 属性。

```
1  //向 Button 实例 aButton 添加了一个 MouseEvent.CLICK 事件的
   侦听器。
2  aButton.addEventListener(MouseEvent.CLICK, clickHandler);
3
4  //可以向一个组件实例注册多个侦听器。
5  aButton.addEventListener(MouseEvent.CLICK, clickHandler1);
6
7  aButton.addEventListener(MouseEvent.CLICK, clickHandler2);
8  //向多个组件实例注册一个侦听器。
9  aButton.addEventListener(MouseEvent.CLICK, clickHandler1);
10 bButton.addEventListener(MouseEvent.CLICK, clickHandler1);
```

```
1  //使用 evtObj 事件对象的 target 属性来访问 aButton 的 label
   属性并将它显示在"输出"面板中:
2  import fl.controls.Button;
3  import flash.events.MouseEvent;
4
5  var aButton:Button = new Button();
6  aButton.label = "Submit";
7  addChild(aButton);
8  aButton.addEventListener(MouseEvent.CLICK, clickHandler);
9
10 function clickHandler(evtObj:MouseEvent){
11 trace("The " + evtObj.target.label + " button was clicked"
   );
12 }
```

▌ 经验一箩筐——访问组件属性的方法

事件对象是自动生成的，当事件发生时会将其传递给事件处理函数。可以在该函数内使用事件对象来访问所广播的事件名称，或者访问广播该事件的组件的实例名称，可以从实例名称访问其他组件属性。

上机 1 小时 ▶ 制作问卷调查表

🔍 巩固组件的添加及应用方法。

🔍 进一步掌握在 ActionScript 脚本中操作组件的方法。

　　本例将制作一个动态的问卷调查，对于问卷常有的一些选择、填空等内容通过添加相应的组件来实现，在问卷页面保存用户的信息并提交到结果页面，最终效果如下图所示。

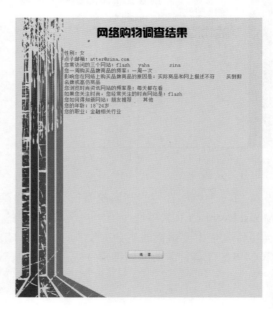

光盘文件
素材＼第 11 章＼调查表背景.png
效果＼第 11 章＼问卷调查表.fla
实例演示＼第 11 章＼制作问卷调查表

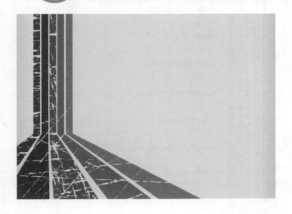

STEP 01： 新建文档

新建一个尺寸为 975×1300 像素的 ActionScript 3.0 空白动画文档。按 Ctrl+R 组合键，打开"导入到舞台"对话框，将"调查表背景.png"图像导入到舞台中。

提个醒 在使用 Flash 制作调查表前，一定要根据调查的主体先设置好调查表中应该出现的问题，以免在后期投放调查表后，回收不到有效数据。

STEP 02： 新建图层

1. 将"图层 1"重命名为"背景"，按 F6 键插入关键帧。
2. 新建"图层 2"，并将其重命名为"标题"，选择第 1 帧。

提个醒 本例将制作输入数据后，返回一个浏览填写信息的页面。所以在制作时，需要制作一个两帧的动画。若不需要显示浏览填写信息的页面，只需创建一个 1 帧的动画。

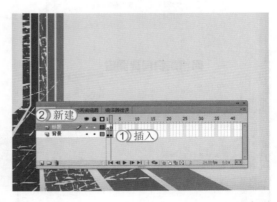

STEP 03： 输入文本

1. 选择"文本工具" **T**，在"属性"面板中设置"系列、大小、颜色"为"汉真广标、40.0 点、#000000"。
2. 在舞台中输入"网络购物有奖调查"文本。按 F6 键，新建关键帧，将"网络购物有奖调查"文本修改为"网络购物调查结果"文本。

读书笔记

62
Hours
▲

52
Hours
▲

42
Hours
▲

32
Hours
▲

22
Hours
▲

12
Hours
▲

STEP 04： 输入文本

1. 新建图层，并将其重命名为"项目"图层，选择第 1 帧。再选择"文本工具" **T**，在"属性"面板中设置"系列、大小、颜色"为"汉仪中圆简、16.0 点、#000000"。
2. 在舞台中输入调查表的相关问题。

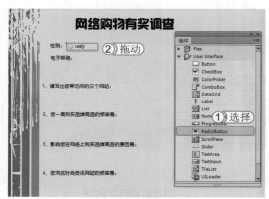

STEP 05： 插入 RadioButton 组件

1. 新建图层，并将其重命名为"组件"图层，选择第 1 帧。再选择【窗口】/【组件】命令，打开"组件"面板。展开"User Interface"文件夹，选择"RadioButton"选项。
2. 将其移动到"性别"文本后，并插入组件。

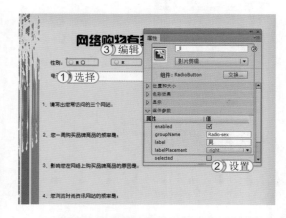

STEP 06： 设置组件属性

1. 选择组件。
2. 在"属性"面板中设置"实例名称、groupName、label"为"_ll、Radio-sex、男"。
3. 使用相同的方法，再添加一个"RadioButton"组件，并设置为"女"单选按钮。

> **提个醒** 若在"属性"面板中选中"selected"后的复选框，可使该单选按钮变为选中状态。

经验一箩筐—— "groupName"选项的作用

groupName 的作用是设置组名，可以将 groupName 设置为同名来将组件定义为一组，如第 6 步中将性别"男"、"女"的 groupName 值都设置为 Radio-sex。

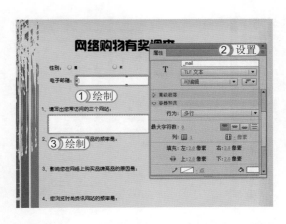

STEP 07： 制作文本框

1. 选择"文本工具" T，使用鼠标在"电子邮箱"文本后面绘制一个文本框。
2. 选择文本框，在"属性"面板中设置"实例名称、文本引擎、文本类型"为"_mail、TLF 文本、可编辑"。
3. 设置"容器背景颜色"为"#FFFFFF"。
4. 使用相同的方法编辑问题 1 下的文本框，设置其"实例名称"为"_wed"。

STEP 08： 为问题 2 插入选项

1. 在问题 2 下插入 4 个 RadioButton 组件。
2. 在"属性"面板中设置第 1 个 RadioButton 组件的"实例名称、groupName、label"为"buy1、buy-time、基本每天都在买"。使用相同的方法，设置其他 3 个 RadioButton 组件。

> **提个醒** 若是单选按钮中的文本没有显示完整，可在"属性"面板的"位置和大小"栏中设置"宽"值。

STEP 09： 为问题 3 插入组件

1. 在问题 3 下插入 4 个 CheckBox 组件。
2. 在"属性"面板中根据需要分别设置其实例名称和 label。

> **提个醒** "属性"面板中的 enabled 选项用于设置组件是否可见。当选择时该组件才可见。

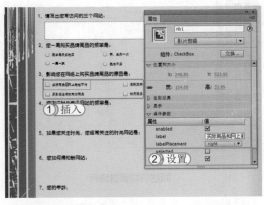

STEP 10： 插入其他组件

使用相同的方法，为问题 4~6 插入问题选项。

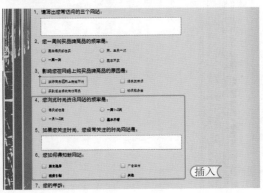

> **提个醒** 在制作时一定要注意问题选项的对齐情况。

301

72☒
Hours

62
Hours

52
Hours

42
Hours

32
Hours

22
Hours

12
Hours

STEP 11： 插入组件

1. 在问题 7 下插入 1 个 ComboBox 组件。
2. 在"属性"面板中设置"实例名称"为
   "_age"。
3. 设置"rowCount"为"4"。
4. 单击 ✐ 按钮。

> **提个醒** rowCount 选项用于限定下拉列表的选项数量。

STEP 12： 设置值

1. 打开"值"对话框，在其中输入年龄段，并为其设置 date 值。
2. 单击 确定 按钮。使用相同的方法在问题 8 下插入 ComboBox 组件。

> **提个醒** date 值的作用和实例名称的作用相同。

STEP 13： 插入 Button 组件

1. 在页面底部插入 1 个 Button 组件。
2. 在"属性"面板中设置"实例名称、label"为"_tijiao、提交"。

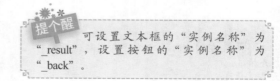

> **提个醒** 在页面中放置一个"提交"按钮是为了将该页面的所有数据都汇总在该按钮，再通过事件将其传送到指定位置。

STEP 14： 设置文本框值

在第 2 帧插入关键帧。在舞台中使用"文本工具" **T** 绘制一个文本框和按钮。在"属性"面板中设置实例名称和 label。

> **提个醒** 可设置文本框的"实例名称"为"_result"，设置按钮的"实例名称"为"_back"。

STEP 15: 在第 1 帧中输入脚本

新建图层,并将其重命名为"AS",选择第 1 帧。
再选择【窗口】/【动作】命令,在打开的"动作"
面板中输入脚本。

提个醒　　该段脚本主要通过条件语句,逐个检查表单中组件的布尔值是否为真,若为真则将其添加到
temp 变量中。

STEP 16: 在第 2 帧中输入脚本

选择第 2 帧,在其中插入关键帧。在"动作"面
板中输入脚本。

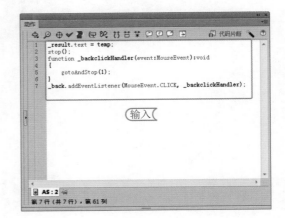

提个醒　　该段脚本主要用于实现单击"返回"
按钮,返回第 1 帧的功能。

11.3 练习 1 小时

　　本章主要介绍了 ActionScript 在动画中的应用,用户要想在日常工作中熟练使用,还需再
进行巩固练习。下面以制作交互式滚动广告为例,进一步巩固这些知识的使用方法。

62
Hours

52
Hours

42
Hours

32
Hours

22
Hours

12
Hours

制作交互式滚动广告

　　本例将制作交互式滚动广告，首先导入素材制作元件，将元件移动到舞台中，为元件设置"实例名称"，然后新建 AS 图层，在图层中输入脚本。最终效果如下图所示。

光盘 文件	素材 \ 第 11 章 \ 巧克力
	效果 \ 第 11 章 \ 交互式滚动广告 . fla
	实例演示 \ 第 11 章 \ 制作交互式滚动广告

读书笔记

动画

72 HOURS

动画的优化与发布

第12章

学习 2 小时

- 动画的优化
- 动画的发布

在制作完动画后，用户还需对动画进行测试，以确保动画效果正确。此外，为了将制作的动画发布到网络上，还需要对动画进行优化。完成这一系列的操作后，再进行发布。本章将对其操作方法进行讲解。

上机 3 小时

12.1 动画的优化

好的动画通常需要发布成适合播放的文件大小和类型。在发布前应对 Flash 动画进行测试及优化，如测试动画效果是否满意，是否有错等，特别是在有 ActionScript 脚本的 Flash 动画中，必须测试脚本是否能顺利执行，是否达到了预期的目的。同时为了达到最佳的播放效果，以及考虑网络的传播速度，需要对 Flash 动画进行优化，让其能使用较小的时间下载完成，且播放效果流畅。

学习 1 小时

🔍 了解 Flash 动画需要优化的对象。　　　🔍 掌握 Flash 动画的优化方法。

🔍 熟练掌握测试和预览 Flash 动画的基本操作。

12.1.1 优化动画

随着 Flash 动画文档文件大小的增加，其下载和播放时间也有所增加。可以采取多个步骤来准备文档，以获得最佳的播放质量。在发布过程中，Flash 会自动对文档进行一些优化。在导出文档之前，可以使用多种策略来减小文件，从而对其进行进一步的优化，也可以在发布时压缩 SWF 文件。进行更改时，可以预先在各种计算机、操作系统和 Internet 连接上运行文档以对其进行测试。

1. 优化各个项目

优化动画中各个项目的目的是为了保证动画在各个计算机上呈现的效果一致，同时动画效果要尽量完美，下载和传播的速度要尽量快，播放时要尽量流畅。优化主要包括如下几个方面。

（1）优化文档

对动画文档整体进行优化，可以有效地降低文档大小。在对动画文档细节进行优化时不能忘记对文档的整体优化，对动画文档进行优化一般可以从以下几个方面进行：

🔑 对于多次出现的元素，最好使用元件、动画或者其他对象。

🔑 创建动画序列时，尽可能使用补间动画。补间动画所占用的文件空间要小于一系列的关键帧。

🔑 对于动画序列，使用影片剪辑元件而不使用图形元件。

🔑 限制每个关键帧中的改变区域；在尽可能小的区域内执行动作。

🔑 避免使用动画式的位图元素，使用位图图像作为背景或者使用静态元素。

🔑 尽可能使用 MP3 这种占用空间小的声音格式。

（2）优化元素和线条

对文档中的元素以及线条进行优化能最大限度地压缩文档大小，对文档进行元素和线条优化可以从以下几个方面进行：

🔑 将所有能组合的对象组合起来。

🔑 使用图层将动画过程中发生变化的元素与保持不变的元素分离。

🔑 限制特殊线条类型（如虚线、点线、锯齿线等）的数量。实线所需的内存较少。用铅笔工具创建的线条比用刷子笔触创建的线条所需的内存更少。

（3）加快文档显示速度

若要加快文档的显示速度，可以使用"视图"菜单中的命令关闭呈现品质功能，该功能需进行额外的计算，因此会降低文档的显示速度。选择【视图】/【预览模式】命令，然后在弹出的子菜单中进行选择，Flash 中的预览模式如下。

🔑 轮廓：只显示场景中形状的轮廓，从而使所有线条都显示为细线。这样就更容易改变图形元素的形状以及快速显示复杂场景。

🔑 快速：将关闭消除锯齿功能，并显示绘画的所有颜色和线条样式。

🔑 消除锯齿：打开线条、形状和位图的消除锯齿功能并显示形状和线条，从而使屏幕上显示的形状和线条的边沿更为平滑。但绘画速度比"快速"选项的速度要慢很多。消除锯齿功能在提供数千（16 位）或上百万（24 位）种颜色的显卡上处理效果最好。在 16 色或 256 色模式下，黑色线条经过平滑，但是颜色的显示在快速模式下可能会更好。

🔑 消除文字锯齿：平滑所有文本的边缘。处理较大的文字时效果最好，如果文本数量太多，则速度会较慢。这是最常用的预览模式。

🔑 颜色：完全呈现舞台上的所有内容，但可能会减慢显示速度。

（4）优化文本和字体

通过文本和字体的优化能使动画文档体积变得更小，所以在优化文档时，文本和字体也是优化的一个重要步骤。优化文本和字体可以从以下几个方面进行：

🔑 限制字体和字体样式的数量。尽量少用嵌入字体，因为它们会增加文件的大小。

🔑 对于必须嵌入的字体，只选择需要的字符，而不要包括所有文本。

（5）优化颜色

在 Flash 中过于丰富的颜色，不但会增大文档的体积，而且在播放时不能完全将制作的颜色展示出来。优化颜色可以从以下几个方面进行：

🔑 使用元件属性检查器中的"颜色"菜单，可为单个元件创建很多不同颜色的实例。

🔑 使用"颜色"面板，使文档的调色板与浏览器特定的调色板相匹配。

🔑 尽量少用渐变色。使用渐变色填充区域比使用纯色填充区域大概多 50 个字节。

🔑 尽量少用 Alpha 透明度。

（6）优化动画和图形

在创建经过优化和简化的动画或图形之前，应对项目进行概括和计划。为文件大小和动画长度制定一个目标，并在整个开发过程中对目标进行测试。应遵循下列优化准则：

🔑 优化位图时不要对其进行过度压缩，72dpi 的分辨率最适合 Web 使用。压缩位图图像可减小文件大小，但过度压缩将损害图像质量。可以检查"发布设置"对话框中的 JPEG 品质设置，确保未过度压缩图像。在大多数情况下，最佳做法是将图像表示为矢量图形。使用矢量图像可以减小文件大小，因为它是通过计算（而非通过许多像素）产生出图像。在保持图像质量的同时限制图像中的颜色数量。

🔑 将 _visible 属性设置为 false，而不是将 SWF 文件中的 _alpha 级别更改为 0 或 1。计算舞台上实例的 _alpha 级别将占用大量处理器资源。如果禁用实例的可见性，可以节省 CPU 周期和内存，从而使 SWF 文件的动画更加平滑。通常无需卸载和重新加载资源，只需将

307

72☐
Hours

62
Hours

52
Hours

42
Hours

32
Hours

22
Hours

12
Hours

_visible 属性设置为 false，这样可减少对处理器资源的占用。

🔑 减少在 SWF 文件中使用线条和点的数量。使用"最优化曲线"对话框(选择【修改】/【形状】/【优化】命令打开)来减少绘图中的矢量数量。选择"使用多重过渡"选项来执行更多优化。优化图形将减小文件大小，但过度压缩图形将损害其品质。但是，优化曲线可减小文件大小并提高 SWF 文件性能。

🔑 避免使用渐变，因为渐变要求对多种颜色进行计算处理，计算机处理器完成操作的难度较大。应使 SWF 文件中使用的 Alpha 或透明度数量保持在最低限度。

🔑 包含透明度的动画对象会占用大量处理器资源，因此必须将其保持在最低限度。位图之上的动画透明图形是一种占用大量处理器资源的动画，因此必须将其保持在最低限度，或完全避免使用透明图形。

（7）动画帧频和性能

在向应用程序中添加动画时，需要考虑为 FLA 文件设置的帧频。因为帧频可能影响 SWF 文件以及播放该文件的计算机性能。将帧频设置得过高可能会导致处理器出现问题，特别是在使用了许多资源或使用 ActionScript 创建动画时，因此，要合理设置帧频。

2. 影响动画性能的因素

尽管制作 Flash 动画的方式和效果都可能多样化，但是，这些因素可能会影响动画的性能，因此应根据这些因素，对动画内使用的方式和效果做最佳选择。常见影响动画性能的因素包括 3 种，下面分别进行介绍。

（1）使用位图缓存

位图缓存就是把矢量图缓存成位图，若要减轻 CPU 的运算压力，只需设置属性参数即可实现。在以下情形中使用位图缓存，可以提升有效播放质量和效果：

🔑 包含矢量数据、复杂背景图像时。若要提高性能，将内容存储到影片剪辑中，然后将 opaqueBackground 属性设置为 true。背景将呈现为位图，可以迅速重新绘制，以便更快地播放动画。

🔑 在滚动文本字段中显示大量文本时。将文本字段放置在通过滚动框（scrollRect 属性）设置为可滚动的影片剪辑中，能够加快指定实例的像素滚动。

🔑 窗口系统具有重叠窗口，且每个窗口都可以打开或关闭（如 Web 浏览器窗口）。如果将每个窗口标记为一个表面（将 cacheAsBitmap 属性设置为 true），则各个窗口将隔离开并进行缓存。用户可以拖动窗口使其互相重叠，每个窗口无须重新生成矢量内容。

问题小贴士

问：位图缓存有什么具体作用？

答：位图缓存有助于增强应用程序中不会更改的影片剪辑的性能。将 MovieClip.cacheAsBitmap 或 Button.cacheAsBitmap 属性设置为 true 时，Flash Player 将缓存影片剪辑或按钮实例的内部位图表示图形。这可以提高包含复杂矢量内容的影片剪辑的性能。具有已缓存位图的影片剪辑的所有矢量数据都会绘制到位图而不是主舞台中。

经验一箩筐——避免使用位图缓存的原则

滥用位图缓存会对 SWF 文件产生负面影响，在开发使用表面的 FLA 文件时，要牢记以下原则：

- 不要过度使用表面（启用了缓存的影片剪辑），每个表面比常规影片剪辑元件将使用更多的内存；启用表面只是为了提高显示性能。

- 缓存的位图使用内存比常规影片剪辑实例多很多。如果舞台上的影片剪辑元件大小为 250×250 像素，则对其进行缓存时可能会使用 250KB 内存；如果是常规（未缓存的）影片剪辑实例，则可能只使用 1KB 内存。

- 避免放大缓存的表面。如果过度使用位图缓存，尤其是放大内容时，将占用大量内存。

- 对主要为静态（非动画）的影片剪辑实例使用表面，可以拖放或移动实例，但实例的内容不能为动画或更改太多。如果旋转或转换实例，实例将在表面和矢量数据之间进行变化，这种情况难以处理，并会对 SWF 文件产生负面影响。

- 如果将表面与矢量数据混在一起，将增加 Flash Player 处理的工作量。

（2）使用滤镜

在应用程序中使用太多滤镜，会占用大量内存，从而影响 Flash Player 的性能。由于附加了滤镜的影片剪辑有两个 32 位位图，因此如果过多使用位图，会导致占用大量内存，计算机操作系统可能出现内存不足的错误。在现在的计算机中，内存不足错误应该很少出现，除非在一个应用程序中过多地使用滤镜效果（如在舞台中存在数千个位图）。但是，如果确实遇到内存不足错误，则将出现以下情况：

- 滤镜数组被忽略。
- 使用常规矢量渲染器绘制影片剪辑。
- 不为影片剪辑缓存任何位图。

（3）使用运行时共享库

有时可以使用运行时共享库来缩短下载时间。对于较大的应用程序或当某站点上的许多应用程序使用相同的组件或元件时，这些库通常是必需的。使用共享库的第一个 SWF 文件的下载时间较长，因为需要加载 SWF 文件和库。库将放在用户计算机的缓存中，所有后续 SWF 文件将使用该库。对于一些较大的应用程序，这一过程可以快速缩短下载时间。

12.1.2 测试动画

在发布和导出 Flash 动画之前，必须对动画进行测试，通过测试可以检查动画是否能正常播放，播放效果是否是用户想要达到的效果，并检查动画中是否有明显的错误，以及根据模拟不同的网络带宽对动画的加载和播放情况进行检测，从而确保动画既有好的质量，又能流畅地在网络上播放。

1. 测试下载性能

Flash Player 会尝试满足动画文档所设置的帧频，播放期间的实际帧频可能会因计算机而异。如果正在下载的文档到达了某个特定的帧，但是该帧所需的数据尚未下载，则文档会暂停，直到数据到达为止。

要以图形化方式查看下载性能，可以使用"带宽设置"，会根据指定的调制解调器速度显

309

72
Hours

62
Hours

52
Hours

42
Hours

32
Hours

22
Hours

12
Hours

示为每个帧发送的数据量。

在模拟下载速度时，Flash 使用典型 Internet 性能的估计值，而不是精确的调制解调器速度。选择模拟速度为 28.8kbps 的调制解调器，Flash 会将实际速率设置为 2.3kbps 以反映典型的 Internet 性能。"带宽设置"还针对 SWF 文件新增的压缩支持进行补偿，从而减少了文件大小并改善了数据流性能。

当外部 SWF 文件、GIF 文件、XML 文件以及变量通过 ActionScript 调用（如 loadMovie 和 getUrl）流入播放器时，数据将按为数据流设置的速率流动。在带宽由于出现其他数据请求而减少时，SWF 文件的流速率也会随之降低。这就需要在计算机上以各种速度测试文档，确保文档在最慢的网络连接和计算机上都不会出现过载情况。

本例对前面制作的"电视节目预告 .fla"动画文档进行测试，通过设置数据流速率查看下载速度，最后根据实际情况对动画文档进行调整。其具体操作如下：

光盘文件	素材 \ 第 12 章 \ 电视节目预告 .fla
	实例演示 \ 第 12 章 \ 测试下载性能

STEP 01： 打开"测试"窗口

打开"电视节目预告 .fla"动画文档，按 Ctrl+Enter 组合键，打开测试窗口。

提个醒　　要更改使用"测试影片"和"测试场景"命令创建的 SWF 文件的设置，可以选择【文件】/【发布设置】命令，打开"发布设置"对话框。

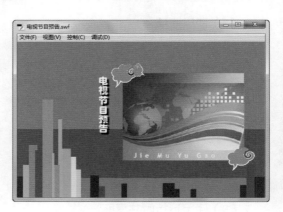

STEP 02： 显示下载性能图表

选择【视图】/【带宽设置】命令，可显示下载性能图表（包括数据流图表和帧数图表）。

读书笔记

STEP 03： 模拟的数据流速率

选择【视图】/【下载设置】命令，然后选择一个下载速度来确定 Flash 模拟的数据流速率。若要输入自定义用户设置，可以选择"自定义"命令，在打开的"自定义下载设置"对话框中进行设置。

> **提个醒** 在测试动画时，为了满足不同网速的用户需求，应该选择低网速进行测试。

STEP 04： 模拟下载

选择【视图】/【模拟下载】命令，可打开或关闭数据流。如果关闭数据流，则文档在不模拟 Web 连接的情况下就开始下载。

> **提个醒** 体积越大的文件需要等待加载的时间越多，所以有效地对文档进行优化十分重要。

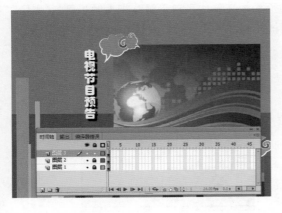

STEP 05： 调整图形视图

关闭测试窗口，返回创作环境。使用"带宽设置"设置测试环境后，就可以直接在测试环境中打开所有 SWF 文件，且在打开时会使用"带宽设置"和其他选择的查看选项。

▌经验一箩筐——如何调整图形视图

选择【视图】/【数据流图表】命令，可显示哪些帧会引起暂停；选择【视图】/【帧数图表】命令，可显示每个帧的大小。

311

72图
Hours

62
Hours

52
Hours

42
Hours

32
Hours

22
Hours

12
Hours

2. 测试脚本动画

使用测试窗口虽然能对动画的效果进行测试，但若是对有脚本的动画进行测试，其中的脚本并不能得到有效的检查。Flash 行业中测试含有脚本的 Flash 动画都会使用调试功能调试动画中的脚本，保证其正确性。用户可在本地或通过远程调试 ActionScript 2.0 和 ActionScript 3.0，下面将分别对其方法进行讲解。

（1）ActionScript 2.0 调试器

没有包含 ActionScript 脚本的动画不能被调试，而包含 ActionScript 脚本的动画则最好被调试。调试动画的方法是：打开要测试的动画，选择【窗口】/【调试面板】/【ActionScript 2.0】命令，打开"ActionScript 2.0 调试器"面板。此时调试器处于非活动状态，在该面板可检查 ActionScript 1.0、ActionScript 2.0 中的错误。

选择【调试】/【调试影片】/【在 Flash Professional】命令，在"ActionScript 2.0 调试器"面板中将会显示当前 Flash 中的影片剪辑的分层显示列表，如右图所示。

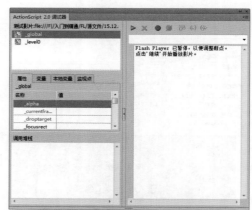

在"ActionScript 2.0 调试器"面板上方单击"播放"按钮▷可控制动画文件的播放，在播放时将显示变量和属性的值。单击"停止"按钮●可以使用断点停止动画的播放并逐行跟踪脚本。用户返回脚本，即可计时对其进行修改。

（2）调试 ActionScript 3.0

ActionScript 3.0 和 ActionScript 2.0 的调试方法有所不同。调试 ActionScript 3.0 时，用户只需打开需调试的文档，选择【调试】/【调试影片】/【调试】命令，此时 Flash 重新打开一个显示调整工作区。在该工作区中包含"动作"面板、"调试控制台"面板和"变量"面板等。其中"调试控制台"面板用于显示调用的堆栈，在面板中还集成了用于跟踪脚本的工具。"变量"面板用于显示当前一定范围内的变量数值。"调试控制台"面板和"变量"面板如下图所示。

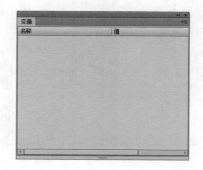

经验一箩筐——调试 ActionScript 3.0 的限制

ActionScript 3.0 的调试工作区只能调试 ActionScript 3.0 和 AS 文件，且 Flash 动画的发布设置必须是 Flash Player 9。

（3）远程调试

当用户需要远程对 Flash 文档进行调试时，可通过使用 Debug Flash Player 的独立版本、ActiveX 版本调试远程的 SWF 文件。需要注意的是，调试这类 SWF 文件时，必须确保调试的文件和远程计算机在同一本地主机上，且有独立调试播放器、ActiveX 插件等。

在 JavaScript 或 HTML 环境中进行调试时，用户可以在 ActionScript 中查看调试文件的变量。为了安全起见，用户可以设置调试密码增强安全性。此外，在存储 SWF 文件中的变量时，一定要将变量发送到本地主机端的应用程序中，而且不要存储在文件中。

> **经验一箩筐——设置远程调试**
>
> 允许远程调试的动画，一定要在"发布设置"对话框中选中 ☑允许调试(D) 复选框，允许调试。

3. 生成最终报告

Flash 也可以生成一个扩展名为 .txt 的最终效果报告文件，如文档文件为 myMovie.fla，则文本文件为 myMovieReport.txt。报告会逐帧列出各帧的大小、形状、文本、声音、视频和 ActionScript 脚本。

本例将对之前测试的"电视节目预告 .fla"动画文档生成最终报告，以查看动画文档发布时的具体参数，方便排除发布时出现的问题。其具体操作如下：

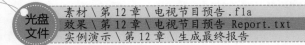

光盘文件
素材 \ 第 12 章 \ 电视节目预告 .fla
效果 \ 第 12 章 \ 电视节目预告 Report.txt
实例演示 \ 第 12 章 \ 生成最终报告

STEP 01： 设置压缩格式

1. 打开"电视节目预告 .fla"动画文档，选择【文件】/【发布设置】命令，打开"发布设置"对话框，选中 ☑ Flash (.swf) 复选框。

2. 选中 ☑生成大小报告(G) 复选框。

3. 单击 发布(P) 按钮，生成最终报告。

提个醒　只有 SWF 格式的文件才能设置生成最终报告。

读书笔记

313

72⊠
Hours

62
Hours

52
Hours

42
Hours

32
Hours

22
Hours

12
Hours

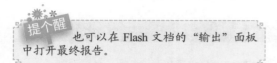

STEP 02： 查看最终报告

单击 确定 按钮关闭对话框，打开文档保存的目录。双击"电视节目预告 Report.txt"，打开最终报告窗口，查看关于文档的详细信息。

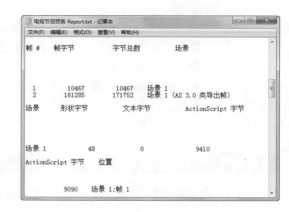

> **提个醒** 也可以在 Flash 文档的"输出"面板中打开最终报告。

12.1.3 预览动画

在正式发布之前可以对即将发布的动画格式进行预览，以确定发布设置是否合适。根据发布格式的设置，可以对文档进行该格式的预览。根据格式预览动画的方法如下。

🔑 预览 SWF 动画：选择【文件】/【发布预览】/【Flash】命令，打开 SWF 预览窗口。

🔑 预览 HTML 文档：选择【文件】/【发布预览】/【Html】命令，打开 HTML 预览窗口。

上机 1 小时 ▶ 优化"称赞"动画

🔍 巩固常见动画优化的项目。

🔍 进一步掌握优化和测试动画的基本操作。

本例将对"称赞"动画进行优化，使动画更加完美、播放效果更加流畅，最终效果如下图所示。

> **光盘文件**
> 素材 \ 第 12 章 \ 称赞
> 效果 \ 第 12 章 \ 称赞.fla、fcmd.mp3
> 实例演示 \ 第 12 章 \ 优化称赞动画

315

72⊠
Hours

62
Hours

52
Hours

42
Hours

32
Hours

22
Hours

12
Hours

STEP 01： 打开动画文档

打开"称赞.fla"动画文档。锁定所有图层，解锁"图层1"，使用"墨水瓶工具" 为背景图形填充轮廓线条。

STEP 02： 优化曲线

1. 隐藏锁定的图层。选择"图层1"中的所有曲线。选择【修改】/【形状】/【优化】命令，在打开的"优化曲线"对话框中设置"优化强度"为"60"。
2. 单击 确定 按钮。

> 提个醒 具体优化数值以不影响线条形状的最大数值为宜。

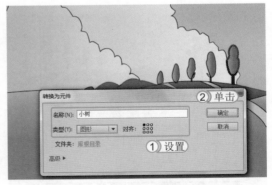

STEP 03： 转换为元件

选择"小树"图形，然后按 F8 键，在打开的"转换为元件"对话框中设置"名称、类型"为"小树、图形"，单击 确定 按钮。

> 提个醒 本操作是为了将小树图形转换为元件后，在动画中多次使用元件以减小动画大小。

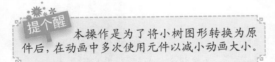

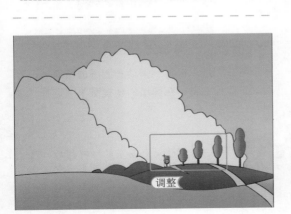

STEP 04： 创建元件实例

选择并删除背景图形中的小树。从"库"面板中拖入几个"小树"元件到舞台中，创建小树实例。调整小树大小和位置。

> 提个醒 在删除小树图形时，白云部分区域会被挖空。此时，将小树后方的白云删除，再使用"颜料桶工具" 填充。

STEP 05： 减少颜色渐变

选择舞台中近处的草坪，使用前景色将其填充为
"#00CC00"，将其转换为纯色。

> 提个醒
> 　　　　为使图像看起来更有层次，最好不要修改远处草坪的渐变色。

STEP 06： 删除轮廓曲线

选择所有轮廓曲线，然后按 Delete 键将其删除。

> 提个醒
> 　　　　删除轮廓曲线，不但能使动画文档变小，而且能使画面看起来更加简洁。

STEP 07： 转换房子

1. 解锁"图层 3"，删除房子的轮廓曲线。按 F8 键打开"转换为元件"对话框，在其中设置"名称、类型"为"房子、图形"。
2. 单击 确定 按钮。

> 提个醒 为编辑方便最好将"图层 1"锁定。

STEP 08： 复制帧

显示所有图层。选择刺猬动画图层的所有帧，然后单击鼠标右键，在弹出的快捷菜单中选择"复制帧"命令。

> 提个醒
> 　　　　选择刺猬动画图层的所有帧后，选择【编辑】/【时间轴】/【复制帧】命令，也可完成本操作。

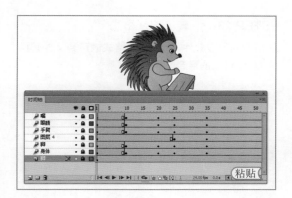

STEP 09：创建影片剪辑元件

新建"刺猬"影片剪辑元件，在第1帧处单击鼠标右键，在弹出的快捷菜单中选择"粘贴帧"命令，粘贴刺猬的动作。

提个醒 将主场景中的动画片段复制到影片剪辑元件中后，则可以将该动画所有的图层删除。

STEP 10：创建枫叶影片

新建"叶子1"影片剪辑元件，用相同的方法将"图层4"的所有帧复制到影片剪辑元件中，创建枫叶动画影片。

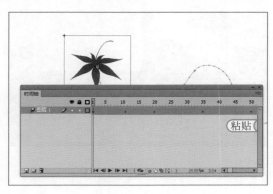

STEP 11：创建影片元件实例

删除动画片段图层后，新建两个图层，并从"库"中分别将"刺猬"元件和"叶子1"元件拖入到新建图层的第1帧中。

提个醒 若想使文件更小，用户可将"图层4"、"图层5"第1帧以外的所有帧都删除。

STEP 12：优化文字

1. 在"库"面板中分别双击文本元件。
2. 打开文字编辑窗口，将字体设置为"宋体"，并删除其应用的滤镜效果。

提个醒 设置字体和滤镜，都可在选择文本后，在"属性"面板中进行设置。

62
Hours

52
Hours

42
Hours

32
Hours

22
Hours

12
Hours

STEP 13： 转换声音格式

使用音频处理软件，将 WAV 格式的声音文件转换为 MP3 格式的声音文件。

STEP 14： 导入声音

1. 选择【文件】/【导入】/【导入到库】命令，导入 fcmd.mp3 声音文件到库中。新建图层，并选择第 1 帧。

2. 在"属性"面板中设置"名称"为"fcmd.mp3"，为动画添加声音。

读书笔记

12.2 动画的发布

  Flash 制作的动画源文件格式为 FLA，所以在完成动画作品的制作后，需要把 FLA 格式的文件发布成便于网上发布或在计算机中播放的格式。FLA 可以发布为多种格式，下面讲解动画发布的相关知识。

学习 1 小时

  🔍 了解 Flash 动画发布的格式。

  🔍 熟练掌握发布动画及创建播放器的基本操作。

12.2.1 设置发布格式

  在默认情况下，使用"发布"命令就可以创建 SWF 格式的文件。除了可以将文件发布成 SWF 格式的文件，还可以使用"发布格式"命令设置为其他格式。

  在发布 Flash 影片时，最好创建一个文件夹保存发布的文件。选择【文件】/【发布设置】命令，打开"发布设置"对话框，选择 FLA 可发布的格式类型。具体的格式和文件后缀包括：.swf、.html、.gif、.jpg、.png 和 Windows 可执行文件 .exe 以及放映文件。

  默认情况下，影片的发布会使用与 Flash 文档相同的名称，如果要修改，可以在"输出文件"文本框中输入要修改的名称。不同格式的文件扩展名不同，在自定义文件名称时不能修改扩展名。

  在完成发布设置后，单击 确定 按钮即可。如果需要发布保存的设置，可以选择【文件】/【发布】命令，然后直接单击 发布(P) 按钮，将动画发布到源文件夹所在的文件夹中。

1. SWF文件的发布设置

在"发布设置"对话框中 SWF 格式为默认选中状态。选中 ☑ Flash (.swf) 复选框，对 SWF 格式进行发布设置。该发布设置中主要参数的作用如下。

🔑 "目标"下拉列表框：用于选择播放器版本。

🔑 "脚本"下拉列表框：用于选择 ActionScript 版本。如果选择 ActionScript 3.0 并创建了类，则单击"设置"按钮 ✎ 来设置类文件的相对类路径。

🔑 "JPEG 品质"选项：调整"JPEG 品质"滑块或输入一个值，可以控制位图的压缩品质。图像品质越低，生成的文件就越小；图像品质越高，生成的文件就越大。

🔑 "音频流"和"音频事件"选项：单击"音频流"或"音频事件"选项后的超级链接，然后在打开的对话框中根据需要选择相应的选项，可以为 SWF 文件中的所有声音流或事件声音设置采样率和压缩。

🔑 ☑ 覆盖声音设置(V) 复选框：若要覆盖在属性检查器的"声音"部分中为个别声音指定的设置，则需选中该复选框。

🔑 ☑ 导出设备声音(U) 复选框：若要导出适合于设备（包括移动设备）的声音而不是原始库声音，则需选中该复选框。

🔑 ☑ 压缩影片(C) 复选框：（默认为选中状态）压缩 SWF 文件将减小文件大小和缩短下载时间。

🔑 ☑ 包括隐藏图层(I) 复选框：（默认为选中状态）导出 Flash 文档中所有隐藏的图层。取消选中该复选框将阻止把生成的 SWF 文件中标记为隐藏的所有图层（包括嵌套影片剪辑）导出。

🔑 ☑ 包括 XMP 元数据(X) 复选框：（默认为选中状态）单击其后的 ✎ 按钮，在打开的对话框中导出输入的所有元数据。

🔑 ☑ 生成大小报告(G) 复选框：生成一个报告，按文件列出最终 Flash 中的数据量。

🔑 ☑ 省略 trace 语句(T) 复选框：忽略当前 SWF 文件中的 ActionScript trace 语句。

🔑 ☑ 允许调试(D) 复选框：激活调试器并允许远程调试 FlashSWF 文件。

🔑 ☑ 防止导入(M) 复选框：防止其他用户导入 SWF 文件并将其转换为 FLA 文档。可使用密码来保护 FlashSWF 文件。

🔑 "密码"文本框：用于设置密码，可防止他人调试或导入 SWF 动画。

2. HTML 文档的发布设置

在"发布设置"对话框中 .html 格式为默认选中状态。选中 ☑ HTML 包装器 复选框，对 .html 格式进行发布设置。该发布设置中主要参数的作用如下。

🔑 "模板"下拉列表框：用于选择模板。

🔑 "大小"选项：设置 object 和 embed 标记中宽和高属性的值。

319

72⊠
Hours

62
Hours
▲

52
Hours
▲

42
Hours

32
Hours
▲

22
Hours

12
Hours
▲

🔑 "播放"栏：可以选中相应的复选框来
设置播放的方式。

🔑 "品质"下拉列表框：设置 object 和
embed 标记中 QUALITY 参数的值。

🔑 "窗口模式"下拉列表框：该选项控制
object 和 embed 标记中的 HTMLwmode
属性。窗口模式修改内容边框或虚拟窗
口与 HTML 页中内容的关系。

🔑 "缩放"下拉列表框：设置缩放方式。

🔑 "HTML 对齐"下拉列表框：设置
HTML 的对齐方式，如顶部对齐、左对
齐等。

🔑 "Flash 水平对齐"下拉列表框：用于
在测试窗口中的水平方向定位 SWF 文
件窗口。

🔑 "Flash 垂直对齐"下拉列表框：用于
在测试窗口中的垂直方向定位 SWF 文
件窗口。

3. GIF 文件的发布设置

使用 GIF 文件可以导出绘画和简单动画，以供在网页中使用。在"发布设置"对话框的"其
他格式"栏中会出现 ☑ GIF图像 复选框，选中 ☑ GIF图像 复选框，可对 GIF 格式进行发布设置。该
发布设置中主要参数的作用如下。

🔑 "大小"选项：输入导出位图图像的宽度和高度值（以像素为单位），或者选中
☑匹配影片(M) 复选框，使 GIF 和 SWF 文件大小相同。

🔑 "播放"下拉列表框：确定 Flash 创建的是静止图像还是 GIF 动画。如果在该下拉列表框

中选择"动画"选项，可设置不断循环
或输入重复次数。

🔑 "颜色"栏：用于指定导出的 GIF 文件
的外观设置范围。

🔑 "透明"下拉列表框：确定应用程序
背景的透明度以及将 Alpha 设置转换为
GIF 的方式。

🔑 "抖动"下拉列表框：指定如何组合可
用颜色的像素来模拟当前调色板中没有
的颜色，抖动可以改善颜色品质，但是
也会增加文件大小。

🔑 "调色板类型"下拉列表框：用于定义
图像的调色板，其中"Web216 色"选
项表示使用标准的 Web 安全 216 色调色
板来创建 GIF 图像。"最合适"选项表

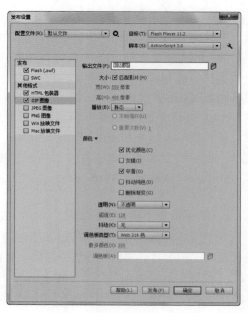

示分析图像中的颜色，并为所选 GIF 文件创建唯一的颜色表。"接近 Web 最适色"选项，与"最适色彩调色板"选项相同。自定义表示指定已针对所选图像进行优化的调色板。

■ 经验一箩筐——选择导出格式的准则

通常，GIF 格式对于导出线条绘画效果较好，而 JPEG 格式适合显示包含连续色调（如照片、渐变色或嵌入位图）的图像。

4. JPEG 文件的发布设置

JPEG 格式可将图像保存为高压缩比的 24 位位图，以供在网页中使用。在"其他格式"栏中选中 ☑ JPEG图像 复选框，对 JPG 格式进行发布设置。该发布设置中主要参数的作用如下。

🔑 "大小"选项：输入导出的位图图像的宽度和高度值，或者选中 ☑匹配影片(M) 复选框，使 JPEG 图像和舞台大小相同并保持原始图像的高宽比。

🔑 "品质"选项：拖动滑块或在文本框中输入值，可控制 JPEG 文件的压缩量。图像品质越低则文件越小，反之则越大。若要确定文件大小和图像品质之间的最佳平衡点，可尝试使用不同的设置。

🔑 ☑渐进(J) 复选框：在 Web 浏览器中增量显示渐进式 JPEG 图像，从而可在低速网络连接上以较快的速度显示加载的图像。类似于 GIF 和 PNG 图像中的交错选项。

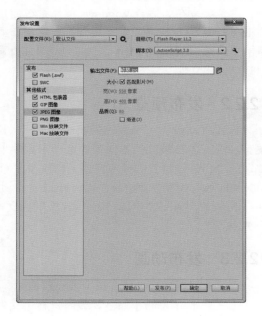

5. PNG 文件的发布设置

PNG 文件是唯一支持透明度（Alpha 通道）的跨平台位图格式。在"其他格式"栏中选中 ☑ PNG图像 复选框，对 PNG 格式进行发布设置。该发布设置中主要参数的作用如下。

🔑 "大小"选项：输入导出位图图像的宽度和高度值（以像素为单位），或者选中 ☑匹配影片(M) 复选框使 GIF 和 SWF 文件大小相同。

🔑 "位深度"下拉列表框：设置创建图像时要使用的每个像素的位数和颜色数。位深度越高，文件就越大。

🔑 "选项"栏：用于指定导出的 PNG 文件的外观设置范围。

321

72▢
Hours

62
Hours

52
Hours

42
Hours

32
Hours

22
Hours

12
Hours

🔑 "抖动"下拉列表框：指定如何组合可用颜色的像素来模拟当前调色板中没有的颜色，抖动可以改善颜色品质，但是也会增加文件大小。

🔑 "调色板类型"下拉列表框：定义图像的调色板，与 GIF 格式的设置相同。如果选择了"最适色彩"或"接近 Web 最适色"选项，请输入一个"最大颜色数"值设置 PNG 图像中使用的颜色数量。颜色数量越少，生成的文件也越小，但可能会降低图像的颜色品质。

🔑 "滤镜选项"下拉列表框：选择一种逐行过滤方法使 PNG 文件的压缩性更好，并用特定图像的不同选项进行实验。

6. Win 和 Mac 文件的发布设置

若是想在没有安装 Flash 的计算机上播放 Flash，可将动画发布为可执行文件。需要播放时，双击可执行文件即可。在"发布设置"对话框的"其他格式"栏中选中 ☑ Win 放映文件 复选框，影片将发布为适合 Windows 操作系统使用的 EXE 可执行文件。若在"其他格式"栏中选中 ☑ Mac 放映文件复选框，影片将发布为适合苹果 Mac 操作系统使用的 APP 可执行文件。需要注意的是，选中 ☑ Win 放映文件 复选框和选中 ☑ Mac 放映文件复选框后，在"发布设置"对话框中将只出现"输出文件"文本框。

12.2.2　发布预览

设置好动画发布属性后需要对其进行预览，如果预览动画效果满意，就可以将影片进行发布。进行发布预览的方法是：选择【文件】/【发布预览】命令，然后选择要预览的文件格式，即可打开该格式的预览窗口。如果预览 QuickTime 视频，则发布预览时会启动 QuickTime VideoPlayer。如果预览放映文件，Flash 会启动该放映文件，Flash 使用当前的"发布设置"值，并在 FLA 文件所在处创建一个指定类型的文件，在覆盖或删除该文件之前，一直会保留在此位置上。

12.2.3　发布动画

用户在进行发布设置并进行发布预览后，就可以开始发布动画。发布动画的方法很简单，选择【文件】/【发布】命令，或者选择【文件】/【发布设置】命令，在打开的"发布设置"对话框中进行参数设置后单击 发布(P) 按钮即可。

12.2.4　发布 AIR for Android 应用程序

Flash 可以随意创建、预览 AIR for Android 应用程序。用户通过 AIR for Android 预览的动画效果和在 AIR 应用程序中相同，这种预览方法在计算机上没有 AIR 安装相关应用程序查看效果时很必要。

发布 AIR for Android 应用程序首先要求发布的文档格式为 AIR for Android。在编辑完动画文档后，选择【文件】/【AIR3.2 for Android 设置】命令，或在"发布设置"对话框的"目标"下拉列表中选择"AIR 3.2 for Android"选项，单击 发布(P) 按钮。打开"AIR for Android 设置"对话框，在其中可对应用程序图标文件以及包含的程序等进行设置。

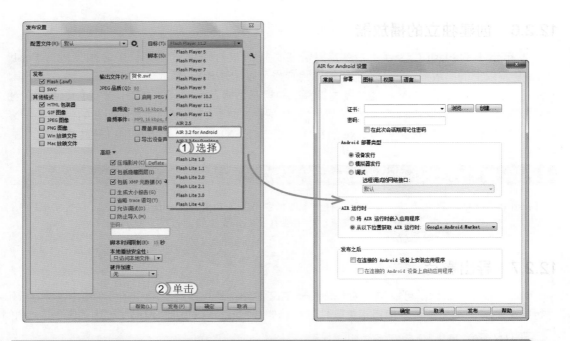

经验一箩筐——将 ActionScript 3.0 文档转换为 AIR for Android 的方法

　　已创建的 ActionScript 3.0 文档可通过发布设置直接将文档格式设置为 AIR for Android，但在转换后一定要先对转换后的文档效果进行预览。

12.2.5　发布 AIR for iOS 应用程序

　　和发布 AIR for Android 应用程序相同，用户制作的 AIR for iOS 应用程序也可发布。其方法是：选择【文件】/【AIR 3.2 for iOS 设置】命令，在打开的如右图所示的"AIR for iOS 设置"对话框中设置发布的高宽比、渲染模式、分辨率等。需要注意的是，在发布前一定要确保文档格式为"AIR for iOS"。

读书笔记

62 Hours

52 Hours

42 Hours

32 Hours

22 Hours

12 Hours

12.2.6 创建独立的播放器

发布出来的 Flash（*.swf）文件如果需要直接播放，则用户计算机中必须安装好 Flash Player 9 及以上的播放器，否则不能播放。用户也可以通过 SWF 播放窗口创建独立播放器。其方法是：在安装有 Flash Player 播放器的计算机中打开后缀名为 .swf 的文件，选择【文件】/【创建播放器】命令，在打开的"另存为"对话框中保存文件。打开保存播放器所在的目录，可以查看创建的播放器，即后缀名为 .exe 的文件。双击该 EXE 文件，可以直接打开动画文档，播放动画。

> ▌经验一箩筐——Flash Player 播放器的获得方法
>
> Flash Player 播放器可通过下载得到，打开百度搜索引擎（http:\\www.baidu.com），在搜索框中输入"Flash Player"，单击 百度一下 按钮，即可在打开的见面中找到相关下载列表。

12.2.7 导出影片

Flash 影片作品除了可以发布为各种格式的文件外，还可以将文档中的图像、视频和声音进行导出，导出的文件可以使用相关软件进行编辑或打开。下面讲解导出文档中的图像、视频和声音的方法。

1. 导出图像和图形

Flash 可以导出的图像格式包括有 SWF、JPG、PNG、PXG 和 GIF 等。导出图像和图形的方法为：选择【文件】/【导出】/【导出图像】命令，打开如右图所示的"导出图像"对话框，选择保存文件的路径，在"保存类型"下拉列表框中选择图像格式，在"文件名"文本框中输入保存的文件名，单击 保存(S) 按钮，保存导出的图像。

2. 导出视频和声音

当需要 Flash 中的视频和声音时，可以将其导出。导出 FLV 格式的包含音频流的视频剪辑时，将使用"音频流"设置对音频进行压缩。导出视频和声音的方法是：在"库"面板中选择视频剪辑，单击"库"面板底部的"属性"按钮 🛈，打开如右图所示的"视频属性"对话框，单击 导出... 按钮，打开"导出 FLV"对话框，选择导出位置，输入文件的名称，单击 保存(S) 按钮导出视频。

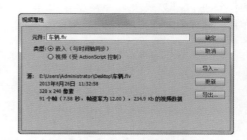

> ▌经验一箩筐——导出 AVI 视频
>
> 如要将文档导出为 Windows 视频，会丢弃所有的交互性，对于在视频编辑应用程序中打开 Flash 动画而言，这是一个好的选择。

上机 1 小时 ▶ 发布风景动画

🔍 巩固 Flash 影片发布的设置方法。

🔍 进一步掌握发布 Flash 影片的基本操作方法。

　　本例将发布"风景"课件，将 FLA 格式发布为 SWF 格式，并设置声音输出和压缩品质，最终效果如下图所示。

光盘文件
素材 \ 第 12 章 \ 风景 .fla
效果 \ 第 12 章 \ 风景
实例演示 \ 第 12 章 \ 发布风景动画

STEP 01： 打开动画文档

打开"风景 .fla"动画文档，选择【控制】/【测试影片】命令，打开动画测试窗口。在窗口中仔细观察动画的播放情况，看其是否有明显的错误，声音、视频文件是否正常播放。

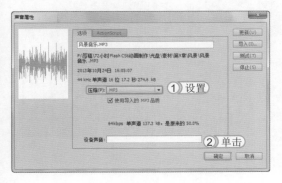

STEP 02： 设置声音输出

1. 在"库"面板中选择"风景音乐 .mp3"音乐文件，单击鼠标右键，在弹出的快捷菜单中选择"属性"命令，打开"声音属性"对话框，在其中设置"压缩"为"MP3"。
2. 单击 确定 按钮。

62
Hours

52
Hours

42
Hours

32
Hours

22
Hours

12
Hours

STEP 03： 发布设置

1. 选择【文件】/【发布设置】命令，打开"发布设置"对话框，选中 ☑ Flash (.swf) 复选框。
2. 设置"目标、脚本、JPEG 品质"为"Flash Player 9、ActionScript 3.0、85"。
3. 选中 ☑防止导入(M) 复选框，并在其下方的"密码"文本框中输入导入密码"aaa"。
4. 单击"音频事件"后的文本。

> 提个醒　设置导入密码后，若有用户想导入 Flash 动画，则需要输入密码。

STEP 04： 设置压缩品质

1. 打开"声音设置"对话框，设置"比特率、品质"为"20 kbps、中"。
2. 单击 确定 按钮。返回"发布设置"对话框，在其中单击 发布(P) 按钮，发布动画。此时在发布保存目录中将出现一个 SWF 文件和一个 HTML 文件。

> 提个醒　为了确保动画效果正确，用户在发布动画后，最好再次查看发布的 SWF 文件效果是否正确。

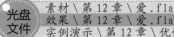

12.3　练习 1 小时

本章主要介绍了 Flash 动画的优化和发布方法，用户要想在日常工作中熟练使用，还需再进行巩固练习。下面以优化"爱"动画为例，进一步巩固这些知识的使用方法。

优化"爱"动画

本例将对"爱"动画进行优化，管理元件，并删除没有使用过的元件、图像或声音，优化动画中的文字，然后压缩并优化声音。最后测试并优化 ActionScript 脚本，使动画更加精美流畅。最终效果如右图所示。

> 光盘文件　素材＼第 12 章＼爱.fla
> 效果＼第 12 章＼爱.fla
> 实例演示＼第 12 章＼优化"爱"动画

动画

72 HOURS

综合实例演练

第13章

上机 4 小时

- 制作网站进入动画
- 制作打地鼠游戏
- 制作 Flash 短片
- 制作广告短片

在学习了 Flash 动画的相关操作知识后，为了让用户综合掌握这些知识，还需对具体的实例进行练习。本章将使用 Flash 制作几个办公、娱乐时可能会用到的 Flash 动画效果。

13.1　上机 1 小时：制作网站进入动画

网站的进入动画和首页直接影响着浏览者对网站的整体印象，一个好的网站设计都会根据网站的主题而定。本例将制作一个电子产品公司的网站动画，且在进入动画中添加公司最近正在进行的活动信息，吸引浏览者的注意。

13.1.1　实例目标

通过本例的制作，用户可以了解网站进入动画和网站导航条的制作方法、补间动画、遮罩动画、引导动画、元件的制作以及脚本的编辑等，最终效果如下图所示。

13.1.2　制作思路

本文档的制作思路大致可以分为两个部分，第一部分是启动 Flash 并导入与素材，制作进入动画；第二部分通过新建场景，制作元件、编辑补间动画、插入脚本等操作来制作网页导航条动画。

制作进入动画

制作网页导航条动画

13.1.3　制作过程

下面详细讲解"电子公司网站首页"动画文档的制作过程。

光盘文件　素材 \ 第 13 章 \ 电子公司网站首页
效果 \ 第 13 章 \ 电子公司网站首页 .fla
实例演示 \ 第 13 章 \ 制作网站进入动画

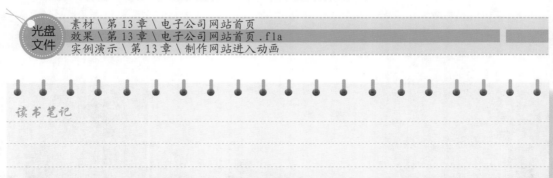

读书笔记

1. 制作进入动画

首先启动 Flash，然后新建动画文档，在其中导入素材，并将需要的素材转换为元件，最后使用补间动画以及遮罩动画制作进入动画，其具体操作如下：

STEP 01： 新建文档

1. 选择【文件】/【新建】命令，打开"新建文档"对话框，在其中设置"宽、高、颜色"为"1024 像素、576 像素、#000000"。
2. 单击 确定 按钮。

> **提个醒** 在制作网页时，用户需要根据情况调整文档的宽和高。

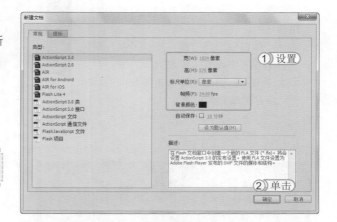

STEP 02： 编辑背景

1. 将"电子公司网站首页"文件夹中所有的文件都导入"库"面板中，并将"背景 .jpg"图像移动到舞台中间。按 F8 键，打开"转换为元件"对话框，在其中设置"名称、类型"为"背景、图形"。
2. 单击 确定 按钮。

STEP 03： 编辑补间

1. 使用鼠标将图形拖动到舞台外的右边。选择【插入】/【补间动画】命令，创建补间动画。
2. 选择第 100 帧，按 F6 键插入关键帧，并使用鼠标将图像移动到舞台中。

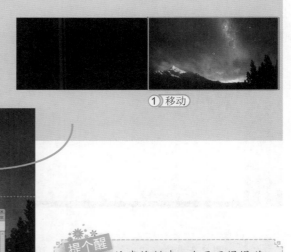

> **提个醒** 该步将创建一个画面慢慢移动到舞台中的动作效果。

62
Hours

52
Hours

42
Hours

32
Hours

22
Hours

12
Hours

STEP 04： 绘制图形

1. 在第 105 帧插入属性关键帧，新建"图层 2"，在第 105 帧插入关键帧。使用"钢笔工具" ✎ 沿着图像下方的山脊和树木绘制路径。
2. 选择"颜料桶工具" ⬧ ，在"工具"面板的选项区中设置"空隙大小"为"封闭大空隙"。使用鼠标单击舞台中的路径，将路径填充为白色。

STEP 05： 设置边框粗细和边距

1. 新建"图层 3"，在第 105 帧插入关键帧。从"库"面板中将"背景"元件移动到舞台稍左一点的位置，使"图层 1"和"图层 3"的图像不重叠。
2. 选择"背景"元件，在"属性"面板中设置"样式、亮度"为"亮度、20%"。

读书笔记

STEP 06： 创建传统补间动画

1. 分别在"图层 1"~"图层 3"的第 124 帧上插入关键帧。在"图层 3"中将第 124 帧上的"背景"元件移动到舞台中间。
2. 选择"图层 3"的第 105~123 帧，单击鼠标右键，在弹出的快捷菜单中选择"创建传统补间动画"命令。在时间轴上创建传统补间动画。

提个醒   用户在移动第 124 帧上的元件时，可使用"对齐"面板将元件居中对齐。

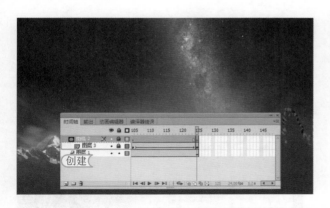

STEP 07： 创建遮罩动画

将"图层 2"移动到"图层 3"上方，并在"图层 2"上单击鼠标右键，在弹出的快捷菜单中选择"遮罩层"命令，将"图层 2"转换为遮罩图层，"图层 3"转换为被遮罩图层。

STEP 08： 转换为元件

1. 在"图层 1"的第 200 帧插入关键帧。新建"图层 4"，在第 128 帧插入关键帧。从"库"面板中将"活动 1.jpg"图像移动到舞台中，缩放图像并旋转图像。
2. 选择"活动 1"图像，按 F8 键，打开"转换为元件"对话框，在其中设置"名称、类型"为"活动 1、图形"。
3. 单击 确定 按钮。

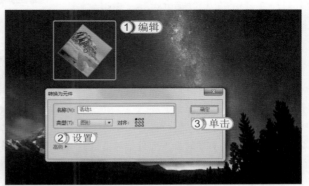

STEP 09： 创建补间动画

1. 使用鼠标将"活动 1"元件移动到舞台外的上方。选择【插入】/【补间动画】命令，创建补间动画。
2. 在第 140 帧插入属性关键帧，将"活动 1"元件移动到舞台中，并使用"选择工具" ▶ 编辑补间动画运动路径。

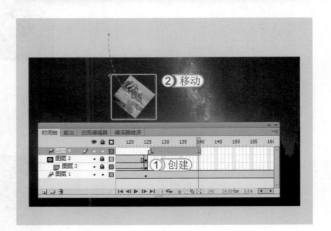

STEP 10： 选择补间动画

1. 选择整个补间区域，在"属性"面板中设置"旋转、方向"为"1 次、顺时针"。
2. 在第 155 帧插入属性关键帧。

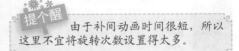
提个醒 由于补间动画时间很短，所以这里不宜将旋转次数设置得太多。

62
Hours
▲

52
Hours
▲

42
Hours
▲

32
Hours
▲

22
Hours
▲

12
Hours
▲

STEP 11: 输入文本

1. 在"图层 4"的第 185 帧插入属性关键帧。
2. 新建"图层 5"在第 165 帧插入关键帧。
3. 使用"线条工具" \ 在舞台上绘制一条白线。使用"文本工具" T 在舞台上输入两段文本，并旋转其角度。

> **提个醒** 设置第一段文本的"系列、字号、颜色"为"汉仪菱心体简、26.0、#FFFFFF"；设置第二段文本的"系列、字号、颜色"为"黑体、16.0、#FFFFFF"。

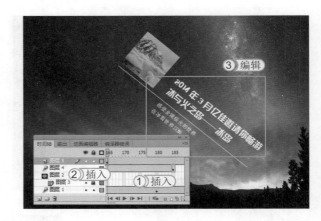

STEP 12: 转换为元件

1. 从"库"面板中将"活动 2.jpg"图像移动到舞台中，并将其缩放到合适大小，旋转到合适角度。
2. 按 F8 键，打开"转换为元件"对话框，在其中设置"名称、类型"为"活动 2、图形"。
3. 单击 确定 按钮。

STEP 13: 编辑传统补间动画

1. 选择"图层 5"中的所有对象，将其拖动到舞台外，以制作对象移动到舞台中间的效果。
2. 在第 180 帧插入关键帧，使用鼠标将舞台外的图像移动到舞台中间，并在第 165~179 帧上创建传统补间动画。

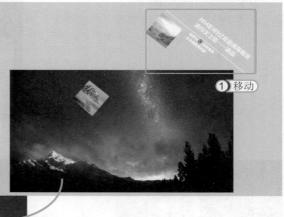

> **提个醒** 在编辑"图层 5"的对象时，最好先将"图层 4"锁定。

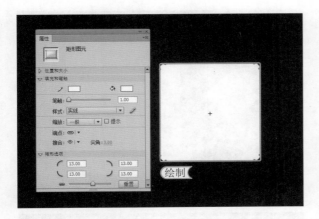

STEP 14： 制作按钮图形元件

选择【插入】/【新建元件】命令，新建一个"按钮图形"图形元件。进入元件编辑窗口，在其中绘制一个白色的圆角矩形。

提个醒 新建"按钮图形"图形元件是为之后制作按钮闪烁效果做准备。

STEP 15： 制作按钮闪烁元件

1. 从"库"面板中将"按钮图形"元件移动到舞台中间，在第5、10帧插入关键帧。并在"属性"面板中，分别设置第1、5、10帧中的图形"Alpha"为"80%、50%、30%"。
2. 新建"图层2"，使用"线条工具" ＼ 在矩形上绘制修饰线。

STEP 16： 制作按钮元件

1. 新建一个"按钮"按钮元件，进入元件编辑窗口。从"库"面板中将"按钮闪烁"元件移动到舞台中，按两次F6键，插入两个关键帧。选择"按下"帧中的元件。
2. 打开"属性"面板，在其中设置"样式"为"色调"，再设置"红、绿"为"210、36"。使用相同的方法，在"点击"帧插入关键帧，并将"点击"帧中的元件调整为黄色。

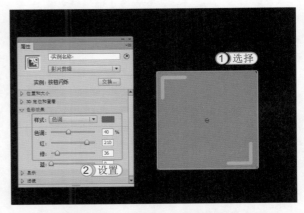

STEP 17： 为按钮添加文本

1. 新建"图层2"，选择"文本工具" T。在"属性"面板中设置"系列、大小、颜色"为"方正准圆简体、32.0点、#333333"。
2. 在图形中输入文本。

62
Hours

52
Hours

42
Hours

32
Hours

22
Hours

12
Hours

STEP 18： 应用按钮

1. 返回主场景，新建"图层6"。在第180帧插入关键帧。从"库"面板中将"按钮"元件移动到舞台中缩放其大小，并与"活动2"元件重叠。

2. 选择"按钮"元件，在"属性"面板中设置"实例名称"为"anniu"。

STEP 19： 创建补间动画

1. 在"图层6"的第180帧上单击鼠标右键，在弹出的快捷菜单中选择"创建补间动画"命令，插入补间动画。在第200帧插入关键帧。

2. 选择第200帧，将"按钮"元件移动到舞台下方，制作按钮移动的效果。将"图层6"移动到"图层5"下方。

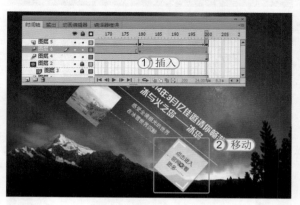

STEP 20： 输入脚本

新建"图层7"，将其重命名为"AS"。在第200帧插入关键帧。选择【窗口】/【动作】命令，打开"动作"面板，在其中输入脚本。

提个醒 该脚本将先停止动画的播放，然后通过监听鼠标，若用户单击按钮，将会播放下一帧，否则一直停留在本帧。

2. 制作网页导航条动画

下面将新建图层以及元件，为图像制作感应热区。制作单击时弹出菜单的效果，实现网页导航条动画的制作。其具体操作如下：

STEP 01： 输入脚本

在第 201 帧插入关键帧，在"动作"面板中
输入脚本。

提个醒 由于第 200 帧输入了停止脚本，
为了正常播放，需要在第 201 帧添加播放
脚本。

STEP 02： 添加网页背景

1. 新建图层，在第 201 帧插入关键帧。
2. 从"库"面板中将"网站主页"图像移
   动到舞台中，并锁定图层。

提个醒 第 200 帧为进入动画结束的
位置。

STEP 03： 制作热区

1. 新建一个"热区"影片剪辑元件，进入
   元件编辑窗口。选择"矩形工具"，在"属
   性"面板中设置"笔触颜色"为"无"，
   设置填充色的不透明度为"0%"。
2. 在场景中绘制矩形。

提个醒 热区的作用是为了判断用户在
观赏 Flash 时，是否单击了相应区域。若
是单击了该区域，则执行预定动作。

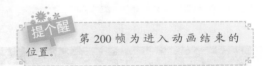

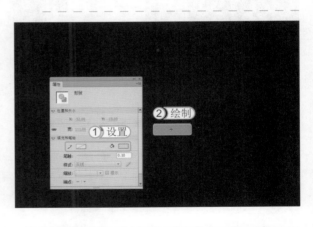

STEP 04： 制作商品介绍影片剪辑

选择【插入】/【新建元件】命令，新建一个
"图片"图形元件。从"库"面板中将"商
品介绍 .png"图像移动到舞台中。再选择【插
入】/【新建元件】命令，新建一个"商品介
绍"影片剪辑原件。从"库"面板中将"图片"
元件移动舞台上。

提个醒 由于下面将使用"图片"图形元
件制作补间动画，所以，在创建影片剪辑
元件前，需要将"商品介绍 .png"图像转
换为元件。

STEP 05: 创建传统补间动画

1. 在第 16 帧插入关键帧，将图像向左边移动一个图片的位置。
2. 选择第 1 帧，在弹出的快捷菜单中选择"创建传统补间动画"命令，创建传统补间动画。

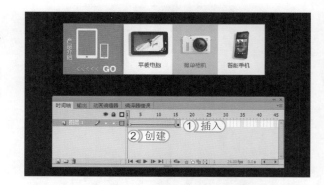

STEP 06: 设置形状样式

1. 新建"图层 2"，从"库"面板中将"热区"影片剪辑移动到舞台中，并使用"任意变形工具" ▧ 调整元件形状，在"属性"面板中设置"实例名称"为"requ"。
2. 在第 7 帧插入关键帧，再次使用"任意变形工具" ▧ 调整元件形状。

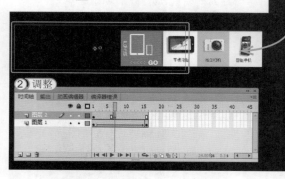

提个醒 　在第 7 帧调整热区元件时，注意要使元件的形状与第 6 帧连接在一起，中间不能有空隙。且第 7 帧的元件形状必须覆盖整个第 16 帧中的"商品介绍"元件。

STEP 07: 输入脚本

1. 新建"图层 3"，将其重命名为"AS"，选择第 1 帧。打开"动作"面板，在其中输入脚本。
2. 在第 16 帧，插入关键帧。在"动作"面板中输入脚本。

提个醒 　第 1 帧中的脚本是用于监听鼠标是否单击了热区元件的区域。若单击了则播放影片剪辑。

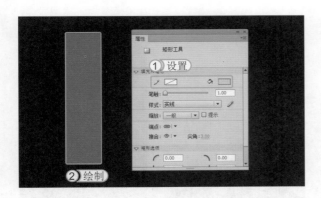

STEP 08： 编辑背景条元件

1. 新建一个"背景条"图形元件，进入元件编辑窗口。在"属性"面板中设置"笔触颜色"为"无"，设置"填充颜色"为"白色"，Alpha 为"50%"。

2. 使用鼠标在舞台中绘制一个矩形。

STEP 09： 制作产品菜单列表

1. 新建一个"产品菜单"图形元件，从"库"面板中将"背景条"元件移动到舞台中。选择"文本工具" T，在其中设置"系列、大小、颜色"为"汉仪细中圆简、26.0 点、#FFFFFF"。

2. 使用该工具在舞台中输入文本。

STEP 10： 制作其他菜单列表

使用相同的方法创建"服务与支持菜单"、"新闻中心菜单"、"关于我们菜单"菜单列表。

提个醒　菜单列表的个数取决于用户制作的网站主菜单个数。但在制作时为了界面的简洁，主网页上不宜有太多的菜单列表。

STEP 11： 制作按钮元件

新建一个"按钮热区"按钮元件，打开元件编辑窗口，在"点击"帧中插入关键帧，使用矩形工具在舞台中绘制一个红色（#FF0000）的矩形图形作为隐形按钮。

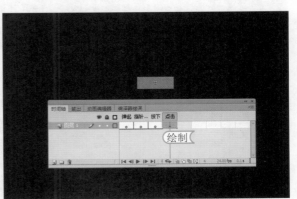

提个醒　隐形按钮的作用和热区的作用相似，只是热区在绘制时不需要将填充颜色的 Alpha 设置为 0%。

STEP 12: 编辑产品中心主菜单

1. 新建一个"产品中心"影片剪辑元件。选择"文本工具" T，在"属性"面板中设置"系列、大小、颜色"为"汉仪中黑简、28.0 点、#FFFFFF"。
2. 在舞台中间输入文本。

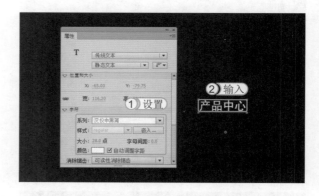

STEP 13: 设置实例名称

1. 新建"图层 2"，从"库"面板中将制作的"按钮热区"元件拖入到窗口中，调整并移动其位置，使按钮元件遮罩住文字。
2. 在"属性"面板中设置"实例名称"为"btmenu1"。

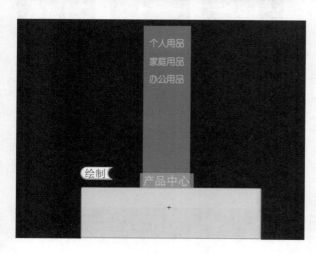

STEP 14: 创建补间动画

1. 新建"图层 3"，从"库"面板中将"产品菜单"元件移动到舞台中。
2. 分别在"图层 1"~"图层 3"的第 15 帧插入关键帧。
3. 旋转"图层 3"的第 15 帧，将图像向下移动。然后在第 1~14 帧插入关键帧。

STEP 15: 制作遮罩图层

新建"图层 4"，在产品中心文本下绘制一个黄色（#FFFF00）的矩形。在"图层 4"上单击鼠标右键，在弹出的快捷菜单中选择"遮罩层"命令，将"图层 4"转换为遮罩层，将"图层 3"转换为被遮罩图层。

提个醒　制作遮罩图层后，可出现菜单缓慢下降的效果。

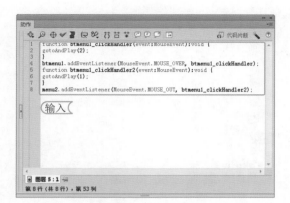

STEP 16： 输入脚本

新建"图层5"，选择第1帧。在"动作"面板中输入脚本。在"图层1"的第1帧和第15帧中输入停止语句（stop();）。

> **提个醒**　该段脚本用于监听鼠标事件，如果用户单击鼠标热区中的区域，就跳转到第2帧开始播放，如果没有则播放第1帧。

339

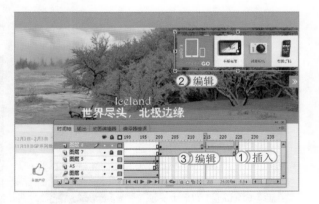

STEP 17： 制作其他主菜单

返回主场景，使用相同的方法制作"服务与支持"、"新闻中心"、"关于我们"主菜单。

> **提个醒**　在编辑这3个主菜单时，用户可以通过【修改】/【元件】/【直接复制元件】命令，复制"产品中心"影片剪辑元件进行编辑。

STEP 18： 应用商品介绍元件

1. 在"图层7"的第225帧插入关键帧。
2. 新建"图层8"，从"库"面板中将"商品介绍"元件移动到舞台中，并调整其大小。
3. 在"图层8"的第215、225帧插入关键帧。在第225帧使用鼠标将元件向右拖出舞台外。在第215~225帧之间创建传统补间动画。

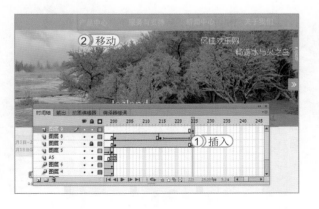

STEP 19： 应用主菜单元件

1. 新建"图层9"，在第225帧插入关键帧。
2. 从"库"面板中将"产品中心"、"服务与支持"、"新闻中心"、"关于我们"等元件依次拖动到舞台顶部。

62
Hours
52
Hours
42
Hours
32
Hours
22
Hours
12
Hours

STEP 20： 输入脚本

新建"图层 10"，在第 225 帧插入关键帧。在"动作"面板中输入脚本。

提个醒　在动画制作末尾必须添加停止语句，否则动画会重新进行播放，制作的导航条将毫无意义。

13.2 上机 1 小时：制作打地鼠游戏

Flash 游戏在游戏形式上的表现与传统游戏基本无异，但主要存在于网络上，因为它体积小、传播快和画面美观，所以有取代传统网络游戏的趋势，只要浏览器安装了 Adobe 的 Flash Player 播放器，就可以玩所有的 Flash 游戏了，这比传统的 Web 网游进步许多。而制作 Flash 小游戏正是 Flash 的主要功能之一，利用 Flash 对图形以及动画的操作，再加上 ActionScript 3.0 脚本功能，即可制作各类游戏。

13.2.1 实例目标

通过本例的制作，全面巩固 ActionScript 3.0 脚本和 Flash 动画相结合的方法，主要包括元件的制作与编辑、补间动画、传统补间动画、脚本的使用等知识，最终效果如下图所示。

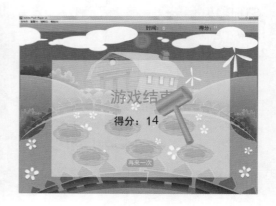

13.2.2 制作思路

本文档的制作思路大致可以分为 4 个部分，第 1 部分是启动 Flash 并制作动画界面；第 2 部分是对动画中的各种元件进行创建并编辑；第 3 部分是对脚本进行输入；第 4 部分是测试和发布动画。

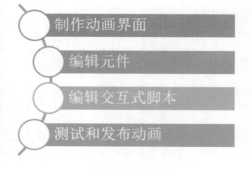

13.2.3 制作过程

下面详细讲解"打地鼠游戏"动画文档的制作过程。

光盘文件　素材 \ 第 13 章 \ 打地鼠
效果 \ 第 13 章 \ 打地鼠游戏.fla、globalnum.as
实例演示 \ 第 13 章 \ 制作打地鼠游戏

1. 制作动画界面

下面首先启动 Flash，然后导入素材，通过素材制作背景、前景等内容。其具体操作如下：

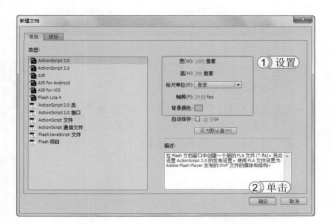

STEP 01： 新建文档

1. 选择【文件】/【新建】命令，打开"新建文档"对话框，设置"宽、高、背景颜色"为"1000 像素、740 像素、#FFCC00"。
2. 单击 确定 按钮。

> **提个醒**　为了后期制作元件的方便，用户在新建文档时，最好将背景色设置为比较亮且动画中不使用或很少使用的颜色。

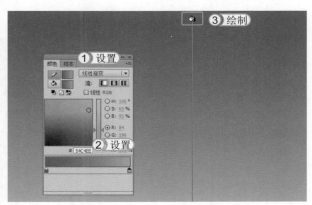

STEP 02： 绘制蓝天

1. 新建一个"背景图"影片剪辑元件。使用"矩形工具" ▣ 绘制一个和舞台一样大小的矩形。然后选择"颜料桶工具" ◇。选择【窗口】/【颜色】命令，打开"颜色"面板。设置"颜色类型"为"线性渐变"。
2. 设置颜色滑块的颜色为"#005BE7、#54C4EE"。
3. 使用鼠标由下至上进行拖动，绘制渐变。

STEP 03： 放入前景图

将"打地鼠"文件夹中的所有图片都导入到"库"面板中，新建"图层 2"，将"背景"图像移动到舞台中。

> **提个醒**　为了方便管理素材，可将不同的素材图片放置在不同的图层中。

341

72☒
Hours

62
Hours

52
Hours

42
Hours

32
Hours

22
Hours

12
Hours

STEP 04：　绘制云朵

1. 锁定"图层 1"、"图层 2"，新建"图层 3"。
2. 选择"椭圆工具" ，在"工具"面板的"选项区域"中设置"笔触颜色、填充颜色"为"无、#FFFFFF"。
3. 使用椭圆工具在舞台上绘制椭圆，制作云朵。

STEP 05：　柔滑云朵效果

1. 选择刚刚绘制的所有云朵图形。
2. 选择【修改】/【形状】/【柔化填充边缘】命令，打开"柔化填充边缘"对话框，在其中设置"距离、步长数"为"10 像素、6"。
3. 单击 确定 按钮。

提个醒 步长数越大，图形的柔和效果越好。

STEP 06：　绘制太阳

1. 选择"椭圆工具" ，打开"颜色"面板，在其中设置"颜色类型"为"径向渐变"。
2. 设置色标为"#FF3C00"、"#FFA818"、"#FFEC27"。
3. 使用鼠标在舞台中绘制一个正圆形，作为太阳。

读书笔记

经验一箩筐——制作太阳光晕的技巧

为使绘制出的太阳有光晕效果，只是为渐变设置多个颜色是不能实现的。本步在设置颜色时，除需设置不同颜色外，还需为每个颜色设置不同的透明度，这里"#FF3C00"色的"Alpha"值为"100%"，"#FFA818"色的"Alpha"值为"80%"，"#FFEC27"色的"Alpha"值为"0%"。

STEP 07： 绘制地洞

1. 新建"图层4"，选择"椭圆工具" 。在"属性"面板中设置"笔触颜色"为"无"，设置"颜色类型"为"渐变填充"，"填充颜色"为"#834E41"和"2F1E1E"。

2. 使用椭圆工具在舞台中绘制一个椭圆，作为地洞。

提个醒 在绘制地洞时，可以一个地洞绘制两个椭圆。通过修改渐变效果，使地洞的透视感更好。

STEP 08： 绘制泥土

1. 新建"图层5"，在洞口上方使用"刷子工具" ，绘制洞头的泥土。

2. 将绘制的洞口和泥土复制5个，制作用于老鼠出现的地洞。

2. 编辑元件

在编辑完背景后，用户可以根据实际需要对动画中需要的元件进行编辑。其具体操作如下：

STEP 01： 新建影片剪辑

1. 返回"场景1"，从"库"面板中将"背景图"元件拖动到舞台中作为背景。选择【插入】/【新建元件】命令，打开"创建新元件"对话框，在其中设置"名称、类型"为"锤子、影片剪辑"。

2. 单击 确定 按钮。

提个醒 因为之后需对锤子图形应用3D工具，所以需先将其转换为影片剪辑。

72⊠ Hours

62 Hours

52 Hours

42 Hours

32 Hours

22 Hours

12 Hours

STEP 02： 绘制锤子图形

1. 新建一个"锤子"元件，进入元件编辑窗口。使用矩形工具和椭圆工具绘制一个锤子图形，并填充金属渐变色。
2. 新建图层，绘制一个锤子手柄，并使用暗色调的金属渐变色进行填充。

提个醒 在绘制锤子形状后，一定要记住将锤子手柄移动到舞台中心的十字处。

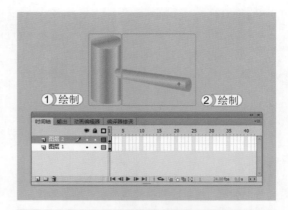

STEP 03： 编辑锤子动画元件

1. 新建一个"锤子动画"影片剪辑元件。进入元件编辑窗口，从"库"面板中将"锤子"元件拖动到舞台中。
2. 在第 1 帧上单击鼠标右键，在弹出的快捷菜单中选择"创建补间动画"命令，在时间轴上创建补间动画。
3. 选择"3D 旋转工具" ，将 3D 旋转轴移动到锤子手柄处。拖动鼠标调整 Z 轴的旋转轴，并使锤子头位于原点的右上方。

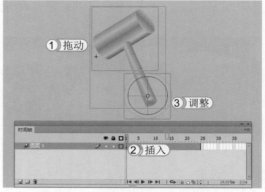

STEP 04： 调整补间动画节奏

1. 选择第 8 帧，在其中插入属性关键帧。
2. 使用 3D 旋转工具拖动鼠标，调整 Z 轴的旋转轴。
3. 使用相同方法在第 24 帧处插入属性关键帧，并调整 Z 轴的旋转轴。

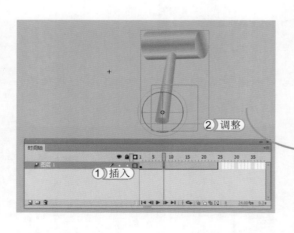

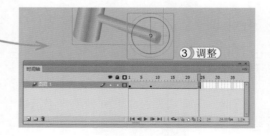

STEP 05： 输入脚本

新建"图层 2"，打开"动作"面板，在其中输入相应的文本。

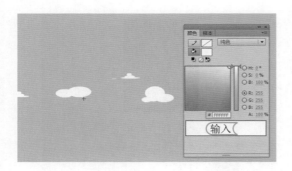

STEP 06: 绘制云朵

新建一个"云朵"影片剪辑，进入元件编辑窗口。选择"椭圆工具" ，在"颜色"面板中设置颜色为"#FFFFFF"。

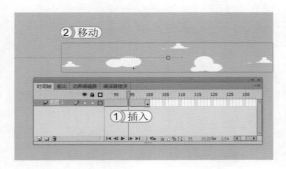

STEP 07: 编辑流云元件

1. 新建一个"云朵"影片剪辑，进入元件编辑窗口。从"库"面板中将"云朵"影片剪辑移动到舞台中，在第1帧上单击鼠标右键，在弹出的快捷菜单中选择"创建补间动画"命令。在第100帧插入属性关键帧。
2. 使用鼠标将"云朵"影片剪辑向右移动。

345

STEP 08: 编辑 GD 元件

1. 新建一个"GD"影片剪辑，进入元件编辑窗口。选择"文本工具" T，在"属性"面板中设置"系列、大小、颜色"为"Arial、40.0 点、#000000"。
2. 使用文本工具在舞台中输入文本。

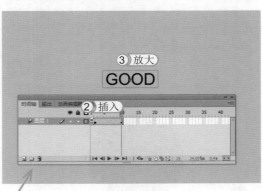

STEP 09: 编辑 GOOD 元件

1. 新建一个"GOOD"影片剪辑，进入元件编辑窗口，选择第1帧，打开"动作"面板，输入脚本。
2. 在第2帧中插入关键帧，从"库"面板中将"GD"元件移动到舞台中缩小元件，在第2帧上单击鼠标右键，在弹出的快捷菜单中选择"创建补间动画"命令，插入补间动画。
3. 在第10帧插入关键帧，将元件放大，制作文字放大的效果。

提个醒 缩放图像时，最好通过"变形"面板缩放元件大小。

62
Hours

52
Hours

42
Hours

32
Hours

22
Hours

12
Hours

STEP 10: 编辑透明按钮

1. 新建一个"透明按钮"按钮元件，进入元件编辑窗口。再在"点击"帧中插入关键帧。
2. 使用钢笔工具在舞台中绘制一个黑色的矩形，作为热区。

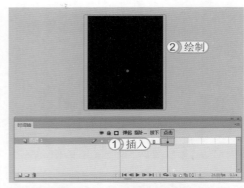

STEP 11: 编辑老鼠元件

1. 新建一个"老鼠"影片剪辑，进入元件编辑窗口。从"库"面板中将"老鼠"图像拖动到舞台中，并调整其大小。
2. 新建"图层 2"，从"库"面板中将"透明按钮"元件拖动到舞台中，并与"老鼠"图像重叠。
3. 选择"透明按钮"元件，在"属性"面板中设置"实例名称"为"cmd"。

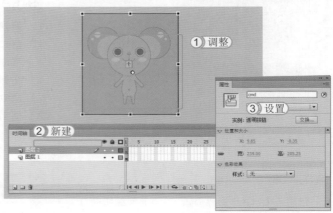

STEP 12: 编辑老鼠动画元件

1. 新建一个"老鼠动画"影片剪辑，从"库"面板中，将"老鼠"元件移动到舞台中。在第 1 帧上单击鼠标右键，在弹出的快捷菜单中选择"创建补间动画"命令，创建补间动画。
2. 在第 12、24 帧插入属性关键帧，选择第 12 帧，使用鼠标将"老鼠"元件向下拖动，制作老鼠上下移动的效果。

STEP 13: 制作遮罩动画

新建"图层 2"，使用椭圆工具在舞台上绘制一个正圆，与"老鼠"元件重合。在"图层 2"上单击鼠标右键，在弹出的快捷菜单中选择"遮罩层"命令。将"图层 2"转换为遮罩图层，将"图层 1"转换为被遮罩图层。

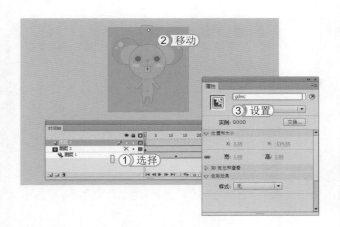

STEP 14： 应用 GOOD 元件

1. 新建"图层 3"，选择第 1 帧。
2. 从"库"面板中将"GOOD"元件移动到老鼠图像上方。
3. 选择"图层 3"中的元件，在"属性"面板中设置"实例名称"为"gdmc"。

提个醒 在"图层 3"添加 GOOD 元件后，用户在玩游戏时，若敲到了老鼠，老鼠头上将出现 GOOD 文本。

STEP 15： 输入脚本

新建"图层 4"，选择第 1 帧，在"动作"面板中输入脚本。

提个醒 该脚本用于控制动画的播放，并记录击中的次数。

STEP 16： 继续输入脚本

在第 12 帧中插入关键帧，选择第 12 帧。打开"动作"面板，在其中输入脚本。

提个醒 该脚本用于使动画随机播放。

STEP 17： 制作开始元件

1. 新建一个"开始"影片剪辑，进入元件编辑窗口。选择"文本工具" **T**，在"属性"面板中设置"系列、大小、颜色"为"微软雅黑、40.0 点、#FFFFFF"。
2. 在舞台中输入文本。

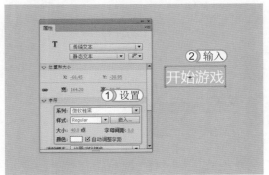

347

72 ⊠
Hours

62 Hours
52 Hours
42 Hours
32 Hours
22 Hours
12 Hours

STEP 18： 编辑"再来一次"元件

1. 新建一个"再来一次"按钮元件。选择"矩形工具" □，在"属性"面板中设置"填充颜色"为"#FF9933"。
2. 设置"矩形边角半径"都为"10.00"。
3. 在舞台中拖动鼠标绘制一个矩形。

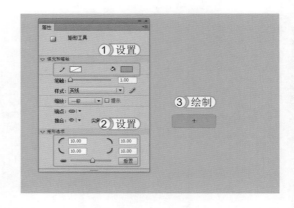

STEP 19： 更换按钮颜色

1. 按两次 F6 键，插入两个关键帧。
2. 选择舞台中的图形，将其填充色更换为"#66CCCC"。
3. 新建"图层 2"，在矩形图形上输入文本。

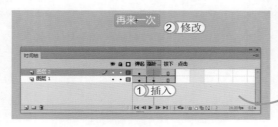

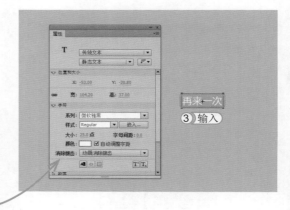

STEP 20： 编辑主场景

1. 返回主场景，在第 3 帧插入关键帧。
2. 新建"图层 2"，在第 2 帧插入关键帧。
3. 选择第 2 帧，从"库"面板中将"老鼠动画"元件移动到舞台中，并缩放其大小，复制 5 个"老鼠动画"元件，使一个地洞出现一只老鼠。

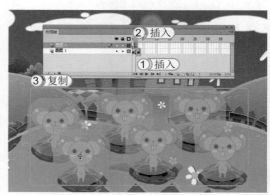

STEP 21： 绘制矩形

1. 选择第 3 帧，为"图层 2"的第 3 帧插入空白关键帧。
2. 使用矩形工具在舞台中间绘制一个半透明的矩形。

STEP 22: 转换为元件

1. 选择绘制的矩形，按 F8 键打开"转换为元件"对话框。在其中设置"名称、类型"为"白框、影片剪辑"。
2. 单击 [确定] 按钮，将图形转换为元件。
3. 选择转换为元件的矩形，在"属性"面板中设置"实例名称"为"back"。

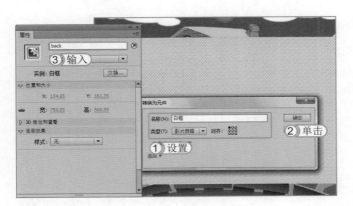

STEP 23: 输入文本

1. 选择"文本工具" T，在绘制的矩形上输入"游戏结束"文本，设置其"字体、大小、颜色"为"黑体、68.0 点、#FF6600"。
2. 使用文本工具输入"得分："文本，设置其"字体、大小、颜色"为"黑体、44.0 点、#000000"。

STEP 24: 为得分区设置属性

1. 选择"文本工具" T，在"得分："文本后，输入"100"文本。
2. 在"属性"面板中将其"实例名称"设置为"txtdf"。

STEP 25: 输入游戏标题

1. 新建"图层 3"，并选择第 1 帧。再选择"文本工具" T，在"属性"面板中设置"系列、大小、颜色"为"方正准圆简体、96.0 点、黑色（#000000）"。
2. 使用文本工具在舞台上输入游戏的标题文本。按两次 F7 键，在第 2 帧、第 3 帧插入空白关键帧。

62
Hours
▲

52
Hours
▲

42
Hours
▲

32
Hours
▲

22
Hours
▲

12
Hours

STEP 26: 应用老鼠动画元件

1. 新建"图层 4",选择第 1 帧。将"老鼠"元件拖放在左下方的地洞上。
2. 选择"老鼠"元件,在"属性"面板中设置"实例名称"为"ds"。

STEP 27: 应用再来一次按钮

1. 按两次 F7 键,在第 2 帧、第 3 帧插入空白关键帧。选择第 3 帧,从"库"面板中将"再来一次"元件拖动到舞台中。
2. 选择"再来一次"元件,在"属性"面板中设置"实例名称"为"replay"。

STEP 28: 应用开始元件

1. 新建"图层 5",选择第 1 帧。从"库"面板中将"开始"元件移动到舞台下方。
2. 选择"开始"元件,在"属性"面板中设置"实例名称"为"begin"。按两次 F7 键,在第 2 帧、第 3 帧插入空白关键帧。

STEP 29: 添加锤子动画

1. 新建"图层 6",选择第 1 帧。从"库"面板中将"锤子动画"元件移动到舞台右下方。
2. 选择"开始"元件,在"属性"面板中设置"实例名称"为"chui"。

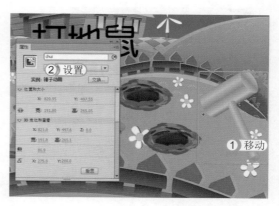

STEP 30： 输入计时和计分文本

1. 新建"图层 7"，在第 2 帧插入关键帧。使用矩形工具在舞台上放绘制一个白色的半透明矩形。选择"文本工具" T，在"属性"面板中设置"系列、大小、颜色"为"方正准圆简体、22.0 点、#000000"。

2. 使用文本工具在舞台上输入文本。

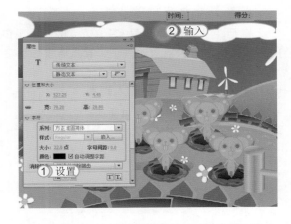

STEP 31： 设置计时数和计分数

1. 选择"文本工具" T，在"属性"面板中设置"系列、大小、颜色"为"黑体、14.0 点、#000000"。

2. 使用文本工具在舞台上绘制两个文本框。在"属性"面板中设置"时间"后的文本框的"实例名称"为"txttm"，设置"得分"后的文本框的"实例名称"为"txtsc"。

STEP 32： 添加流云元件

1. 新建"图层 8"，选择第 1 帧。

2. 从"库"面板中将"云朵"元件移动到舞台上。

> **提个醒**　由于云朵图像一直都在移动，所以用户并不需要对"云朵"元件使用停止语句。

读书笔记

62
Hours

52
Hours

42
Hours

32
Hours

22
Hours

12
Hours

3. 编辑交互式脚本

将元件以及动画关键帧等编辑完成后，用户就可以开始交互式脚本的编辑。当脚本编辑完成后，就能正常的播放动画了。其具体操作如下：

STEP 01： 为第 1 帧输入脚本

新建"图层 9"，按两次 F6 键插入两个关键帧，选择第 1 帧。在"动作"面板中设置输入脚本。

> **提个醒** 该脚本用于监听鼠标事件，通过监听判断是否需要播放下一帧，还是继续累积变量的数值。

STEP 02： 为第 2 帧输入脚本

1. 选择第 2 帧，在"动作"面板中设置输入脚本。
2. 选择第 3 帧，在"动作"面板中设置输入脚本。

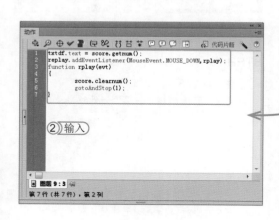

> **提个醒** 第 2 帧的脚本用于设置时间计时以及成绩，当时间到时自动播放第 3 帧。第 3 帧的脚本用于显示得分，并控制用户是否返回第 1 帧。

STEP 03： 新建 globalnum.as 文件

新建一个 globalnum.as 文件。在其中输入脚本，然后和"打地鼠游戏 .fla"动画文档一起保存在相同的文件夹中。

> **提个醒** 这个脚本文件定义了一个 globalnum 类，用于统计和返回成绩。在主界面和"老鼠动画"元件中的脚本都调用了该类。

4. 测试和发布动画

制作完成游戏后，需要对动画进行测试，特别需要测试脚本是否正确，测试通过后，就可以对游戏进行发布了。其具体操作如下：

测试动画

按 Ctrl+Enter 组合键测试动画。

> **提个醒** 如果在测试动画时，动画不能正常显示，用户最好配合"编译器错误"面板，慢慢调试动画。

发布动画

1. 选择【文件】/【发布设置】命令，打开"发布设置"对话框，在"发布"栏中选中 ☑ Flash (.swf) 复选框。
2. 设置"JPEG 品质"为"**70**"。
3. 单击"音频流"选项后的超级链接。打开"声音设置"对话框，设置"压缩"为"禁用"，单击 确定 按钮。使用相同的方法设置"音频事件"为"禁用"。

> **提个醒** 由于本例中并没有使用到声音，所以在发布时，可将音频流、音频事件禁用。

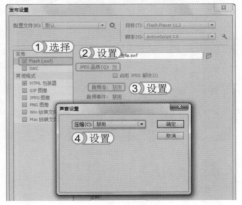

为文档设置保护

1. 在"高级"栏中选中 ☑防止导入(M) 复选框。
2. 在"密码"文本框中输入"**111**"，作为编辑密码。
3. 单击 发布(P) 按钮，发布动画。

█ 经验一箩筐——嵌入字体

在测试动画时，可能会在"输出"面板中显示提示信息："应该为在运行时可能编辑的任何文本嵌入字体，具有'使用设备字体'设置的文本除外。使用【文本】/【字体嵌入】命令嵌入字体。"这是因为当计算机通过 Internet 播放发布的 SWF 文件时，不能保证使用的字体在其他计算机上可用，所以需要在动画中嵌入字体，嵌入的字体保存在该动画文档的库中。

353

72☒ Hours

62 Hours

52 Hours

42 Hours

32 Hours

22 Hours

12 Hours

13.3　练习 2 小时

　　本章主要通过两个例子加强了用户对 Flash 的操作，用户要想在日常工作中熟练使用，还需再进行巩固练习。下面将再通过两个练习进一步巩固这些知识的使用方法。

1.　练习 1 小时：制作 Flash 短片

　　本例将制作"龟兔赛跑"动画文档，首先启动 Flash，使用绘图工具绘制乌龟和兔子的各种形象，然后通过绘图工具对短片中需要使用到的 3 个场景进行绘制。绘制完成后，在场景中加入乌龟和兔子的卡通形象，并制作补间动画。最终效果如下图所示。

光盘文件	效果 \ 第 13 章 \ 龟兔赛跑.fla
	实例演示 \ 第 13 章 \ 制作 Flash 短片

2.　练习 1 小时：制作广告短片

　　本例将制作"汽车广告"动画文档，首先启动 Flash，在其中导入素材，制作元件，并为元件添加补间动画、引导动画等。然后制作光点移动的效果，以及文字闪现的效果。最终效果如下图所示。

光盘文件	素材 \ 第 13 章 \ 汽车.jpg
	效果 \ 第 13 章 \ 汽车广告.fla
	实例演示 \ 第 13 章 \ 制作广告短片

附录 A 秘技连连看

一、Flash 的基本操作技巧

1. 全部保存和全部关闭动画文档

当用户同时打开两个或两个以上的动画文档时，可以对其同时进行保存和关闭操作，方法分别介绍如下。

🗝**全部保存**: 选择【文件】/【全部保存】命令，打开"另存为"对话框，在其中依次设置名称，执行保存操作。

🗝**全部关闭**: 选择【文件】/【全部关闭】命令，或按 Ctrl+Shift+W 组合键，关闭所有打开的动画文档。

2. 导出文档

默认情况下在 Flash 中，用户会将动画文档保存为 FLA 格式，而在一些特殊情况下，用户还可以将文档中某帧的内容甚至是某些对象保存留作他用。导出图像和对象的方法如下。

🗝**导出图像**: 选择需要导出的帧，选择【文件】/【导出】/【导出图像】命令。打开"导出图像"对话框，在其中设置导出图像的位置、名称等，再在"保存类型"下拉列表框中选择需要导出的文档格式，最后单击 保存(S) 按钮。由于用户导出的图像将转换为位图格式，所以用户在执行保存操作后，将打开一个对话框要求设置导出图形的分辨率、宽、高等数值。

🗝**导出对象**: 在舞台中选择需要导出的对象，选择【文件】/【导出】/【导出所选内容】命令，打开"导出图像"对话框。在该对话框中设置导出对象的位置、名称等。需要注意的是，使用该方法导出的图像，只能存储为 FXG 格式的文件。该格式是用于 Flash 平台的一种交换文件。

3. 面板操作技巧

在编辑 Flash 动画时，用户经常需要打开或关闭面板，为了不重复这些操作，可停放或移动面板，面板的基本操作方法如下。

🔑 **停放面板**：停放面板是指将一组面板或面板组放在一起显示，通常是垂直显示。可通过将面板移到停放面板中或从停放中移走来停放或取消停放面板。要停放面板，可以将其标签拖动到停放面板中。要停放面板组，可以将其标题栏拖动到停放面板中。要取消停放面板或面板组，可以将其标签或标题栏从停放面板中拖走。

🔑 **移动面板**：在移动面板时，会看到蓝色突出显示的放置区域，用户可以在该区域中移动面板。如通过将一个面板拖动到另一个面板上面或下面的窄蓝色放置区域中，可以在停放面板中向上或向下移动该面板。如果拖移到的区域不是放置区域，该面板将在工作区中以浮动方式显示。若要移动面板，需要拖动其标签；若要移动面板组，需要拖动其标题栏。

4. 控制舞台的显示方式

若要放大某个对象，可以选择"工具"面板中的"缩放工具" 🔍，然后单击该对象。若要切换"缩放工具" 🔍 的放大或缩小模式，可在选项区域单击"放大"按钮🔍或"缩小"按钮🔍，或者按住 Alt 键单击。除此之外，用户还可以使用"缩放工具" 🔍 缩放显示舞台中的某个区域或舞台。在 Flash 中常用控制舞台的显示方式如下：

🔑 如需进行特定区域的放大，可以使用"缩放工具" 🔍 在舞台上拖出一个矩形选取框放大选取的区域。

🔑 如需放大或缩小整个舞台，可以在场景的标签区域选择缩放比例。

🔑 如需缩放舞台以完全适合应用程序窗口，可以选择【视图】/【缩放比率】/【符合窗口大小】命令，或从场景右上角的"缩放"控件中选择"符合窗口大小"选项。

🔑 如需显示当前帧的内容，可以选择【视图】/【缩放比率】/【显示全部】命令，或从场景右上角的"缩放"下拉列表框中选择"显示全部"选项。

🔑 如需显示围绕舞台的工作区或查看场景中部分或全部超出舞台区域的元素，可以选择【视图】/【剪贴板】命令。剪贴板以浅灰色显示。如要一只鸟飞入舞台中，可以先将鸟放置在剪贴板中舞台之外的位置，然后以动画形式使鸟进入舞台区域。

🔑 如果放大舞台以后无法看到整个舞台，要在不更改缩放比率的情况下更改视图，可以在工具箱中选择"手形工具" ✋ 在舞台上拖动来移动舞台。

二、编辑图形和图像的基本操作技巧

1. 图形和图像的擦除

在绘制图形时，通过图像的擦除同样可以得到一些奇异的形状。在 Flash 中"橡皮擦工具" ✏️ 用于擦除整个图形或者图形中不需要的部分，选择"橡皮擦工具" ✏️，将鼠标光标移动到需要擦除的位置，按住鼠标进行拖动即可进行擦除。如果用户要对图像进行擦除，需先选择图像，按 Ctrl+B 组合键分离图像，再使用橡皮擦工具进行擦除。

2. 合并绘制模式的使用方法

Flash 的默认绘图方式是合并绘图方式，在该模式下用户在同一图层中绘制不同颜色的两个图形，若是重叠起来，位于上方的图形会将与下方图形的重叠部分裁剪掉，如下图所示。若是在同一图层绘制两个相同颜色的图形，则两个图形将会被合并在一起。

3. 复制图形

如果需要绘制出和已有图形相同的图形，可以将已有图形进行复制。在 Flash 中，复制图形的方法有如下几种：

🔑 选择要复制的对象，按 Ctrl+C 组合键复制，再按 Ctrl+V 组合键粘贴即可。此外，按 Shift+Ctrl+V 组合键可以将对象粘贴到原位置。

🔑 使用"选择工具" ▶ 选择对象后，按住 Alt 键不放并拖动鼠标进行复制。

🔑 使用"任意变形工具" ▦ 选择对象后，按住 Alt 键不放并拖动鼠标进行复制。

🔑 选择需复制的图形，按 Ctrl+D 组合键，可得到图形副本。

4. 调整放射状渐变的颜色

在 Flash 中调整渐变效果，除了可使用"颜料桶工具" ◓ 进行拖动绘制和通过"颜色"面板设置渐变颜色外，还可以通过"渐变变形工具" ▤ 来实现。

通过渐变变形工具可以对放射状渐变色彩的填充方向、缩放渐变范围及填充位置等进行设置。使用渐变变形工具调整放射状渐变颜色的方法为：选择"渐变变形工具" ▤ ，此时选择的渐变色彩的填充色块周围将出现两个圆形的控制手柄、一个方形的控制手柄和一个旋转中心，如右图所示。其中，旋转最下方的圆形控制手柄可以改变渐变色彩的方向；拖动中间的圆形控制手柄可以缩放渐变范围；拖动方形控制手柄可以扩张或收缩填充色彩；拖动旋转中心可以改变填充色彩的位置。

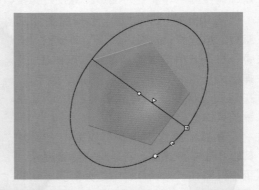

5. 使用选择工具调整形状

在"工具"面板中选择"选择工具" ▶ ，在选项区中有 3 个按钮帮助用户更细致地调整形状，单击不同的按钮可为形状调整不同的效果。各按钮的作用如下。

357

72图
Hours

62
Hours
▲

52
Hours
▲

42
Hours
▲

32
Hours
▲

22
Hours
▲

12
Hours
▲

🔑 "贴紧至对象"按钮 🔃：单击该按钮，选择工具具有自动吸附功能，能够自动搜索线条的端点和图形边框。

🔑 "平滑"按钮 ⤴S：单击该按钮，可以使调整的曲线趋于平滑。

🔑 "伸直"按钮 ⤴：单击该按钮，可以使调整的曲线趋于直线。

6. 图像混合类型的使用

当用户想对制作图形或者图像应用奇妙的图像，使图形图像能更好地融合于背景或其他图形、图像时，就可以使用图像混合类型对图像进行编辑。需要注意的是，要想使用图像混合类型，必须先将图形图像转换为影片剪辑。应用图像混合类型的方法是：选择需要设置混合类型的影片剪辑，在"属性"面板中的"显示"栏中的"混合"下拉列表框中选择所需的选项即可，如下图所示。

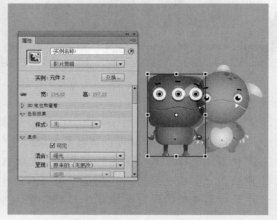

7. 滤镜的使用

在动画中为了增强动画的动感以及一些有趣的视觉效果，用户并不需要借助一些额外的软件，只需使用 Flash 自带的滤镜功能即可。Flash 中的滤镜有投影、模糊、发光、斜角、渐变斜角、调整颜色等。要为图形图像使用滤镜，同样也需要将图形、图像转换为影片剪辑。

应用滤镜的方法是：选择需要添加滤镜的影片剪辑，在"属性"面板的"滤镜"栏下方单击"添加滤镜"按钮 🔲，在弹出的下拉列表中选择需要的滤镜样式。在随后出现的滤镜样式调整栏中设置滤镜的具体数值。

在实际操作中用户可以为一个影片剪辑添加多种滤镜。若是想将滤镜删除，用户只需在"滤镜"栏中选择需要删除的滤镜，再单击"滤镜"栏下方的"删除滤镜"按钮 🗑。

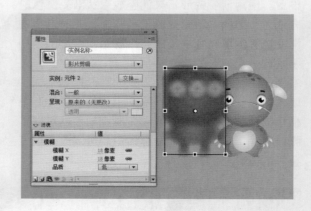

8. 翻转对象

在制作一些对称图形时，如果使用"变形"面板，或使用"任意变形工具" 进行拖动来制作对称图形，都很难控制对称图形的大小完全相同。为了解决这种问题，用户可以通过翻转对象的操作进行解决，其方法是：选择需要翻转的对象，选择【修改】/【变形】/【水平翻转】或【垂直翻转】命令，对选择的对象进行翻转。

三、时间轴的相关操作技巧

1. 调整时间轴的大小

默认情况下时间轴中一帧的格式十分小，有些喜欢大字体的用户或中年用户使用起来可能并不方便，其实在 Flash 中用户可以随意地对时间轴大小进行调整。其方法是：在"时间轴"面板中单击右边的■按钮，在弹出的下拉列表中提供了多个选项，其中前 5 个都是调整时间轴大小的选项。

2. 快速复制关键帧

通过快速复制关键帧的方法可以大大加快制作动画的效率。快速复制关键帧的方法是：选择需要复制的关键帧，按住 Alt 键的同时，按住鼠标左键不放拖动鼠标到需要的位置，释放鼠标即可快速复制。

3. 选择整个静态帧范围

选择【编辑】/【首选参数】命令，打开"首选参数"对话框，在"常规"选项卡中选中☑基于整体范围的选择(S)复选框，单击 确定 按钮。然后在时间轴中单击静态帧，可以选择整个静态帧范围。

4. 复制与粘贴图层

在制作一些复杂但是需要很多相似操作的图层时，用户可以通过复制图层，再对复制的图层进行编辑，以加快编辑速度。需要注意的是，若要复制的是引导图层或是遮罩图层。用户需先选择该遮罩图层或是引导图层下方的一个图层，然后再进行复制。复制和粘贴图层的方法如下。

🔑 复制图层：选择需要复制的图层，选择【编辑】/【时间轴】/【复制图层】命令，或在需要复制的图层上单击鼠标右键，在弹出的快捷菜单中选择"复制图层"命令。

🔑 粘贴图层：选择要插入粘贴图层下方的图层，选择【编辑】/【时间轴】/【粘贴图层】命令，或在需要复制的图层上单击鼠标右键，在弹出的快捷菜单中选择"粘贴图层"命令。

四、Flash 动画的相关操作技巧

1. 合并两个连续的补间范围

在制作一些补间动画时，为了编辑方便，用户可能需要将补间动画分开制作。待制作完成后，再将两个补间范围合并。合并补间范围的方法是：选择需要合并的两个连续的补间范围，单击鼠标右键，在弹出的快捷菜单中选择"合并动画"命令。

359

72☒
Hours

62
Hours
▲

52
Hours
◎

42
Hours
▲

32
Hours
▲

22
Hours
▲

12
Hours

2. 粘贴传统补间属性

在制作一些补间动画时，如果一个动画效果需要反复制作，用户就可以通过粘贴传统补间属性的方法来制作这些操作繁琐的补间动画。粘贴传统补间属性的方法是：选择包含需要动画效果图层的一个补间、若干空白帧或多个补间，再选择【编辑】/【时间轴】/【复制动画】命令。选择接收所复制的传统补间的元件实例，选择【编辑】/【时间轴】/【选择性粘贴动画】命令，在打开的对话框中设置要粘贴的动画项目，如位置、大小、滤镜和图像混合样式等。

3. 自定义补间动画路径

除通过移动元件位置获得补间动画的路径外，用户还可将来自其他图层或其他时间轴的笔触路径作为运动路径。自定义补间动画路径的方法是：选择需要自定义的笔触，并复制笔触。在时间轴中选择补间范围，在补间范围保持选择的状态下粘贴笔触。Flash 将笔触作为选定补间范围的新运动路径进行应用。这样，补间的目标元件将沿着新笔触移动。需要注意的是用户选择的笔触一定不能是闭合和间断的。

若用户发现自定义的补间动画路径，想运动的方向和实际运动的方向完全相反，可在时间轴的补间范围单击鼠标右键，在弹出的快捷菜单中选择【运动路径】/【反向路径】命令。

4. 制作角色动作动画的技巧

角色动画的各个关键部位在运动时，即使需要一起运动，也只能分开运动。所以，制作角色动作动画最佳做法就是将各个关键部位放置在不同的图层中。如将一个 AI 文件导入到 Flash 中时，在图层上单击鼠标右键，在弹出的快捷菜单中选择"分散到图层"命令，可将图像中的各部分快速分散到不同的图层中。

5. 绑定工具的使用

移动骨骼时，若骨骼上依附的笔触不易移动，用户可以使用"绑定工具" ✍ 对那些路径进行编辑。其方法是：选择"绑定工具" ✍ ，再使用该工具单击需要编辑的路径所属的骨骼。

将显示骨骼和控制点之间的连接，如右图所示。使用绑定工具编辑控制点的方法主要有如下几种：

- 🔑 使用绑定工具单击该骨骼，已连接的点以黄色加亮显示，且选择的骨骼以红色加亮显示。仅连接到一个骨骼的控制点显示为方形，连接到多个骨骼的控制点显示为三角形。
- 🔑 按住 Shift 键，并单击蓝色的控制点，可为选择的骨骼添加控制点。
- 🔑 按住 Ctrl 键，并单击黄色控制点，可将控制点从骨骼中删除。或按住 Ctrl 键的同时拖动，可删除选定骨骼中的多个控制点。

6. 选择所有骨骼

在编辑 Flash 动画时，有时需要插入骨骼的属性或是需要选择所有的骨骼。选择所有骨骼的方法是：使用"选择工具" ▶ 双击某个骨骼，可以选择骨架中的所有骨骼。此时，"属性检查器"面板中将显示所有骨骼的属性。单击姿势图层中包含骨架的帧，可以选择整个骨架并显示骨架的属性及其姿势图层。

7. 使用 IK 形状具有的注册点、变形点和边框

形状对象变为 IK 形状后，就无法再向其添加新笔触，但仍可以向形状的现有笔触添加控制点，或从中删除控制点，因为 IK 形状具有自己的注册点、变形点和边框。

需要注意的是，只能在第一个帧中仅包含初始姿势的姿势图层中编辑 IK 骨架。在姿势图层的后续帧中重新定位骨架后，无法对骨骼结构进行更改。

8. 应用动画预设中的 3D 动画

为了简化用户的操作，Flash 在"动画预设"面板中提供了几种常用的 3D 动画效果预设，如右图所示。用户使用这些预设可以快速完成 3D 动画的制作。其使用方法是：选择需要应用 3D 动画预设的影片剪辑元件。选择【窗口】/【动画预设】命令，打开"动画预设"面板，在其中单击需要使用的动画预设进行预览，然后单击 应用 按钮。再在打开的提示对话框中单击 是 按钮。

需要注意的是，包含 3D 动画的动画预设只能应用于影片剪辑实例或 TLF 文本。

五、声音和视频的使用技巧

1. Flash 支持的声音文件格式

在 Flash 中可以使用的声音格式主要包括 WAV、MP3、AIFF、AU、ASND 等。MP3 声音数据经过了压缩，比 WAV 或 AIFF 声音数据小。通常，使用 WAV 或 AIFF 文件时，最好使用 16~22kHz 单声（立体声使用的数据量是单声的两倍），但是 Flash 可以导入采样比率为 11kHz、22 kHz 或 44kHz 的 8 位或 16 位的声音。当将声音导入到 Flash 时，如果声音的记录格式不是 11kHz 的倍数（例如 8kHz、32kHz 或 96kHz），可以使用一些音频软件转换采样比率。Flash 在导出时，会把声音转换成采样比率较低的声音。

2. 在应用程序中使用视频

将视频导入至 Flash 前，应该考虑需要何种视频品质，并考虑 FLA 文件使用何种视频格式，以及如何下载该视频。将视频导入至 FLA 文件（名为嵌入视频）时，会增加所发布的 SWF

361

72 ☒
Hours

62
Hours

52
Hours

42
Hours

32
Hours

22
Hours

12
Hours

文件的大小。无论用户是否观看视频,该视频都会渐进式下载至用户的计算机中。

也可以在运行时从服务器上的外部 FLV 文件中渐进式下载或流式加载该视频。开始下载的时间取决于构建应用程序的方式。

可以使用组件或视频对象来显示外部 FLV 视频。组件会使带有 FLV 视频的应用程序易于开发,这是因为已预先构建视频控件,并且仅需指定 FLV 文件路径来播放内容。若要使 SWF 文件尽可能地小,可以在视频对象中显示视频并创建自己的资源和代码来控制该视频。另外要考虑在 Adobe Flash Professional CS6 中使用 FLVPlayback 组件,与媒体组件(Flash MX Professional 2004 以及更高版本)相比,FLVPlayback 组件的文件更小。

支持用户对 SWF 文件中的视频进行某种程度的控制(如能够停止、暂停、播放或恢复视频,并能够控制音量)这类人性化操作。

若要使视频具有某些灵活性(如处理带有动画的视频,或将视频各部分与时间轴同步),可以将视频嵌入在 SWF 文件中,而不要使用 ActionScript 或媒体组件之一来加载视频。

要对视频实例进行比 Video 类所允许范围更大的控制,可以将视频放在影片剪辑实例内。该视频时间轴独立于 Flash 时间轴进行播放,并且可以将内容放在影片剪辑内以控制时间轴。不必为容纳该视频而将主时间轴扩展很多帧,这样做会难以使用 FLA 文件。

3. 使用行为将声音载入文件

通过使用声音行为可以将声音添加至文档并控制声音的播放。使用这些行为添加声音将会创建声音的实例,然后使用该实例控制声音。其方法是:选择要用于触发行为的对象,选择【窗口】/【行为】命令,打开"行为"面板并单击 按钮,选择【声音】/【加载 MP3 流文件】命令,打开"加载 MP3 流文件"对话框,选择 MP3 流文件的声音位置。然后,输入这个声音实例的名称并单击 确定 按钮。在"行为"面板中的"事件"下选择"释放时"选项,然后从此菜单中选择一个鼠标事件。

4. 将 MP3 声音导出为 WAV 文件

在 Flash 中用户可以直接将 MP3 声音导出为 WAV 文件。其方法是:将 MP3 导入到时间轴上,再使用【文件】/【导出】/【导出影片】命令,将文档中的所有声音导出为一个 WAV 文件。

5.　有效减小插入声音文件后的动画文档大小

　　为有效减小插入声音文件后的动画文档大小，用户除了采样比率和压缩外，还可以使用下面几种方法在文档中有效减小插入声音文件后的动画文档大小：

- 🔑 在"编辑封套"对话框中设置切入和切出点，避免静音区域存储在 Flash 文件中，减小文件中的声音数据的大小。
- 🔑 通过在不同的关键帧上应用不同的声音效果，从同一声音中获得更多的变化。只需一个声音文件就可以得到许多声音效果。
- 🔑 使用短声音循环播放作为背景音乐。
- 🔑 不将音频流设置为循环播放。
- 🔑 从嵌入的视频剪辑中导出音频时，可在"发布设置"对话框中，将所选全局流设置导出为音频。
- 🔑 当在编辑器中预览动画时，使用流同步让动画和音轨保持同步。如果计算机运行速度不够快，绘制动画帧的速度可能会跟不上音轨，这样 Flash 就会跳过帧。

6.　导出 QuickTime 影片

　　导出 QuickTime 影片时，用户可以根据需要使用任意数量的声音和声道，不用担心文件大小，因为当声音导出为 QuickTime 文件时，所有声音都将被混合在一个单音轨中，所以源文件使用的声音数不会影响最终的文件大小。

7.　嵌入视频的注意事项和技巧

　　为了保证嵌入视频在动画中的正常播放，用户在嵌入视频前需要注意以下事项：

- 🔑 下载和尝试播放包含嵌入视频的大 SWF 文件时，Flash Player 会保留大量内存，这可能会导致 Flash Player 播放失败，所以嵌入到动画中的视频不宜过大。
- 🔑 超过 10 秒的视频，在视频剪辑的视频和音频部分之间存在同步问题，所以在播放一段时间以后，音频轨道的播放与视频的播放之间开始出现差异，导致音频和视频不同步。在插入这类视频前，就需要用户查看插入视频的播放速度，一般 FLV 视频的播放速度是 15 帧，插入视频后，将 Flash 的帧速率设置为 12 帧。
- 🔑 默认情况下，在播放嵌入视频的 SWF 时，必须先下载整个视频文件，然后再开始播放该视频。如果嵌入的视频文件过大，浏览者网速太慢很可能需要很长时间才能下载完整个 SWF 文件，然后才能开始播放。
- 🔑 导入视频剪辑后，便无法对其进行编辑。若想编辑视频，用户必须重新编辑再重新导入视频文件。
- 🔑 为编辑方便，导入的视频文件长度不能超过 16000 帧。

8.　在 Soundbooth 中编辑嵌入的声音

　　在编辑动画时，若发现需要对嵌入的声音进行较大的修改。用户可安装并使用 Adobe Soundbooth 对插入的音频进行编辑，当用户在 Soundbooth 中对文件更改并保存，动画文档中会自动反映这些更改。但如果在编辑声音后更改其文件名或格式，则需要将声音文件重新导入到 Flash 中。其方法是：在"库"面板中选择声音，单击鼠标右键，在弹出的快捷菜单中选择"使

363

72 ▨
Hours

62
Hours

52
Hours

42
Hours

32
Hours

22
Hours

12
Hours

用 Soundbooth 进行编辑"命令,打开"Soundbooth"界面,在其中编辑文件,完成后保存该文件。返回到 Flash,在"库"面板中查看声音文件编辑后的音频。

　　除此之外,用户还可选择其他的音频软件来进行声音的编辑,如 Adobe Audition。其方法是:在"库"面板中的声音文件上单击鼠标右键,在弹出的快捷菜单中选择"编辑方式"命令,打开"选择外部编辑器"对话框,在其中选择 Audition.exe 文件,单击 打开(O) 按钮即可添加该方式。完成后即可使用该软件进行编辑。

六、ActionScript 的使用技巧

1. 自定义类的代码提示

　　在创建自定义 ActionScript 3.0 类时,进行语句编译时,Flash 会解析这些类并确定其中包含的对象、属性和方法。然后,Flash 可以根据编写引用自定义类的代码提供代码提示功能。对于使用 import 命令链接到任何其他代码的任何类,自定义类代码都可以自动进行提示。

2. ActionScript 的放置技巧

　　在编辑 ActionScript 代码时,应该尽可能将 ActionScript 放在一个位置。因为在调试或修改 ActionScript 时,将 ActionScript 放在同一位置可避免在不同的位置进行搜索,从而能更高效地编辑项目。如果将代码放在 FLA 文件中,则应把 ActionScript 放在时间轴顶层的"动作"图层的第 1 帧或第 2 帧上。此外,将所有代码放在同一位置,具有容易在很复杂的源文件中找到代码和容易调试代码的优点。在制作动画时应避免将代码附加到对象上,其原因有如下几点:
　🔑 难以定位,动画文档不易编辑、维护。
　🔑 调试难度大。
　🔑 在时间轴上或类中编写的 ActionScript 更容易进行构建动画结构。
　🔑 同一文档中出现两种编写方式会给学习 ActionScript 的人造成混乱。

七、Flash 的发布技巧

1. HTML 发布模板

　　若想在浏览器中测试文件,可使用 HTML 发布模板。使用该模板发布动画后,将 SWF 文件放在 HTML 页上，就可以用安装了 Flash Player 的 Web 浏览器查看该文件。Flash 的 HTML 模板是一个文件，包含静态 HTML 代码和由特殊类型的变量组成的灵活的模板代码。发布 SWF 文件时，在"发布设置"对话框中选中 ☑ HTML 包装器 复选框再设置其他参数，发布后将生成一个嵌入了 SWF 文件的 HTML 页。Flash 提供模板，能满足大多数用户的需要，因此不需要手动创建显示 SWF 文件的 HTML 页。

2. 使用运行时共享库

在制作动画时，可以使用运行时共享库来缩短上传和下载动画的时间，尤其是对于制作较大的动画或站点上的许多动画使用相同的组件或元件时，共享库的使用就显得非常重要。只是，使用共享库的第一个动画文档的下载时间较长，因为需要加载 SWF 文件和库，加载的库将被存放在计算机内存中，后续动画文档都将使用该库。

72⊠
Hours

62
Hours
▲

52
Hours
▲

42
Hours
▲

32
Hours
▲

22
Hours
▲

12
Hours
▲

附录 B 常用快捷键

一、"工具"面板中工具对应的快捷键

在 Flash 中用户可以通过快捷键快速切换"工具"面板中的工具，由于在制作动画过程中经常需要对工具进行切换，为了快速地编辑工具，用户需要记下一些常用的工具快捷键，"工具"面板中各工具对应的快捷键如下表所示。

"工具"面板中各工具对应的快捷键

工 具	快 捷 键	工 具	快 捷 键
选择工具	V	基本椭圆工具	O
部分选取工具	A	多角星形工具	无
任意变形工具	Q	铅笔工具	Y
渐变变形工具	F	刷子工具	B
套索工具	L	喷涂刷工具	B
钢笔工具	P	Deco 工具	U
添加锚点工具	=	骨骼工具	M
删除锚点工具	-	绑定工具	M
转换锚点工具	C	墨水瓶工具	S
文本工具	T	颜料桶工具	K
线条工具	N	滴管工具	I
矩形工具	R	橡皮擦工具	E
椭圆工具	O	手形工具	H
基本矩形工具	R	缩放工具	Z

二、菜单命令及快捷键

为了编辑动画文档，用户往往需要通过菜单命令进行编辑。在 Flash 中按功能的不同区分了 11 个菜单，这 11 个菜单中基本包含了 Flash 的所有功能。各菜单中的命令及其对应的快捷键如下表所示。

"文件（F）"菜单

命　令	快　捷　键	命　令	快　捷　键
文件（F）	Alt+F	导入到舞台	Ctrl+R
新建（N）	Ctrl+N	打开外部库	Ctrl+Shift+O
打开（O）	Ctrl+O	导出影片	Ctrl+Alt+Shift+S
在 Bridge 中浏览	Ctrl+Alt+O	发布设置	Ctrl+Shift+F12
关闭（C）	Ctrl+W	发布	Alt+Shift+F12
全部关闭	Ctrl+Alt+W	发布预览	F12
保存	Ctrl+S	打印	Ctrl+P
另存为	Ctrl+Shift+S	退出	Ctrl+Q

"编辑（E）"菜单

命　令	快　捷　键	命　令	快　捷　键
编辑	Alt+E	查找替换（F）	Ctrl+F
撤销（U）	Ctrl+Z	查找下一个（N）	F3
重复（R）	Ctrl+Y	删除帧（R）	Shift+F5
剪切	Ctrl+X	剪切帧（T）	Ctrl+Alt+X
复制	Ctrl+C	复制帧（C）	Ctrl+Alt+C
粘贴到中心位置（A）	Ctrl+V	粘贴帧（P）	Ctrl+Alt+V
粘贴到当前位置(P)	Ctrl+Shift+V	清除帧（L）	Alt+Backspace
清除（A）	Backspace（Ctrl+Delete）	选择所有帧（S）	Ctrl+Alt+A
直接复制（D）	Ctrl+D	编辑元件	Ctrl+E
全选（L）	Ctrl+A	首选参数（S）	Ctrl+U
取消全选（E）	Ctrl+Shift+A		

"视图（V）"菜单

命　令	快　捷　键	命　令	快　捷　键
视图（V）	Alt+V	标尺（R）	Ctrl+Alt+Shift+R
放大（I）	Ctrl+=	显示网格（D）	Ctrl+'
缩小（O）	Ctrl+-	编辑网格（E）	Ctrl+Alt+G
100% 大小	Ctrl+1	显示辅助线（U）	Ctrl+;
400% 大小	Ctrl+4	锁定辅助线（K）	Ctrl+Alt+;
800% 大小	Ctrl+8	编辑辅助线	Ctrl+Alt+Shift+G
显示帧（F）	Ctrl+2	贴紧至网格（R）	Ctrl+Shift+'
显示全部（A）	Ctrl+3	贴紧至辅助线（G）	Ctrl+Shift+;
轮廓（U）	Ctrl+Alt+Shift+O	贴紧至对象（O）	Ctrl+Shift+/
高速显示（S）	Ctrl+Alt+Shift+F	编辑贴紧方式（E）	Ctrl+/
消除锯齿（N）	Ctrl+Alt+Shift+A	隐藏边缘（H）	Ctrl+H
消除文字锯齿（T）	Ctrl+Alt+Shift+T	显示形状提示（A）	Ctrl+Alt+H
粘贴板	Ctrl+Shift+W		

"插入（I）"菜单

命 令	快 捷 键	命 令	快 捷 键
插入（I）	Alt+I	帧（F）	F5
新建元件	Ctrl+F8		

"修改（M）"菜单

命 令	快 捷 键	命 令	快 捷 键
修改（M）	Alt+M	清除关键帧（A）	Shift+F6
文档（D）	Ctrl+J	转换为空白关键帧（B）	F7
转换为元件（C）	F8	缩放和旋转（C）	Ctrl+Alt+S
分离（K）	Ctrl+B	顺时针旋转90°（O）	Ctrl+Shift+9
优化（O）	Ctrl+Alt+Shift+C	逆时针旋转90°	Ctrl+Shift+7
添加形状提示（A）	Ctrl+Shift+H	取消变形（T）	Ctrl+Shift+Z
分散到图层（D）	Ctrl+Shift+D	移至顶层（F）	Ctrl+Shift+ 方向键↑
转换为关键帧（K）	F6	上移一层（R）	Ctrl+ 方向键↑
下移一层（E）	Ctrl+ 方向键↓	底对齐（B）	Ctrl+Alt+6
移至底层（B）	Ctrl+Alt+Shift+ 方向键↓	按宽度均匀分布（D）	Ctrl+Alt+7
锁定（L）	Ctrl+Alt+L	按高度均匀分布（H）	Ctrl+Alt+9
解除全部锁定（U）	Ctrl+Alt+Shift+L	设为相同宽度（M）	Ctrl+Alt+Shift+7
左对齐（L）	Ctrl+Alt+1	设为相同高度（S）	Ctrl+Alt+Shift+9
水平居中（C）	Ctrl+Alt+2	相对舞台分布（G）	Ctrl+Alt+8
右对齐（R）	Ctrl+Alt+3	组合（G）	Ctrl+G
顶对齐（T）	Ctrl+Alt+4	取消组合（U）	Ctrl+Shift+G
垂直居中（V）	Ctrl+Alt+5		

"文本（T）"菜单

命 令	快 捷 键	命 令	快 捷 键
文本（T）	Alt+T	右对齐（R）	Ctrl+Shift+R
正常（P）	Ctrl+Shift+P	两端对齐（J）	Ctrl+Shift+J
粗体（B）	Ctrl+Shift+B	增加（I）	Ctrl+Alt+ 方向键→
斜体（I）	Ctrl+Shift+I	减小（D）	Ctrl+Alt+ 方向键←
左对齐（L）	Ctrl+Shift+L	重置（R）	Ctrl+Alt+ 方向键↑
居中对齐（C）	Ctrl+Shift+C		

"控制（O）"菜单

命　令	快　捷　键	命　令	快　捷　键
控制（O）	Alt+O	测试场景（S）	Ctrl+Alt+Enter
播放（P）	Enter	测试项目（J）	Ctrl+Alt+P
后退（R）	Ctrl+Alt+R	启用简单帧动作（I）	Ctrl+Alt+F
前进一帧（F）	.	启用简单按钮（T）	Ctrl+Alt+B
后退一帧（B）	,	静音（N）	Ctrl+Alt+M
测试影片（M）	Ctrl+Enter		

"调试（D）"菜单

命　令	快　捷　键	命　令	快　捷　键
调试影片（D）	Ctrl+Shift+Enter	跳出（V）	Alt+F7
继续（C）	Alt+F5	跳出（O）	Alt+F8
结束调试会话（E）	Alt+F12	删除所有断点（A）	Ctrl+Shift+B
跳入（I）	Alt+F6		

"窗口（W）"菜单

命　令	快　捷　键	命　令	快　捷　键
窗口（W）	Alt+W	颜色（C）	Shift+F9
直接复制窗口（D）	Ctrl+Alt+K	信息（I）	Ctrl+I
时间轴（M）	Ctrl+Alt+T	样本（W）	Ctrl+F9
工具（L）	Ctrl+F2	变形（T）	Ctrl+T
属性（P）	Ctrl+F3	组件（X）	Ctrl+F7
库（L）	Ctrl+L	组件检查器（R）	Shift+F7
动作（A）	F9	辅助功能（A）	Alt+Shift+F11
行为（B）	Shift+F3	历史记录（H）	Ctrl+F10
编辑器错误（E）	Alt+F2	场景（S）	Shift+F2
影片浏览器（M）	Alt+F3	字符串（T）	Ctrl+F11
输出（U）	F2	Web 服务（W）	Ctrl+Shift+F10
项目（J）	Shift+F8	隐藏面板（P）	F4
对齐（G）	Ctrl+K		

"帮助（H）"菜单

命　令	快　捷　键	命　令	快　捷　键
帮助（H）	Alt+H	Flash 帮助（H）	F1

72
Hours

62
Hours

52
Hours

42
Hours

32
Hours

22
Hours

12
Hours

三、"动作"面板的常用命令及快捷键

在制作脚本动画时，为了能快速地对 ActionScript 语句进行输入和编辑，可通过"动作"面板中的快捷键来提升 ActionScript 语句的编辑速度。"动作"面板的常用命令及其快捷键如下表所示。

"动作"面板的常用命令及其快捷键

命　令	快　捷　键	命　令	快　捷　键
自动套用格式	Ctrl+Shift+F	折叠所选之外	Ctrl+Alt+C
语法检查	Ctrl+T	展开所选	Ctrl+Shift+X
脚本助手	Ctrl+Shift+E	展开全部	Ctrl+Alt+X
隐藏字符	Ctrl+Shift+8	切换断点	Ctrl+B
行号	Ctrl+Shift+L	删除所有断点	Ctrl+Shift+B
自动换行	Ctrl+Shift+W	固定脚本	Ctrl+=
再次查找	F3	关闭脚本	Ctrl+-
查找和替换	Ctrl+F	关闭所有脚本	Ctrl+Shift+-
转到行	Ctrl+G	导入脚本	Ctrl+Shift+I
成对大括号间折叠	Ctrl+Shift+'	导出脚本	Ctrl+Shift+P
折叠所选	Ctrl+Shift+C		

72 小时后该如何提升

在创作本书时，虽然我们已尽可能设身处地为读者着想，希望能解决读者遇到的所有与 Flash 动画制作相关的问题，但仍不能保证面面俱到。如果想学到更多的知识，或学习过程中遇到了困惑，还可以采取下面的方法。

1. 加强实际操作

俗话说："实践出真知。"在书本中学到的理论知识未必能完全融会贯通，此时就需要按照书中所讲的方法进行上机实践，在实践中巩固基础知识，加强自己对知识的理解以将其运用到实际的工作生活中。

2. 总结经验和教训

在学习过程中，难免会因为对知识不熟悉而造成各种错误，此时可将易犯的错误记录下来，并多加练习，增加对知识的熟练程度，减少以后操作的失误，提高日常工作的效率。

3. 多观看、分析别人制作的动画作品

"三人行必有我师"，每个人的阅历和生活环境各有不同，这直接影响了人的创意和思维。虽然这些因素可以让自己制作的动画与他人有所区别，但它们同样也可以束缚思维。当遇到创意瓶颈时，不妨多在网络上看看别人制作的动画作品，看看别人是如何传达动画理念的。

也可以多问问身边的朋友、前辈，听取他们对知识的不同意见，拓宽自己的思路。同时，还可以在网络中进行交流或互动，如加入 Flash 的技术 QQ 群、在百度知道或搜搜中提问等。

4. 吸取多方面的专业知识

使用 Flash 制作动画并不仅仅是简单的动画制作，它会应用到美感、创意甚至是社科等方面的知识。要想制作出一个优秀的动画，不但需要特别的创意、优质的画面，同样也需要动画的合理性，如果缺乏了以上任何一点，都会使一流的动画沦为二流甚至三流的动画。如以下列举的几方面都需要用户深入研究并进行掌握。

🔑 **美学**：练习专业的素描、速写、色彩搭配。

🔑 **创意**：了解、吸取各种广告创意行业中常会使用到的表达手法。

🔑 **动画**：了解传统的手绘动画制作流程。掌握剧本的撰写方式，从选题和故事框架上吸引观赏者。熟练掌握使用合理分镜的构架故事画面，加强动画画面的美感、故事连贯性，并有效地降低绘制工作量。进一步掌握后期声音合成、优化等知识。

🔑 **社科**：要想动画制作得合理，需要融合大量的社科知识，最简单的例子就是物理现象在动画中的应用。此外，用户在制作一些主题性较强的动画时，最好先将该主题相关的基础概念弄清楚，做好前期准备。

5. 学习其他的软件协同编辑素材

虽然 Flash 自带的很多功能可以帮助用户完成动画的制作，但这些功能并不强大。想要制作出精致的动画效果，在前期加工素材时就应该对素材进行精致的编辑。在制作 Flash 时经常会使用的辅助软件有 Photoshop、Illustrator、会声会影、Audition、格式工厂等。其中，Photoshop 用于处理一些位图素材；Illustrator 用于处理矢量素材，通过 Illustrator 编辑的矢量图比 Flash 绘制的矢量图更加晶莹透彻；会声会影用于编辑插入 Flash 中的视频；Audition 用于插入 Flash 中的音频；格式工厂用于转换素材的文件格式，该软件可以转换自由转换图像、音频和视频等素材的格式。

6. 上技术论坛进行学习

本书已将 Flash 的功能进行了全面介绍，但由于篇幅有限，仍不可能面面俱到，此时读者可以采取其他方法获得帮助。如在专业的 Flash 学习网站中进行学习，包括闪吧论坛、思缘设计、中国 Flash 在线等。这些网站各具特色，能够满足不同 Flash 用户的需求。

闪吧论坛

网址：http://space.flash8.net/bbs。

特色：闪吧是国内最大的 Flash 学习网站，以研究与推广 Flash 为主，提供了大量 Flash 的学习教程、素材。用户可在该网站中下载需要使用的素材，并咨询不懂的问题。

思缘设计

网址：http://www.missyuan.com。

特色：思缘设计是一个综合性的设计网站，在其中不但能找到 Flash 中的相关教程，还能找到其他的一些设计教程。使用户在学习 Flash 之余，还能轻松学习到其他设计软件的使用方法。

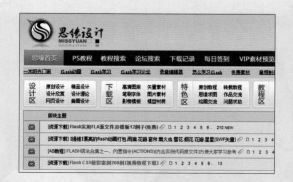

7. 还可以找我们

本书由九州书源组织编写，如果在学习过程中遇到了困难或疑惑，可以联系九州书源的作者，我们会尽快为您解答，关于九州书源的联系方式已经在前言中进行了介绍，这里不再赘述。